人工智能技术的发展及应用研究

谭 阳 著

北京工业大学出版社

图书在版编目（CIP）数据

人工智能技术的发展及应用研究 / 谭阳著．— 北京：北京工业大学出版社，2019.8（2022.5 重印）

ISBN 978-7-5639-6879-4

Ⅰ．①人… Ⅱ．①谭… Ⅲ．①人工智能－研究 Ⅳ．① TP18

中国版本图书馆 CIP 数据核字（2019）第 142179 号

人工智能技术的发展及应用研究

著　　者：谭　阳
责任编辑：赵圆萌
封面设计：点墨轩阁
出版发行：北京工业大学出版社
　　　　　（北京市朝阳区平乐园 100 号　邮编：100124）
　　　　　010-67391722（传真）　　bgdcbs@sina.com
经销单位：全国各地新华书店
承印单位：三河市明华印务有限公司
开　　本：710 毫米 ×1000 毫米　1/16
印　　张：15.5
字　　数：310 千字
版　　次：2019 年 8 月第 1 版
印　　次：2022 年 5 月第 3 次印刷
标准书号：ISBN 978-7-5639-6879-4
定　　价：65.00 元

版权所有　翻印必究

（如发现印装质量问题，请寄本社发行部调换 010-67391106）

前　言

为了推广人工智能技术，培养高水平工程技术人才，帮助工程技术人员及时拓展知识结构，较全面地了解和掌握人工智能领域中的最新技术和应用而撰写本书。

一、撰写宗旨

本书组织了有关领域的专家、学者、科技工作者、工程技术人员和团体，共同策划与撰写，以培养人工智能技术人才为宗旨。

二、撰写原则

①理论与实践密切结合，由浅入深介绍最新技术和产品应用，以适应工业现场的需要。

②特邀该领域有扎实理论基础并富有实践经验的专家、学者和工程技术人员来参与写作工作。

三、读者对象

本书以工程技术人员为主要对象，也适宜科研人员和大中专院校师生参考。我们相信《人工智能技术的发展及应用研究》的出版必将对我国人工智能技术的应用起到积极作用。

由于作者水平有限，书中难免存在一些不足，希望广大读者批评指正。

目 录

第一章 绪 论 1
- 第一节 人工智能 1
- 第二节 智能工程 13
- 第三节 智能控制 15
- 第四节 人工智能实例 23

第二章 人工智能基础知识 31
- 第一节 符号智能、计算智能、智能方法结合与进化计算 31
- 第二节 分布式人工智能 32
- 第三节 决策支持系统 49
- 第四节 模糊理论 59
- 第五节 人工神经网络 60
- 第六节 进化计算 64
- 第七节 模拟退火算法 68
- 第八节 知识表示 70
- 第九节 搜索原理 74
- 第十节 基本的推理方法 81

第三章 专家系统 93
- 第一节 专家系统概述 93
- 第二节 不确定性推理 96
- 第三节 专家系统的开发工具与建造步骤 99
- 第四节 专家系统实例 110

第四章 机器学习 123
- 第一节 机器学习的基本概念 123
- 第二节 机械学习概述 128

第三节　指导学习 …………………………………………… 129
　　　第四节　类比学习 …………………………………………… 130
　　　第五节　归纳学习 …………………………………………… 134
　　　第六节　解释学习 …………………………………………… 137
　　　第七节　知识发现与数据挖掘 ……………………………… 139
　　　第八节　学习控制系统 ……………………………………… 151
第五章　群集智能 …………………………………………………… 153
　　　第一节　群集智能概述 ……………………………………… 153
　　　第二节　蚁群算法 …………………………………………… 161
　　　第三节　粒子群优化算法 …………………………………… 167
　　　第四节　人工鱼群算法 ……………………………………… 169
第六章　自动规划 …………………………………………………… 181
　　　第一节　自动规划概述 ……………………………………… 181
　　　第二节　任务规划 …………………………………………… 189
　　　第三节　路径规划 …………………………………………… 203
第七章　自然语言理解 ……………………………………………… 215
　　　第一节　自然语言理解概述 ………………………………… 215
　　　第二节　词法分析 …………………………………………… 228
　　　第三节　句法分析 …………………………………………… 229
　　　第四节　语义分析 …………………………………………… 232
　　　第五节　句子自动理解 ……………………………………… 234
　　　第六节　语料库语言学 ……………………………………… 237
参考文献 ……………………………………………………………… 241

第一章 绪 论

人工智能技术是一个新兴的学科领域。它是在计算机科学、控制论、信息学、神经心理学、哲学、语言学等多个学科的基础上发展起来的一门综合性学科。以下将介绍人工智能技术的基本概念，以便人们对人工智能技术的研究对象及研究领域进行简要认识。

第一节 人工智能

一、智能

智能是人们在认识与改造客观世界的活动中，由思维过程和脑力劳动所体现的能力，即系统能灵活、有效、创造性地进行信息获取，信息处理，信息利用的能力。智能的核心在于知识，其包括感性知识与理性知识、经验知识与理论知识，因此智能也可表达为知识获取能力、知识处理能力和知识适用能力。智能所具有的特征如下。

1. 具有感知能力

感知能力是指人们通过感觉器官感知外部世界的能力。感知是人类最基本的生理和心理现象，是人获取外部信息的基本途径。据有关研究，人类大约80%的外部信息是通过视觉得到的，有10%是通过听觉得到的，这表明视觉和听觉在人类感知中占有主导地位。

2. 具有记忆和思维的能力

记忆和思维是人们有智能的根本原因。记忆用于存储由感觉器官感知到的外部信息及由思维所产生的知识；思维用于对记忆的信息进行处理，即利用已有的知识对信息进行分析、计算、比较、判断、推理、联想和决策等。人的记忆与思维密不可分，其物质基础都是由神经元组成的大脑皮层，通过相关神经元此起彼伏的兴奋与抑制来实现记忆和思维活动。

3. 具有学习能力和自适应能力

学习是人的本能，它既有可能是自觉的、有意识的，也可以是不自觉的、无意识的；既可以是教师指导的，也可以是通过实践获得的。每个人都在通过与环境的相互作用，不断进行学习，并通过学习积累知识、增长才干，并且适应环境的变化，充实完善自己。只是由于个人所处的环境不同，条件不同，学习效果亦不相同，因此体现出不同的智力差异。

4. 具有行为能力

人们通常用语言或某个表情、眼神及形体动作来对外界的刺激给出反应，并传达某个信息，这称为行为能力或表达能力。若把人们的感知能力看作是信息的输入，则行为能力就是信息的输出，它们都受到神经系统的控制。

二、人工智能的定义

世界国际象棋棋王卡斯帕罗夫与美国 IBM 的超级计算机"深蓝"系统于 1997 年进行了 6 局的"人机大战"，结果"深蓝"以 3.5 比 1.5 的总比分战胜卡斯帕罗夫。其实，早在 1958 年，IBM 推出的名为"思考"的系统就已经开始与人类进行国际象棋对抗，尽管"思考"在人类棋手面前被打得丢盔弃甲，但却拉开了"人机大战"的序幕。2002 年 1 月，卡斯帕罗夫与超级计算机"更年少者"进行对弈，结果 3 比 3 战平。无论是综合棋力、与超级计算机较量的经验还是求胜的欲望，卡斯帕罗夫都是当时世界战胜超级计算机的第一人选，没有取胜的结局则预示着在国际象棋领域，人类挑战计算机会变得越来越难，但人类仍然会勇敢向计算机发出新的挑战。

下棋的确是一个斗智、斗策的智力运动，棋手不但要有超凡的记忆能力和丰富的经验，而且还需要很强的思维能力与面对瞬息万变的局势进行快速有效处理的能力。这对人类来说的确是一种智能的表现。

从工程角度来说，人工智能就是要用人工的方法使机器具有与人类智慧有关的功能，如判断、推理、证明、感知、理解、思考、识别、规划、设计、学习和问题求解等思维活动。它是人类智慧在机器上的体现。

计算机本身就是人类智慧的结晶，它的运算能力和存储记忆能力早就超过了人类。"深蓝"可以每秒分析两三亿步棋，可以存储几千场棋赛的资料，而下棋的本质是一种推理性计算，这更是计算机的"强项"，因此人类输棋不过是早晚的事。尽管如此，"深蓝"仍然不是一台智能计算机，就连开发该计算机系统的 IBM 专家也承认它离智能计算机还相差甚远，但毕竟它以自己高速并行的计算能力实现了人类智能在机器上的部分模拟，从而在人工智能的研究道路上迈出了坚实的一步。

三、人工智能的发展简史

自从人工智能作为一门新兴学科的名称被正式提出以来，其已成为人类科学技术中充满生机和希望的一门前沿学科。回顾它的发展历程，可归结为孕育、形成和发展三个阶段。

1. 孕育（1956年之前）

从公元前伟大的哲学家亚里士多德到16世纪英国哲学家培根，他们提出的形式逻辑的三段论、归纳法及"知识就是力量"的警句，都对研究人类的思维过程和自20世纪70年代人工智能转向以知识为中心的研究产生了重要影响。

德国数学家莱布尼兹提出了万能符号和推理计算思想，该思想不仅为数理逻辑的产生和发展奠定了基础，而且也代表了现代机器思维设计思想的萌芽。英国逻辑学家布尔创立的布尔代数，首次用符号语言描述了思维活动的基本推理法则。

20世纪30年代迅速发展的数学逻辑和关于计算的新思想，使人们在计算机出现之前，就建立了计算与智能关系的概念，被誉为人工智能之父的英国天才数学家图灵在1936年提出了一种理想计算机的数学模型。1950年图灵又发表了"计算机与智能"的论文，提出了著名的"图灵测试"，其中形象指出了什么是人工智能及机器具有智能的标准，对人工智能的发展产生了极其深远的影响。

美国神经生理学家麦克洛奇与匹兹在1943年建成了第一个神经网络模型，首先进行了微观人工智能的研究工作，为后来人工神经网络研究奠定了基础。

美国数学家莫克利和埃柯特在1946年研制出世界上第一台电子数字计算机埃尼阿克，这项划时代的研究成果为人工智能的研究奠定了物质基础。

2. 形成（1956年—1969年）

1956年夏季，由麻省理工学院的麦卡锡与明斯基、IBM公司信息研究中心的洛切斯特、贝尔实验室的香农共同发起，邀请IBM公司的莫尔和塞缪尔、麻省理工学院的塞尔夫里奇和所罗门夫以及兰德公司和卡内基－梅隆大学的纽厄尔、西蒙等10人在达特莫斯大学召开了一次历时两个月的机器智能研讨会，会上正式采用了"人工智能"这一术语，用它来代表有关机器智能这一研究方向，这标志着人工智能作为一门新型学科的正式诞生。

在机器学习方面，塞缪尔于1956年研制了能自主学习的跳棋程序，1959年它击败了塞缪尔本人，1962年又击败了一个州的冠军。

在定理证明方面，美籍华人数理学家王浩于1958年在计算机上仅用了3～5min就证明了《数学原理》中有关命题演算的全部220个定理；1965年鲁滨孙提出了消解原理，为定理的机器证明做出了突破性的贡献。

在问题求解方面，1960年纽厄尔等人在心理学实验的基础上，总结了人们求解问题的思维规律，编制了一种不依赖具体领域的通用问题求解程序GPS，可以用来求解11种不同类型的问题。

在专家系统方面，1965年到1968年美国斯坦福大学的费根鲍姆领导的研究小组开展了判断某待定物质分子结构的专家系统地研究，该专家系统能根据质谱仪的实验，通过分析推理决定化合物的分子结构，其能力相当于化学专家的水平。

在这一时期发生的一个重大事件是1969年成立了国际人工智能联合会议（IJCAI），它标志着人工智能这门新兴学科已得到了世界范围公认。

3. 发展（1970年以后）

进入20世纪70年代以后，许多国家都相继开展了这方面的研究工作，其研究成果大量涌现。正当研究者在已有成就的基础上向更高目标攀登的时候，困难与问题也接踵而来。塞缪尔的下棋程序当了州级冠军之后，与世界冠军对弈时就从没有赢过。最有希望得出实质性成果的自然语言翻译也出现了不少问题，当时人们总以为只要用一部双向词典及一些语法知识就可以实现两种语言文字间的互译，结果发现机器翻译闹出了不少笑话。例如，当把"光阴似箭"的英语句子"Times flies like an arrow"翻译成日语，然后再翻译回来的时候，竟变成了"苍蝇喜欢箭"；当把"心有余而力不足"的英语句子"The spirit is willing but the flesh is weak"翻译成俄语，然后再翻译回来的时候，竟变成了"酒是好的，但肉变质了"。在其他方面，如问题求解、神经网络、机器学习等也多遇到了这样或那样的困难，使人工智能研究一时陷入了山穷水尽的困境。然而，人工智能研究的先驱者们经过认真反思，总结前一阶段的经验和教训，加之费根鲍姆关于以知识为中心开展人工智能的研究，使之又迎来了柳暗花明蓬勃发展的新时期。

自人工智能从对一般思维规律的探讨转向以知识为中心的研究以来，一大批专家系统如雨后春笋般涌现出来，例如地矿勘探专家系统、感染性疾病诊治专家系统、内科诊断专家系统以及信用卡认证辅助决策系统等，它们产生了巨大的效益，令人刮目相看。专家系统的成功，使人们清楚认识到对人工智能的研究必须以知识为中心来进行。由于对知识的表示、利用、获取等方面研究取得较大进展，特别是对不确定性知识的表示与推理取得了突破，建立了诸如主观 Babys 理论、确定性理论、证据理论、可靠性理论等，这就对人工智能中其他领域（如模式识别、自然语言理解等）的发展提供了支持，解决了许多理论及技术上的问题。在这一时期内，费根鲍姆在 1977 年第五届国际人工智能联合会议上提出了"知识工程"概念，对以知识为基础的智能系统研究与建设起到了重要推动作用。

但是到 20 世纪 80 年代中期，人工智能的深入研究遇到了当时人工智能技术所不能解决的两个带有根本性的问题：一是所谓的交互问题，即传统方法只能模拟人类深思熟虑的行为，而不包括人与环境的交互行为；二是所谓的扩展问题，即传统人工智能方法只能适合于建立领域狭窄的专家系统，不能把这种方法简单推广到规模更大、领域更宽的复杂系统中去。由此使人工智能研究再一次陷入了低谷。顽强的人工智能学者在低谷中再一次反思。20 世纪 80 年代中期到 90 年代初麻省理工学院行为主义学派的代表布鲁克斯认为智能取决于感知和行动，他们研制成功的机器虫应付复杂环境的能力超过了当时的许多机器人，成为解决所谓交互问题的重要希望，而反馈机制的引进和神经网络的再崛起，也为解决交互问题提供了重要方法。20 世纪 90 年代人工智能学者提出的综合集成和智能体概念为解决所谓"扩展"问题开辟了新的道路。以钱学森、戴汝为为代表的我国学者，从社会经济学系统、人体系统等复杂系统中提炼出开放复杂巨型智能系统的概念，并提出从定性到定量的综合集成方法，引起了国际学者的广泛关注，中国科学家正在为人工智能的发展作出应有的贡献。

回顾人工智能短短几十年的螺旋式向前发展历程，其已取得的大量研究成果，已经向世人展示了极其光明的前景，虽然在通向最终目标的道路上，还会有不少困难、问题和挑战，但前进和发展毕竟是大势所趋。

四、人工智能的目标与表现形式

人工智能研究的目标是构造可实现人类智能的智能计算机或智能系统。它们都是为了"使得计算机有智能"，为了实现这一目标，就必须开展"使智能成为可能的原理"地研究。

人工智能的研究目标可分为近期目标和远期目标。人工智能的近期目标是实现机器智能即先部分或某种程度实现机器的智能，从而使现有的计算机更灵活、更好用和更有用，成为人类的智能化信息处理工具。而人工智能的远期目标是要制造智能机器。具体讲，就是要使计算机具有看、听、说、写等感知和交互功能，具有联想、推理、理解、学习等高级思维能力，还要有分析问题、解决问题和发明创造的能力。简言之，也就是使计算机像人一样具有自动发现规律和利用规律的能力，或者说具有自动获取知识和利用知识的能力，从而扩展和延伸人的智能。

人工智能研究的远期目标与近期目标是相辅相成的。近期目标的研究成果为远期目标的实现奠定了基础，也有了理论及技术上的准备，远期目标为近期目标指明了方向。随着人工智能研究的不断深入、发展，近期目标将不断变化，逐步向远期目标靠近，近年来科研人员在人工智能各个领域中所取得的成就充分说明了这一点。

至于人工智能的表现形式实际上也就是它的应用形式，主要包括以下几种。

（1）智能软件

它的范围比较广泛，例如它可以是一个完整的智能软件系统，如专家系统、知识库系统等；也可以是具有一定智能的程序模块，如推理模块、学习程序等，这种程序可以作为其他程序系统的子程序，智能软件还可以是有一定知识或智能的应用软件。

（2）智能设备

它包括具有一定智能的仪器仪表、机器和设施等。例如，采用智能控制的机床、汽车、武器装备和家用电器等。这种设备实际上是嵌入了某种智能软件的设备。

（3）智能网络

其就是智能化的信息网络，具体来讲，其从网络构建、管理、控制和信息传输，到网上信息发布、检索以及人机接口等，都是智能化的。

（4）智能机器人

它是一种拟人化的智能机器。

（5）智能计算机

在体系结构方面，智能计算机是要试图打破冯·诺依曼式计算机的存储程序式的框架，实现类似于人脑结构的计算机体系结构，以期获得自学习、自组织、自适应和分布式并行计算的功能。目前世界上竞相研制的神经网络计算机、纳米计算机、网格计算机分别从不同角度给出了新一代智能计算机的发展方向。在人机接口方面，智能接口技术要求计算机能够看懂文字，听懂语言，能够朗读文章，甚至能够进行不同语言之间的翻译。这些也恰恰是智能理论所要研究的基本问题。因此，智能接口技术既有巨大的应用价值，又有重要的基础理论意义。

（6）智能体或主体

它是一种具有智能的实体，具有自主性、反应性、适应性和社会性等基本特征。智能体可以是软件形式的（如运行在互联网上，进行信息收集），也可以是软硬件结合的（如智能机器人就是一种软硬件结合的智能体）。智能体是20世纪80年代提出的一个新概念，人们试图用它来描述具有智能的实体，以至有人把人工智能的目标就定为"构造能表现出一定智能行为的智能体"。智能体技术及应用是当前人工智能领域的一个热门方向。

五、人工智能的研究途径

人工智能的研究途径目前主要有两种观点：一种观点主张通过运用计算机科学的方法进行研究，通过研究逻辑演绎在计算机上的模拟；另一种观点主张用仿生学的方法进行研究，通过研究人脑的工作模型，搞清楚人类智能的本质。前一种观点称为符号主义，后一种观点称为连接主义。除此之外，还有系统集成与行为主义或进化主义。

1. 符号主义

符号主义认为，人对客观世界认识的认知基元是符号，而且认知过程即是符号操作的过程。人本身就是一个物理符号系统：人通过自己的眼睛观察客观世界，将所观察的事物以符号的形式表示出来，并输入"人"这个符号系统进行处理，这种处理过程即是符号操作过程，人就是通过这种操作过程达到认知客观世界的目的。而要将客观世界以符号形式表示出来，就要使用数学逻辑，因此符号主义认为人工智能源于数学逻辑。数学逻辑从20世纪30年代起就开始用于描述智能行为。计算机也是一个可以对逻辑符号表示的知识进行逻辑演绎的物理符号系统。人工智能的研究目标是实现机器智能，既然人和计算机都是物理符号系统，因此就可以用计算机自身所具有的符号处理推算能力来模拟人的智能行为。人工智能的核心问题是知识表示、知识推理和知识运用。知识可以用符号来表示，也可以用符号来进行推理，因而才有可能建立起基于知识的人类智能和机器智能的统一理论体系。该方法的主要特征如下。

①知识可用显示的符号表示，在已知基本规则的情况下，无须输入大量的细节。

②立足于逻辑运算和符号操作，适合于模拟人的逻辑思维过程，解决需要进行逻辑推理的复杂问题。

③便于模块化，当个别事实发生变化时易于修改。

④能与传统的符号数据库进行连接。

⑤可对推理结论进行解释，便于人对各种可能性进行选择。

2. 连接主义

连接主义又称为仿生学，它根据人脑的生理结构和工作机理，实现人工智能。人脑是由大约 1011 个神经细胞组成的一个动态的、开放的、高度复杂的巨系统，以至人们至今对它的生理结构和工作机理还未完全弄清楚。因此，对人脑的真正和完全模拟，一时还难以办到。因此，目前的结构模拟只是对人脑的局部或近似模拟。这种方法一般是通过由人工神经元组成的人工神经网络的"自学习"获得知识，再利用知识解决问题。该方法的主要特征如下。

①通过神经元之间的并行协同作用实现信息处理，处理过程具有并行性、动态性和全局性。

②通过神经元间分布式的物理联系存储知识及信息，因而可以实现联想功能，对于带有噪声、缺损、变形的信息能进行有效处理，取得较为满意的结果。

③通过神经元间连接强度的动态调整来实现对人类学习、分类等的模拟。

④适合模拟人类的形象思维过程。

⑤求解问题时，可以比较快地求得一个近似解。

3. 系统集成

由上面的讨论可以看出，符号与连接方法各有所长。符号方法善于模拟人的逻辑思维过程，求解问题时，若问题有解，它可准确求出最优解，但求解过程中的运算量将随问题复杂性的增加而按指数增长，另外符号方法要求知识与信息都用符号表示，但这一形式化的过程需由人来完成，它自身并不具有这种能力。连接方法善于模拟人的形象思维过程，求解问题时，由于它可以并行处理，因而可以比较快的得到解，但解一般是近似的、次优的，另外连接方法求解问题的过程是隐式的，难以对求解过程给出现实的解释。在此情况下，将二者结合起来可达到取长补短的目的。就目前的研究而言，把两种方法结合的途径有下面两种。

（1）结合

两者分别保持原来的结构，但密切合作，任何一方都可把自己不能解决的问题转移给另一方。

（2）统一

把两者和谐统一在一个系统中，既有逻辑思维的功能，又有形象思维的功能。

4. 行为主义或进化主义

这种观点认为智能取决于感知和行动，它不需要知识、不需要表示、不需要推理。其代表人物是布鲁克，他于1991年提出了"没有表达的智能"，这是他根据自己对人造机器动物的研究与实践提出的与众不同的观点。该理论认为，人的本质能力是在动态环境中的行走能力、对外界事物的感知能力、维持生命和繁衍生息的能力，正是这些能力对智能的发展提供了基础，因此智能行为只能在与现实世界的环境交互作用中表现出来，这似乎符合达尔文的进化论，即人工智能也会像人类智能一样通过逐步进化而实现，而不需要有知识表示和知识推理。该理论的核心是用控制取代知识表示，从而取得概念、模型及显示表示的知识，否定抽象对于智能及智能模拟的必要性，强调分层结构对于智能进化的可能性与重要性。目前这一观点尚未形成完善的理论体系，有待进一步研究，但由于思路独辟蹊径，因而引起了业内的关注。

六、人工智能的研究领域

目前，人工智能研究及应用领域很多，大多是结合具体领域进行的，主要研究领域有问题求解、专家系统、机器学习、模式识别、自然语言理解、机器人学、人工神经网络等。

1. 问题求解

人工智能的第一大成就是发展了能够求解难题的下棋程序。通过研究下棋程序，人们发展了人工智能中的搜索策略及问题归纳技术。搜索，尤其是状态空间搜索和问题归纳，已成为问题求解的一种十分重要而又非常有效的手段，也是人工智能研究中的一个重要方面。目前有代表性的问题求解程序就是下棋程序，计算机下棋程序涉及中国象棋、国际象棋、跳棋等，水平已达到国际锦标赛水平。除此之外，另一个问题求解程序是把各种数学公式符号汇编在一起，使其性能达到很高的水平，并正在为许多科学家和工程师所应用。有些程序甚至还能够用经验来改善其性格。

问题求解中未解决的问题包括人类棋手具有的但尚不能明确表达的能力，如国际象棋大师们洞察棋局的能力。另一个未解决的问题涉及问题的原概念，在人工智能中叫作问题表示的选择，即人们常常能够找到某种思考问题的方法从而使求解变易而解决该问题。到目前为止，人工智能程序已经知道如何考虑它们要解决的问题，即搜索解答空间，寻求较优的解答。

2. 专家系统

专家系统是目前人工智能中最活跃、最有成效的一个研究领域。专家系统是一种基于人类专家知识的程序系统。专家系统的特点是拥有大量的专家知识（包括领域知识和经验知识），能模拟专家的思维方式，面对领域中复杂的实际问题，能做出专家水平级的决策，可以像专家一样解决实际问题。

专家系统和传统的计算机程序最本质的不同之处在于专家系统所要解决的问题一般没有算法解，并且经常要在不完全、不精确或不确定的信息基础上作出结论。专家系统可以解决的问题一般包括解释、预测、诊断、设计、规划、监控、指导和控制等。高性能的专家系统也已经从学术研究开始进入实际应用研究。

3. 机器学习

学习能力无疑是人工智能研究上最突出和最重要的一个方面，学习是人工智能的主要标志和获取知识的基本手段。要使机器像人一样拥有知识，具有智慧，就必须使机器拥有获得知识的能力。使机器获得知识的方法一般有两种。

第一，把有关知识归纳、整理在一起，并用计算机可接受、处理的方式输入到计算机中去。

第二，使计算机自身具有学习能力，它可以直接向书本、教师学习，也可以在实践中不断总结经验、吸取教训，实现自我不断完善。

后一种方式一般称为机器学习。

机器学习是研究如何使用计算机来模拟人类学习活动的一个研究领域。更严格地说，就是研究计算机获取计算机新知识和新技能、识别现有知识、不断改善性能、实现自我完善的方法。机器学习研究的目标有三个，分别是人类学习机理研究；学习方法研究；建立面向具体任务的学习系统。

机器学习是一个难度较大的研究领域，它与脑科学、神经心理学、计算机视觉、计算机听觉等有密切联系，依赖于这些学科的共同发展。科研人员从 20 世纪 50 年代就开始研究机器学习，虽然已取了不少成就，但仍存在不少困难和问题。

4. 模式识别

机器感知就是计算机直接"感觉"周围世界，它是机器智能的一个重要方面，也是机器获取外部信息的基本途径。模式识别就是研究如何使机器具有感知能力的一个研究领域。所谓模式是机器对一个物体或某些其他感兴趣的事物所进行的定量或结构的描述,而模式类是指具有某些共同属性的模式集合。用机器进行模式识别的主要内容是研究一种自动技术,依靠这种技术,机器就可自动地或人尽可能少干预地把模式分配到它们各自的模式类中去。

模式识别的主要目标就是用计算机来模拟人的各种识别能力,当前主要是对视觉、听觉能力的模拟,并且主要集中于图形、语音识别。

图形识别主要是研究各种图形(如文字、符号、图形、图像和照片等)分类。例如,识别各种印刷体和某些手写体文字,识别指纹、白细胞和癌细胞等,这方面的技术已进入实际阶段。语音识别主要是研究各种语音信号的分类。语音识别技术近年来发展很快,现已有商品化产品(如汉字语音录入系统)上市。

模式识别的过程大体是先将摄像机、送话器及其他传感器接收的外界信息转变为电信号序列进行各种预处理,从中抽出有意义的特征,得到输入信号的模式,然后与机器中原有的各个标准模式进行比较,完成对输入信息的分类识别工作。

5. 自然语言理解

自然语言理解就是使计算机理解人类的自然语言,如汉语、英语等,并包括口头语言和文字语言两种形式。试想,计算机若能理解人类的自然语言,则计算机的使用将会变得十分方便和简单。自然语言理解就是研究如何让计算机理解人类自然语言的一个研究领域。具体说,要达到如下三个目标。

①计算机能正确理解人们用自然语言输入的信息,并能正确回答输入信息中的有关问题。

②对输入信息,计算机能产生相应的摘要,能用不同词语复述输入信息的内容。

③计算机能把用某一种自然语言表示的信息自动翻译为另一种自然语言。

然而,对自然语言地理解却是一个十分艰难的任务。即使建立一个仅能理解只言片语的计算机系统,也是很不容易的。这中间有大量的极为复杂的编码和译码问题。

从微观上讲,理解是指从自然语言到机器内部表示的一种映射;从宏观上讲,理解是指机器能够完成人所希望的一些功能。因此理解实际是感知的延伸，或者说是深层次的感知；理解不是对现象或形式的感知，而是对本质和意义的感知。

一个能理解自然语言信息的计算机系统看起来就像一个人一样需要有上下文知识及根据这些上下文知识和信息用信息发生器推理的过程。理解口头和书写的片段语言的计算机系统所取得某些进展的基础就是有关表示上下文知识结构的某些人工智能思想及根据这些知识进行推理的某些技术。

6. 机器人学

人工智能研究日益受到重视的另一个分支是机器人学，其中包括对操作机器人装置程序地研究。这个领域研究的问题，从机器人手臂的最佳移动到实现机器人目标的动作序列的规划方法，无所不包。尽管科研人员已经建立了一些比较复杂的机器人系统，不过现正在工业运行的成千上万台机器人，都是一些按预定编好的程序执行某些重复作业的简单装置。程序的生成及装入有两种方式，一种是由人根据工作流程编制程序并将它输入到机器人的存储器中；另一种是"示教—再现"方式，所谓示教是指在机器人第一次执行任务之前，由人引导机器人去执行操作，即教机器人去做应做的工作，机器人将其所有动作一步步记录下来，并将每一步表示为一条指令，示教结束后机器人再执行这些指令（即再现），以同样的方法和步骤完成同样的工作。若任务和环境发生了变化，则要重新进行程序设计。这种机器人属于可再编程序控制机器人，也可以称为第一代机器人，它能有效地从事安装、搬运、包装、机器加工等工作，但是它只能刻板地完成程序规定的动作，不能适应变化了的情况。第二代机器人的主要标志是自身配备有相应的感觉传感器，如视觉、触觉和听觉传感器等，并用计算机进行控制。这种机器人通过传感器获取作业环境、操作对象的简单信息，然后由计算机对获得的信息进行分析、处理，从而控制机器人的动作。由于它能随着环境的变化而改变自己的行为，故称为自适应机器人，它虽然具有一些初级的智能，但还没达到完全"自治"的程度，有时人们也称这类机器人为人—眼协调型机器人。第三代机器人是指具有类似于人类智能的所谓智能机器人，该种机器人具有感知环境的能力，配备有视觉、听觉、触觉、嗅觉等感觉器官，能从外部环境中获取有关信息，具有思维能力，能对感知的信息进行处理，以控制自己的行为，它还具有作用于环境的行为能力，能通过传动机构使自己的"手""脚"等肢体行动起来，正确灵巧地执行思维机构下达的命令。

7. 人工神经网络

人工神经网络的研究始于 20 世纪 40 年代。人工神经网络是一个用大量称为人工神经元的简单单元经广泛连接而组成的人工网络,从而用来模拟大脑神经系统的结构和功能。在经历了几十年的曲折发展之后,到了 20 世纪 80 年代,对神经网络地研究再次出现高潮。霍普菲尔德提出用硬件实现神经网络,还有鲁梅尔哈特等提出多层网络中的反向传播(BP)算法就是两个重要标志。

对神经网络模型、算法、理论分析和硬件实现的大量研究,为神经网络计算机走向应用提供了物质基础。现在,神经网络已成为人工智能中一个极其重要的研究领域,它在机器学习、专家系统、智能控制、模式识别、计算机视觉、自适应滤波、信息处理、非线性系统辨识以及非线性系统组合优化等领域已经取得显著的成就,说明模仿生物神经计算功能的人工神经网络具有通常的数字计算机难以比拟的优势,人工神经网络正在获得越来越多研究人员和工程人员的关注。

第二节　智能工程

1987 年加拿大阿尔伯特大学的一位教授提出了智能工程,标志着这一门新兴的计算机应用学科的正式诞生。20 世纪 80 年代开始,面对越来越复杂的工业自动化系统,在信息技术和人工智能科学的处理及一般性决策方面,人们显得越来越力不从心,因此期望着在人类专家知识的水平上,借助计算机来完成大量的决策工作,保证大规模、复杂的自动化系统能高效运行。许多计算机、自动化的专家及工程师们在此背景下,经过艰苦的努力,在计算机数值计算基础上,逐渐形成了这门智能工程学科,为人工智能技术及其他领域的深层次的发展开辟了一条崭新的道路。

一、智能工程的提出

工业自动化的发展,大致有四个阶段。工业自动化生产的初期,其特点是利用大量人力、操作简单的设备从事工业生产,由于简单的机电设备没有自动控制能力,因此生产效率低,产品质量和数量决定了操作者的技能,这是劳动密集型阶段。第二阶段是设备密集型阶段,这是工业自动化生产的发展期,由于使用大量自动化程度比较高的设备使生产效率有了较大提高,人已不需要进行直接操作,而主要是做一些维修、调整和辅助性工作,其代表性的自动化设备是数控机床和加工中心,在这个阶段,企业的生产效率主要靠单机自动化设备的数量和质量。第三阶段是信息密集型阶段,这是工业自动化生产的快速发展期,随着计算机技术的日新月异,计算机广泛应用于生产第一线,代替人进行复杂的信息处理等繁重工作,该阶段的代表技术有计算机辅助设计(CAD)、计算机辅助制造(CAM)及柔性制造系统(FMS)等。人们把复杂的数据和图形处理工作(如有限元分析、优化设计、图形仿真等)交给了计算机,而自己则从事更为重要的方案设计、分析判断等决策性的工作,使生产效率有了更大提高。第四阶段是知识密集型阶段,这是工业自动化生产的鼎盛期,随着工业生产迅速走向规模化、系统化和集成化,人的决策已跟不上形势发展的需要,用机器代替人脑进行决策就成为一种发展的必然趋势。即时生产、并行工程及计算机集成制造系统的提出,实际上就是把一整套技术管理、生产管理和经营管理集成起来,形成了高度的决策自动化。工业自动化生产发展的四个阶段是机器人从代替人的四肢和感官发展到代替人脑的过程,这正是智能工程发展的坚实基础。

二、智能工程与人工智能

智能工程与人工智能既有区别又有联系。从研究目的看,智能工程这门应用性导向的工程学科,是利用人工智能的成果去解决实质问题;而人工智能这门理论研究性导向的科学,是使机器智能化,即用计算机模拟人的智能。从研究过程看,智能工程专家们更注重人类活动的宏观和外在表现,力图用带有智能的计算机自动去解决人类面临的复杂问题,强调宏观的过程和效果,着重问题解决的结果,并不着重于人类活动的机理性研究;而人工智能科学家不仅要创造出智能机器,而且还要分析、理解人工智能的本质和机理,对各种不同的计算和计算描述均要进行深入的研究,着重研究智能活动过程的机理,更具有严格的逻辑性和推理,并注重人工智能的普遍适用性。从研究内容看,智能工程着重研究的是知识处理及其应用的技术,包括知识的表示与获取,还有知识的管理、协调、集成、利用等问题;人工智能广泛研究人类的智能活动,包括图像识别、自然语言理解、问题求解、机器学习等方面,涉及众多的基础学科和应用科学。因此,智能工程是以"知识"为基础的工程学科,它比知识工程研究的内容要复杂、全面得多。

智能工程与人工智能存在必然的联系,它们一样都是计算机科学及一些其他科学发展的产物。智能工程把人工智能作为主要的依靠基础,人工智能的许多理论及研究成果,如符号模型、符号推理和信息处理等都是智能工程进一步研究的内容。智能工程一方面力图把人工智能的理论和方法应用到实际中去；另一方面在工程应用时，又把许多人工智能中还不太成熟的理论和方法进一步深化、提高。因此，智能工程又能促进人工智能的发展。

智能工程与人工智能的关系，类似于工程科学与自然科学的关系。自然科学是工程科学的基础，自然科学研究的目的是揭示自然界的本质与规律，是人类从根本上认识世界的科学，工程科学的目的是应用自然科学提供的理论作为工具，结合自身对工程问题的研究与理解，有针对性去解决问题。因此，工程科学比自然科学发展得更快，更容易为人们所接受。工程科学在其发展过程中，随着经验与成果的扩大与深入，也会发展成普遍适用的理论和工具，对自然科学的发展也是一种促进和补充。

三、智能制造系统

智能制造系统（IMS）可以说是智能工程的最高代表，它是在直接数字控制技术、柔性制造系统、计算机集成制造系统的基础上发展形成的。智能制造系统能在非确定和不可预测的环境下，可以在没有经验和不完全、不精确的信息情况下完成拟人的制造任务，该系统就是要把人的智能活动变成制造机器的智能活动，要通过集成知识工程、制造软件系统、机器人视觉、智能控制等技术形成大规模高度自动化生产。

许多国家对智能制造系统都进行了研究，他们认为智能制造系统在整个制造过程中都贯穿着智能活动，并将这种知识活动与智能机器相结合，使整个制造过程以柔性方式集成起来，与计算机集成制造系统相比，该系统更强调制造系统的自组织、自学习和自适应能力。

要实现智能制造系统，首先要有智能设备，包括智能加工中心、材料传送、检测和试验装置，还有各种智能装置。随着人们对制造过程行为认识的加深，新技术、新方法的不断涌现，如何将层出不穷的新知识变成机器的知识与智能，就成为智能制造系统必须要解决的重要问题。不管前面有多少困难，脑力劳动自动化将是必然的趋势，智能工程在它的发展道路上将越走越宽阔。

第三节 智能控制

人工智能的发展促进自动控制向智能控制发展。智能控制是一类无须（或需要尽可能少的）人的干预就能够独立地驱动智能机器实现其目标的自动控制。或者说，智能控制是驱动智能机器自主实现其目标的过程，而智能机器是指能够在定型或不定型，熟悉或不熟悉的环境中自主或与操作人员进行交互以执行各种拟人任务的机器。许多复杂的系统，难以建立有效的数学模型和用常规控制理论进行定量计算与分析,而必须采用定量数学解析法与基于知识的定性方法的混合控制方式。随着人工智能和计算机技术的发展,已可能把自动控制、人工智能以及系统科学的某些分支结合起来,建立一种适合复杂系统的控制理论和技术。智能控制正是在这种条件下产生的,它是自动控制的最新发展阶段,也是计算机模拟人类智能的一个重要研究领域。

一、智能控制的发展概况

智能控制是一门新兴学科,其技术是随着数字计算机、人工智能等技术研究发展而发展起来的。1966年门德尔首先提出将人工智能用于飞船控制系统的设计。1971年,著名学者傅京逊从发展学习控制的角度首次正式提出智能控制这个新兴学科领域。他在文章《学习控制系统和智能控制系统:人工智能与自动控制的交叉》之中归纳了三种类型的智能控制系统。

(1)作为控制器的控制系统

人作为控制器包含在闭环控制回路内,由于人具有识别、决策和控制等功能,因此对于不同的控制任务及不同的对象和环境情况,它具有自学习、自适应和自组织的功能,会自动采取不同的控制策略以适应不同的情况。

(2)人机结合作为控制器的控制系统

在这样的系统中,机器(主要是计算机)主要完成那些连续进行的需快速计算的常规控制任务,人则主要完成任务分配、决策和监控等任务。

(3)无人参与的智能控制系统

以上两种类型的智能控制系统均需要人参与,智能控制系统更侧重的是如何将前面由人完成的那些功能变为由机器来完成,从而设计出无人参与的智能控制系统,最典型的例子是自主机器人,这时的自主式控制器需要完成问题求解和规划、环境建模、传感信息分析与底层的反馈控制等任务。

萨里迪斯对智能控制的发展作出了重要贡献。他在1977年出版了《随机系统的自组织控制》一书,其后又发表了一篇综述文章《走向智能控制的实现》。在这两篇著作中,他从控制理论发展的观点,论述了从通常的反馈控制到最优控制、随机控制,再到自适应控制、自学习控制、自组织控制,并最终向智能控制这个最高阶段发展的过程。他首先提出了分层递阶智能控制结构形式,其控制精度由上而下分为三个层次,即语言组织级、模糊自动机作为协调级、一组自组织控制器作为执行级。他在理论上的一个重要贡献是定义了熵作为整个智能控制系统的性能度量,对每一级定义了熵的计算方法,证明了在执行级的最优控制等价于使某种熵最小的控制方法。

在智能控制的发展中,另一位著名学者奥斯特洛姆也作出了重要贡献。他在 1986 年发表的文章《专家控制》中,将人工智能中的专家系统技术引入到控制系统中,组成了另外一种类型的智能控制系统。借助于专家系统技术,将常规的 PID 控制、最小方差控制、自适应控制等不同方法有机结合在一起,能根据不同情况分别采取不同的控制策略,同时还可以结合许多其他的逻辑控制。例如,对于一个 PID 调节器来说,需要考虑操作员接口、手动和自动的平滑切换、参数突然改变所引起的过渡过程、执行部件的非线性影响、积分项引起的大摆动现象、上下限报警等问题,采用启发逻辑就可以解决这些问题。

模糊控制是智能控制的又一活跃研究领域,现代计算机虽然有着极高的计算速度和极大的存储能力,但却不能完成一些人看起来十分简单的任务,而其中一个重要的原因是人具有模糊决策和推理的功能,模糊控制正是试图模仿人的这种功能。1965 年美国加州大学自动控制专家扎德先后发表了《模糊集》和《模糊集与系统》两篇论文,形成了模糊集理论,奠定了模糊集理论和应用研究的基础。在其后的 30 年中已有很多模糊控制在实际中获得成功应用的例子。

近年来,神经网络的研究得到了越来越多的关注和重视。它在控制中的应用也是其中的一个主要方面,由于神经网络在许多方面试图模拟人脑的功能,因此它对自动控制具有多种富有吸引力的特点,主要有以下几个。

① 它能以任意精度逼近任意连续非线性函数。
② 对复杂不确定问题具有自适应和自学习能力。
③ 它的信息处理的并行机制可以解决控制系统中大规模实时计算问题,而且并行机制中的冗余性可以使控制系统具有很强的容错能力。
④ 它具有很强的信息综合能力,能同时处理定量和定性的信息,能很好地协调多种输入信息的关系,适用于多信息融合和多媒体技术。
⑤ 神经计算可解决许多自动控制计算问题,如优化计算和矩阵代数计算等。
⑥ 便于用超大规模集成电路(VLSI)或光学集成系统实现或用现有计算机技术虚拟实现。

神经网络的应用已渗透到自动控制领域的各个方面,包括系统辨识、系统控制、优化计算以及控制系统的故障诊断与容错控制等,显示出了广泛的应用前景。

1985 年 8 月,电气和电子工程师协会(IEEE)在美国纽约召开了第一届智能控制学术研讨会,来自美国各地从事自动控制、人工智能和运筹学研究的专家学者参加了这次讨论会。会上集中讨论了智能控制原理和智能控制系统的结构。这次会议之后不久，在 IEEE 控制系统学会内成立了 IEEE 智能控制专业委员会，已有 200 多名会员参加活动。1987 年 1 月，在美国费城由 IEEE 控制系统学会和计算机学会联合召开了智能控制国际会议，这是有关智能控制的第一次国际会议，来自美国、日本、中国以及其他国家的 150 位代表出席了这次学术盛会，提交论文 600 多篇，显示出智能控制的长足进步，同时也说明了，由于许多新技术问题的出现及相关理论与技术的发展，需要重新考虑控制领域与邻近学科。这次会议是个里程碑，它表明智能控制作为一门学科已经在国际上形成。人工智能与自动化技术在国内外受到广泛重视，中国自动化学会于 1993 年 8 月在北京召开了第一届全球华人智能控制与智能自动化大会；1995 年 8 月在天津召开了智能自动化专业委员会成立大会及首届中国智能自动化学术会议；1997 年 6 月在西安召开了第二届全球华人智能控制与智能自动化大会；1996 年 6 月在合肥召开了第三届全球华人智能控制与智能自动化大会。自 2002 年 6 月在上海召开了第四届全球智能控制与自动化大会以后，至 2008 年 6 月已分别在杭州、大连、重庆召开了第五届、第六届和第七届全球大会。

智能控制作为一门新兴的理论技术，现在还只是处于发展初期，还没有形成完整的理论体系。但可以预见，随着系统理论、人工智能和计算机技术的发展，智能控制必将出现更大发展，并在实际中获得广泛应用。

二、分层递阶结构的智能控制系统

萨里迪斯从智能控制系统的功能模块结构观点出发，提出了分层递阶结构的智能控制系统。其中，执行级一般需要比较准确的模型，以实现具有一定精度要求的控制任务；协调级用来协调执行级的动作，它不需要精确的模型，但需要具备学习功能以便在再现的控制环境中改善性能，并能接收上一级的模糊指令和符号语言；组织级将操作员的自然语言翻译成机器语言，然后，进行组织决策和执行任务，并直接干预低层的操作。对于执行级，识别的功能在于获得不确定参数值或监督系统参数的变化；对于协调级，识别的功能在于根据执行级送来的测量数据和组织级送来的指令产生合适的协调作用；对于组织级，识别的功能在于翻译定性的命令和其他输入。这种分层递阶的结构形式已成功地应用于机器人的智能控制、交通系统的智能控制及管理。

三、智能控制的结构

智能控制系统具有多元跨学科的结构，下面主要讨论三元、四元交集结构的基本思想。

按照傅京逊和萨里迪斯提出的观点，可以把智能控制看作是人工智能、自动控制和运筹学三个主要学科相结合的产物，称之为智能控制的三元结构。

智能控制的三元结构可用交集形式表示如下。

$$IC = AI \cap AC \cap OR$$

式中，IC 表示智能控制；

AI 表示人工智能；

AC 表示自动控制；

OR 表示运筹学。

人工智能是一个知识处理系统，具有记忆、学习、信息处理、形式语言、启发式推理等功能；自动控制描述系统的动力学特性，是一种状态反馈；运筹学是一种定量优化方法，如线性规划、网络规划、调度、管理、优化决策和多目标优化方法等。三元结构理论表明智能控制就是应用人工智能的理论与技术和运筹学的优化方法，并将其同控制理论方法与技术相结合，在未知环境下，仿效人的智能实现对系统的控制；或者说，智能控制是一类无须人的干预就能够独立驱动智能机器实现其目标的自动控制。

我国学者蔡自兴提出了四元智能控制结构，把智能控制看作是自动控制、人工智能、信息论和运筹学 4 个学科的交集，其关系如下。

$$IC = AI \cap AC \cap IT \cap OR$$

式中，IT 表示信息论。

把信息论作为智能控制结构的一个子集是基于下列理由。

（1）信息论是解释知识和智能的一种手段

信息论是研究信息、信息特性测量、信息处理以及人机通信过程效率的数学理论；智能是一种应用知识对一定环境进行处理的能力或由目标准则衡量的抽象思考能力，即在一定环境下针对特定的目的而有效地获取信息、处理信息从而成功达到目的的能力；信息是知识的交流或对知识的感受，是对知识内涵的一种量测，所描述事件的信息量越大，该事件的不确定性越小；而知识是人们通过体验、学习或联想而知晓地对客观世界规律性的认识，这些认识包括事实、条件、过程、规则、关系和规律等。一个人或一个知识库的知识水平取决于其具有的信息或理解的范围。由此可以看出："知识"比"信息"的含义更广；智能是获取知识和运用知识的能力；可以用信息论在数学上解释机器知识和机器智能。因此信息论已成为解释机器知识和机器智能（人工智能）及其系统的一种手段，其中智能控制系统是这种机器智能系统的一个实例。

（2）控制论、系统论和信息论是紧密相互作用的

现代的系统论、信息论和控制论（以下简称"三论"）作为科学前沿突出的学科群，无论从哪一方面看，都是相互作用和相互靠拢的，并给人们以鲜明的印象。无论是人工智能（含知识工程）、控制论（含工程控制论和生物控制论）或系统论（含运筹学），都与信息论息息相关。例如，一台具有高度自主制导能力的智能机器人，它对环境的感觉，对信息的获取、存储与处理以及为适应各种情况而作出的优化、决策和运动等，都需要"三论"参与作用，并相互作用，相互渗透。信息观点已成为知识控制必不可少的思想。

（3）信息论已成为控制智能机器的工具

通过前面的讨论可知，信息具有知识的秉性，它能够减少和消除人们认识上的不定性。对于控制系统或控制过程来说，信息是关于控制系统或过程运动状态和方式的知识。智能控制比任何传统控制都具有更明显的知识性，因而与信息论有更为密切的关系。许多智能控制系统，实质上是以知识和经验为基础的拟人控制系统。智能控制的知识和经验源于信息，又可被加工处理，变为新的信息，如指令决策、方案和计划等，并被用于控制系统和装置。

信息论的发展已把信息概念推广到控制领域，成为控制机器、控制生物和控制社会的手段，发展为控制仿生机器和拟人机器等智能机器的有力工具。许多智能控制系统，都力图模仿人体的活动功能，尤其是人脑的思维和决策过程。

（4）信息论参与智能控制的全过程

信息论参与智能控制的全过程，并对执行级起到重要作用。一般说来，信息论参与智能控制的全过程，包括信息传递、信息变换、知识获取、知识表示、知识推理、知识处理、知识检索、决策以及人机通信等。在智能控制系统的执行级，信息论可起到核心作用。在这里，各控制硬件接收、变换、处理和输出种种信息。例如，在实时专家智能控制系统中，有个信息预处理器，用于接收来自硬件的信号和数据，对这些信息进行预处理，并把处理了的信息送至专家控制器的知识库和推理机。该例说明，信息处理或预处理均是由执行级的信息处理器执行的。由此可见，信息论不仅可对智能控制的高层发生作用，而且在智能控制的底层——执行级也起到核心作用。

四、智能控制的特点

智能控制具有下列特点。

①智能控制系统一般具有以知识表示的非数学广义模型和以数学模型表示的混合控制过程。

它适用于含有复杂性、不完全性、模糊性、不确定以及不存在已知算法的生产过程。它根据被控动态过程的特征辨识,采用开闭环控制与定性定量控制结合的多模态控制方式。

②智能控制器具有分层信息处理和决策机构。

它实际上是对人神经结构或专家决策机构的一种模仿。复杂的大系统中,通常采用任务分块、控制分散方式。智能控制的核心在高层控制,它对环境或过程进行组织、决策和规划,以实现广义求解。要实现此任务需要采用符号信息处理、启发式程序设计、知识表示及自动推理决策的相关技术。这些问题求解与人脑思维接近。低层控制也属智能控制系统不可缺少的一部分,一般采用常规控制。

③智能控制器具有非线性。

这是因为人的思维具有非线性,作为模仿人的思维进行决策的智能控制也具有非线性特点。

④智能控制器具有变结构特点。

在控制过程中,智能控制器可根据当前的偏差及偏差变化率的大小和方向,在调整参数得不到满足时,以跃变方式改变控制器的结构,以改善系统的性能。

⑤智能控制器具有总体自寻优特点。

由于智能控制器具有在线特征辨识、特征记忆和拟人特点,所以在整个控制过程中计算机可在线获取信息和实时处理并给出控制决策,通过不断优化参数和寻找控制器的最佳结构形式,以获取整体最优控制性能。

⑥智能控制系统是一门边缘交叉学科。

它需更多的相关学科配合支援,使智能控制系统有更大发展。目前,智能控制无论在理论上还是在实践上都很不成熟、很不完善,尚需进一步探索和研究。

五、智能控制研究的数学工具

传统的控制理论主要采用微分方程、状态方程以及各种变换作为研究的数学工具,其本质上是数值计算方法。而人工智能则主要采用符号处理和一阶谓词逻辑等作为研究的数学工具，两者有着本质的区别。智能控制研究的数学工具则是上述两个方面的交叉和结合，它主要有以下几种形式。

（1）符号推理与数值计算的结合

例如，专家控制，它的上层是专家系统，采用人工智能中的符号推理方法；下层是传统的控制系统，采用的仍是数值计算方法。因此，整个智能控制系统的数学研究工具是这两种方法的结合。

（2）离散时间系统与连续时间系统分析的结合

计算机集成制造系统（CIMS）和智能机器人便属于这样的情况，它们是典型的智能控制系统。例如在CIMS中，上层任务的分配和调度、零件的加工和传输等均可用离散时间系统理论来进行分析和设计；下层的控制，如机床及机器人的控制，则采用常规的连续时间系统分析方法。

（3）介于两者之间的方法

神经元网络通过许多简单关系来实现复杂的函数，它们的组合可实现复杂分类和决策功能。神经元网络本质上是一个非线性动力学系统，但它并不依赖于模型，因此可以看成是一种介于逻辑推理和数值计算之间的工具与方法。模糊理论是另一种介于两者之间的方法。其形式上是利用规则进行逻辑推理。但其逻辑取值可在0与1之间连续变化，其处理的方法也是基于数值的而非符号的。神经网络和模糊集合论，在某些方面如逻辑关系、不依赖于模型等类似于人工智能的方法；而在其他方面如连续取值和非线性动力学特性等类似于通常的数值方法，即传统的控制理论数学工具；由于其介于符号逻辑和数值计算两者之间，因而有可能成为今后进行智能控制研究的主要数学工具。

六、智能控制的基本研究内容

智能控制系统应当对环境和任务的变化具有快速的应变能力，其控制器应该能够处理环境和任务的变化，决定要控制什么，应当采用什么样的控制策略。这就要求控制器具有适应—决策功能；还应当能够进行符号处理，及时给出控制指令。因此，智能控制系统应当包含诸如知识库、推理机等智能信息处理单元。

根据智能控制基本控制对象的开放性、复杂性、多层次、多时标和信息模式的多样性、模糊性、不确定性的特点，智能控制研究的基本内容应从以下几个方面展开。

①对智能控制认识论和方法论的研究，探索人类的感知、判断、推理和决策的活动机理。

②智能控制系统的基本结构模式分类，多个层次上系统模型的结构表达，学习、自适应和自组织等概念的软分析数学描述。

③在根据试验数据和机理模型所建立的动态系统中，对不确定性的辨识、建模与控制。

④含有离散时间和动态连续时间子系统的交互反馈混合系统的分析与设计。

⑤基于故障诊断的系统组态理论和容错控制。

⑥基于实时信息学习的自动规则生成与修改方法。

⑦实时控制任务规划的集成和基于推理的系统优化方法。

⑧处理组合复杂性的数学和计算的框架结构。

⑨在一定结构模式条件下，系统的结构性质分析和稳定性分析方法。

⑩基于模糊逻辑、神经网络、遗传算法以及软计算的智能控制方法。

⑪智能控制在工业过程和机器人等领域的研究。

智能控制是一门跨学科、需要多学科提供基础支持的技术科学。综观智能控制形成的历史过程，有众多学科发展成果的强有力的支持加之有十分广泛的实际应用领域，智能控制必将为智能自动化提供有力的理论基础，同时将智能科学推向一个崭新的阶段。

第四节 人工智能实例

一、仿人机器人

人类对仿人机器人的研制始于20世纪60年代末。仿人机器人系统集机、电、材料、计算机、传感器、控制技术等多门学科于一体，是一个国家高科技实力和发展水平的重要标志，世界发达国家都不惜投入巨资进行开发研究。日、美、英等国都在研制仿人机器人方面开展了大量的工作，并已取得突破性进展，仿人机器人已成为智能机器人技术领域的主要研究方向之一。

1968年，美国通用电气公司试制了一台操纵型两足步行机器人Rig，从而揭开了仿人机器人研制的序幕。同年，日本早稻田大学的加藤一郎教授在日本首先开展了两足机器人的研究，并在1969年研制出平面自由度步行机WAP-1，该机器人有六个自由度（每条腿有髋、膝、踝三个关节），利用人造橡胶肌肉驱动关节运动，通过注气、排气引起肌肉收缩牵引关节转动从而迈步，但由于气体的可压缩性，该机器人步态不稳。1971年，加藤教授又研制出WAP-3型两足机器人，仍采用人造肌肉驱动，能在平地、斜坡和阶梯上行走，具有 11 个自由度。同年，研制出 WL-5 型两足步行机器人，该机器人采用液压驱动，具有 11 个自由度，下肢作空间运动，机器人重心的左右移动通过上肢体左右摆动来实现，该机器人重 130kg，高 0.9m，可负重 30kg，实现步幅 15cm，每步 45s 的静态步行。1973 年，加藤等人在 WL-5 的基础上给其配置了机械手及人工视觉、听觉装置，组成自主式机器人 WAROT-1。加藤等人于 1980 年又推出 WL-9DR 两足机器人，该机器人采用步行运动分析及重复实验设计步态轨迹，用以控制机器人的步行运动。该机器人采用以单脚支撑期为静态，双脚切换期为动态的准运动步行方案，实现了步幅 45cm，步行周期 9s 的准动态步行。1984 年，加藤实验室又研制出采用踝关节力矩控制的 WL-10RD 两足机器人，实现了步幅 40cm，每步 1.5s 的平稳动态步行。1986 年，加藤实验室又研制成功了 WL-12（R）步行机器人，该机器人通过躯体运动来补偿下肢的任意运动，在躯体的平衡作用下，实现了步行周期 1.3s，步幅 30cm 的平地动态步行。

日本本田公司研制的仿人机器人系统代表了当今研究的最高水平，其研究宗旨是"机器人应该要与人类共存并合作，做人类做不到的事，开拓机动性的新领域，从而对人类社会产生附加价值"。本田公司的计划侧重研制一般的家用机器人，而非针对特殊任务，这种设计的最大挑战是要让机器人在布满家具的房间中来去自如，而且还要能上下楼梯。日本本田公司从 1986 年至今已经推出了 P 系列 1、2、3 型机器人。本田的研究工作，尤其是 P3 和 ASIMO 的推出，将仿人机器人技术的发展推上了一个新台阶，使仿人机器人的研制和生产正式走向实用化、工程化和市场化。

P1 是本田公司最早开发的步行机器人，主要是对两足步行机器人进行基础性的研究工作。P2 型机器人于 1996 年 12 月推出，相对于 P1 而言，更加拟人化，使用 Ni-Zn 电池供电，采用了无线遥控技术，这使其能够实现速度达到 3km/h 的动态行走、上下楼梯及推运物体等功能。P2 型机器人通过重力感应器和脚底的触觉感应器把地面的信息传递给机器人的大脑，机器人控制器再根据情况进行判断，进而平衡身体，稳步前进。P2 的问世将两足步行机器人的研究工作推向了高潮，使本田公司在此领域处于世界绝对的领先地位。1997 年 12 月本田公司又推出了 P3 型两足步行机器人，基本上与 P2 型相似，只是在质量和高度上有所降低（由原来的 210kg 降为 130kg，高度由 180cm 降为 160cm），且使用了新型的镁材料。

本田公司又于 2000 年 11 月推出了新型双脚步行机器人 ASIMO。

与 P3 相比，其实现了小型轻量化，使其更容易适应人类的生活空间，通过提高两足步行技术使其更接近人类的步行方式。ASIMO 高 120cm，质量为 43kg，使用个人电脑或便携式控制器操作步行方向和关节及手的动作。在两足步行方面，采用了新开发的技术 I-WALK，可以更加自由地步行。I-WALK 是在过去两足步行技术的基础上组合了新的预测运动控制功能，它可以实时预测以后的动作，并且据此事先移动重心来改变步调。过去由于不能进行预测运动控制，因此当机器人从直行改为转弯时，就必须先停止直行动作后才可以转弯。而 ASIMO 通过事先预测下部转弯以后重心向外侧倾斜多少等重心变化，可以使得从直行过渡到转弯时的步行动作变得连续流畅。另外，由于其能够生成步行方式，因此可以改变步行速度及脚的落地位置和转弯角度。除此之外，其还可以轻易地模仿螃蟹的行走模式、原地转弯以及具有节奏感的上下楼梯动作。

日本索尼公司于 2000 年 11 月推出了仿人型娱乐机器人 SDR-3X，其身高 50cm，质量为 5kg，每分钟可以步行 15m，并可按照音乐节拍翩翩起舞，实现较高速度的自律运动，另外还配备声音识别和图像识别功能。SDR-3X 能完成"边做体操边快速行走""按照音乐节拍舞蹈""按照命令把指定的球踢进球门"等项目。SDR-3X 共有 24 个自由度，其中颈部有 2 个自由度，躯干部有 2 个，每个手臂有 4 个，每条腿有 6 个自由度。机器人的运动通过 2 个 64 位 RISC 微处理器进行实时控制，控制系统采用和索尼公司的机器人宠物狗 AIBO 同样的体系结构 OPEN-R，实时操作系统为索尼独自开发的 Aperios。SDR-3X 可进行以下动作：最高速度为 15m/min 的前进/后退/左右横行、在前进过程中左右转身（异步转 90°）、由俯卧/仰卧状态起立、单腿站立（斜面上也可做此动作）、在凸凹不平的路面上行走、踢球、舞蹈。另外，SDR-3X 还可以识别 20 种声音，并且可以讲由声音合成的 20 种语言，同时对颜色也可以识别。

索尼公司还于 2003 年 12 月在 SDR-3X 基础上改进推出了会跑的仿人型两足行走机器人 QRIO。索尼定义的"跑"的概念是指机器人行走时两足处于离开地面的非接触状态，并不是那种一定要某只脚接触地面像竞走那样的"快步走"。QRIO 机器人重 7kg，高 58cm，QRIO 在行走时可以有约 20ms 的不接触地面的时间，该机器人不仅可以行走，而且还可以跳跃，在跳跃状态下不接触地面的时间可达 40ms，行走速度为 14m/min。QRIO 机器人能跑的关键在于以下两项技术：一是将电机和控制电路一体化的调节器"ISA"的转矩提高 30%，这便使得机器人可以完成跳跃，另外此前的 ISA 也可以通过外力使输出轴旋转，也就是提高了所谓的反向运转性能，这有助于减缓其着地时的冲击力；二是控制机器人空中姿势的控制算法，研发人员在此前用于步行的算法（ZMP 稳定步行控制）中增加了可即时控制机器人的跳跃方向、在空中时可保持平衡状态的姿势控制等的算法。为了完成上述处理，研发人员此次将内置的 64 位微处理器的处理能力提高为原产品的 2 倍，不仅将工作频率提高为原来的 2 倍，而且采用了新一代处理器。

我国在仿人机器人方面也开展了不少工作，也已经取得了一些成果。哈尔滨工业大学从 1985 年开始已经完成了三个型号的研制工作。国防科技大学于 1988 年 2 月研制成功了六关节平面运动型两足步行机器人，随后于 1990 年又先后研制成功了十关节、十二关节的空间运动型机器人系统，并实现了平地前进、后退、左右侧行、左右转弯、上下台阶、上下斜坡和跨越障碍等人类所具备的基本行走功能。2000 年 11 月，国防科技大学研制出了我国第一台仿人型两足步行机器人——"先行者"，该机器人高 1.4m、重 20kg，行走频率每秒 2 步，不仅能平地静态步行，还能实现转弯上坡自如的动态步行，不仅能在已知环境步行，还可在小偏差、不确定环境行走。

北京航空航天大学于 20 世纪 80 年代末开始"灵巧手"的研究与开发，其所研制的"灵巧手"能抓持和操作不同材质、不同形状的物体，装配在机器人手臂上充当"灵巧手"末端执行器可扩大机器人的作业范围，完成复杂的装配、搬运等操作。该"灵巧手"有三个手指，每个手指有 3 个关节，3 个手指共 9 个自由度，微电机放在"灵巧手"的内部，各关节装有关节角度传感器，指端配有三维力传感器，采用两级分布式计算机实时控制系统。哈尔滨工业大学与德国宇航中心合作开发成功了具有多种传感功能的新一代仿人机器人"灵巧手"，该机器人"灵巧手"仅有 4 个手指，共有 13 个自由度，每个手指有 3 个关节、3 个自由度，拇指另有一个开合的自由度，"灵巧手"共有机械零件 600 多个，表面粘贴的电子元器件 1600 多个，传感器 89 个，手的尺寸略大于人手，整体质量 1.8kg，该机器人不仅能抓举物品，而且还能按动键盘弹奏乐曲。

仿人机器人不仅应能模仿人类的外表和动作，也应具有与人类相似的思维、表情和情感，日本早稻田大学理工学部于 1973 年建立了"人格化机器人"研究室，曾开发出不少拟人机器人系统。例如，会演奏钢琴的机器人、两足步行的机器人以及电动假肢等。这个由高西淳夫教授带领的研究室对人的结构进行了研究，包括解剖学等医学方面研究，并在技术工程学的基础上重建了人的结构。高西教授认为"人格化机器人的一个很大特征就是它具有与人类相近的结构"。目前，该研究室正在开发研究"人形头部机器人"。该机器人的眼睛里安装有小型 CCD 摄像机，它不但具有视觉，而且还有听觉、嗅觉和皮肤触觉。当受到光线照射时，它就会将视线转向光处；当抚摸或者敲打机器人时，根据触碰的强度，机器人就会做出或喜或怒的表情。不仅如此，该人形头部机器人还会通过眉毛、眼睛、嘴角的动作来表达喜怒哀乐等人类特有的各种感情。

二、智能轮椅移动机器人

随着社会的发展和人类文明程度的提高，一些残疾人也可以运用现代高新技术来改善他们的生活质量和生活自由度。因为各种交通事故、天灾人祸和种种疾病，全世界每年有成千上万的人丧失一种或多种能力（如行走、动手能力等）。因此，研究对用于帮助残障人行走的机器人轮椅已逐渐成为热点。

机器人轮椅主要有口令识别与语音合成、机器人自定位、动态随机避障、多传感器信息融合、实时自适应导航控制等功能。机器人轮椅关键技术是安全导航问题，其采用的基本方法是靠超声波和红外测距，个别也采用了口令控制。超声波和红外导航的主要不足在于可探测范围有限，而视觉导航则可以克服这方面的不足。在机器人轮椅中，轮椅的使用者应是整个系统的中心和积极的组成部分。对使用者来说，机器人轮椅应具有与人交互的功能。这种交互功能可以直观通过人机语音对话来实现。尽管个别现有的移动轮椅可用简单的口令来控制，但真正具有交互功能的移动机器人和轮椅尚不多见。

德国不来梅大学研制了一款智能轮椅移动机器人 FRIEND，FRIEND 系统包括一台电动轮椅、一个 MANUS 机械手，带有双奔腾 CPU 的控制器。机械手通过 CAN 总线与计算机通信，轮椅通过 RS232 接口来接收指令。在轮椅的左边装有一个托架和一个 LCD 显示器。该系统包含若干摄像机，在用户的头部后面安装有一个立体声系统。目前 FRIEND 机器人系统能实现的主要功能有语音控制、复杂运动规划、路径生成、多传感器信息融合、机械手的智能控制和物体识别与分析。

用户对机器人的指令通过语音人机界面来输入，同时系统还添加了下巴控制、吸吹控制、眼球运动控制等其他输入方式。用户可通过自然简短的单词来指挥 FRIEND 机器人，系统则利用语音识别软件把语音指令转换成字符串。如果收到了一个有效的指令，解释程序便激活相应的程序模块来完成指定的任务。指令的类型包括对手臂的直接控制指令及完整序列的指令。

FRIEND 把用户控制和系统自治控制结合在了一起。例如，如果用户想喝东西，他首先要用语音指令把机械手移动到瓶子附近，如"手向左"或"手向上"等指令。装在手臂上的摄像机可摄取周围物体的图像，一旦系统识别出了瓶子，用户则用"抓取"指令来使机器人作出一个抓取动作。在抓取过程中，FRIEND 利用视觉伺服智能控制使机械手移动到一个相对瓶子适当的位置，然后自动抓取瓶子。

如果目标物不在机械手的工作空间内，情况就相对复杂一些。譬如，要从书架上把文件夹拿走，要完成这个作业，轮椅首先要移到书架附近使文件夹位于机械手的工作空间内，再通过摄像机采集图像识别文件夹。在识别处理过程中，用户可以用口头指令使摄像机靠近文件夹，当文件夹被成功识别后，再发出指令激活停靠动作。FRIEND 机器人是由轮椅和机械手构成的具有 9 个自由度的冗余系统，机械手的动作由智能运动控制器来控制。

FRIEND 机器人的语音处理系统能将自然的口头用语翻译成指令，该系统包含语音识别和指令解释两个模块。语音识别模块能将自然语言翻译成字符串，指令解释模块能把字符串解释成机器指令。语音识别模块使用了 IBM 公司的语音识别软件。该软件将通过麦克风输入的口头指令翻译成用预先设置的语法表示的特定词语，指令解释程序把收到的词语和文本序列翻译为系统指令。为了安全起见，指令集组织成分级的指令树。为了防止指令的误译，如翻译噪声或拼错的单词，在指令树上的一条完整路径才引起一个系统动作，这样就减少了误译的可能性。

如果系统处在直接指令模式下，命令解释程序在固定时期内没有收到合法的指令时，系统则会自动返回到安全状态。整个树和当前的指令状态在显示器上同步显示，用户可以很容易地识别系统的状态。如果解释程序收到了合法的单词，则这个单词在指令树中用灰色背影高亮显示出来。另外，所有被识别的单词都显示在左边的显示框中，这使用户在出错时很容易监控系统的行为或迅速作出反应。

FRIEND 机器人的机械手有四个控制模块，分别实现控制世界坐标、控制关节坐标、控制工具坐标、激活动作序列等功能，其可以在不同的坐标系统之间进行切换或者通过口头指令来激活半自治动作模式和指令序列，这使得系统操作非常灵活。

西班牙研制的智能轮椅移动机器人 SIAMO，它主要包括功率驱动和运动控制、人机接口、环境感知和导航等功能模块。在人机接口模块中，用户可选择五种方式发出命令，即呼吸实时驱动、依赖用户的词汇识别、头部运动、眼电图信号和必要时带有预编程行为的智能操纵杆。环境感知模块包括超声波传感，被动和主动视觉（摄像机和激光器），红外传感和底层的安全设备（缓冲器）。根据用户需要和环境的特点，智能轮椅机器人可以采用不同的结构。SIAMO 轮椅的每个功能模块都由几个子系统组成，其中一些子系统完成基本功能，而其他的子系统可作为扩展用。例如，人机接口可以根据用户需求增减显示器，可选择安装模块的类型和数目，选择适当的预编程序，定义系统的功能，这可以适应每个用户的特殊需要。最基本的 SIAMO 轮椅系统只需要底层的控制模块和最简单的人机接口，一个线性操纵杆和一个标准的装有动力的轮椅。电动轮椅的伺服驱动控制采用模糊神经控制方法。系统各个功能模块之间的通信可通过总线来完成。

第二章 人工智能基础知识

人工智能可分为两大类，即符号智能和计算智能。符号智能（传统人工智能）主要目标是应用符号逻辑的方法模拟人的问题求解、推理、学习等方面的能力；计算智能是以数据为基础，以生物进化的观点认识和模拟智能，其主要方法有人工神经网络、进化计算、模拟退火等。

第一节 符号智能、计算智能、智能方法结合与进化计算

通常将基于符号处理的传统人工智能称为符号智能，它是主要研究基于知识的智能，从原理来说它包括三个方面，即知识表示、知识利用和知识获取。从应用角度可分为专家系统、模式识别、自然语言处理和智能机器人等。符号智能的特点是以知识为基础，偏重于逻辑推理，而计算智能则是以数据为基础，偏重于数值计算，一般认为计算智能包含神经网络、模糊系统和进化计算三个主要方面。计算智能从广义上来讲就是用计算机模拟和再现人类的某些智能行为。

一、传统的人工智能是符号主义

传统的人工智能以纽厄尔和西蒙提出的物理符号系统假设为基础。物理符号系统假设认为物理符号系统是智能行为充分和必要的条件，其主要工作是"通用问题求解程序"，即通过抽象，将一个现实系统变成一个符号系统，基于此符号系统，使用动态搜索方法求解问题。而计算智能则以生物进化观点认识和模拟智能，以数据为基础，通过训练建立联系而进行问题求解。

二、计算智能

第一个对计算智能定义是由贝兹德克于1992年提出的。他认为，从严格的意义上讲，计算智能取决于制造者提供的数值，而不依赖于知识；另

一方面，人工智能则应用知识精品。他认为，人工神经网络应当称为计算神经网络。

若一个智能计算系统以非数值方式加上知识精品值，即成为人工智能系统。这里所讲的是广义的人工智能理论，它既包含基于符号推理的经典人工智能，也包含基于结构演化的计算智能，还包含模式识别等其他智能理论。

三、智能方法结合

这些不同的方法从表面上看各不相同，但实际上它们是紧密相关、互为补充和促进的。科研人员近年来的研究发现：神经网络反映大脑思维的高层次结构；模糊系统模仿低层次的大脑结构；进化系统则与一个生物体种群的进化过程有着许多相似的特征。这些研究方法各自可以在某些特定方面起到特殊作用，但是也存在一些固有的局限。比如，神经网络着重智能的微观特征，但研究微观特征并不一定能获得其宏观特征，正如研究量子力学并不能代替牛顿力学一样。因此，将这些智能方法有机融合起来进行研究，就能为建立一种统一的智能系统设计和优化方法提供基础。基于这种考虑，将它们结合起来研究已经成了一种发展趋势。

四、进化计算

遗传算法、进化策略和进化规划统称为进化计算或称为演化计算。进化计算中的差异主要在于基因结构表达方式的不同及对交叉与变异作用的侧重点不同，其中遗传算法基于自然突变、自然选择的生物进化思想，具有自组织、自适应、自学习和本质并行性等特点，在实践中应用最多。

第二节 分布式人工智能

分布式人工智能（DAI）是人工智能研究的一个重要分支，它研究人工智能计算中的并发性和相互交互的半自治系统集合的构造、协调及其有关技术，有着广泛的应用前景。随着计算机技术和人工智能的发展，还有互联网和万维网（WWW）的出现与发展，集中式系统已不能完全适应科学技术的发展需要。并行计算和分布式处理等技术（包括分布式人工智能）应运而生，并在过去20多年中获得快速发展。分布式人工智能系统能够克服单个智能系统在资源、时空分布和功能上的局限性，具备并行、分布、开放和容错等优点。近年来，Agent和多Agent系统的研究成为分布式人工智能研究的一个热点，引起计算机、人工智能、自动化等领域科技工作者的浓厚兴趣，为分布式系统的综合、分析、实现和应用开辟了一条新的有效途径，促进了人工智能和计算机软件工程的发展。

（一）分布式人工智能概述

1. 分布式人工智能简介

DAI 的研究始于 20 世纪 70 年代，它旨在研究智能系统如何并行地、协调地实现问题求解。从 DAI 的发展情况来看，其研究重点经历了从分布式问题求解（DPS）到多 Agent 系统（MAS）的变迁，这是对 DAI 研究中遇到的问题不断深入到其基础的结果，也反映出整个 AI 研究和计算机科学中对集体行为和社会性因素的重视。早期的 DAI 研究人员主要从事 DPS 研究，即如何构造分布系统来求解特定的问题。研究的重点在于问题本身及分布系统求解的一致性、鲁棒性和效率，个体 Agent 的行为是可以预先定义好的。MAS 的研究是基于理性 Agent 的假设，与协调一组可能预先存在的自主 Agent 的智能行为有关，研究重点在于协调系统中多个 Agent 的行为使其协调工作，即 Agent 为了联合采取行动或求解问题，如何协调各自的知识、目标、策略和规划。

2. 分布式人工智能的特点及分类

（1）分布式人工智能的特点

分布式人工智能系统具有如下一些特点。

①分布性。

整个系统的信息，包括数据、知识和控制等，无论是在逻辑上或者是物理上都是分布的，不存在全局控制和全局数据存储。系统中各路径和节点能够并行求解问题，从而提高了子系统的求解效率。

②连接性。

在问题求解过程中，各个子系统和求解机构通过计算机网络相互连接，降低了求解问题的通信代价和求解代价。

③协作性。

各子系统协调工作，能够求解单个机构难以解决或者无法解决的困难问题。例如，多领域专家系统可以协作求解单领域或者单个专家系统无法解决的问题，提高求解能力，扩大应用领域。

④开放性。

其通过网络互连和系统的分布，便于扩充系统规模，使系统具有比单个系统更大的开放性和灵活性。

⑤容错性。

系统具有较多的冗余处理结点、通信路径和知识，能够使系统在出现故障时，仅仅通过降低响应速度或求解精度，就可以保持系统正常工作，提高工作可靠性。

⑥独立性。

系统把求解任务归纳为几个相对独立的子任务，从而降低了各个处理节点和子系统问题求解的复杂性，也降低了软件设计开发的复杂性。

（2）分布式人工智能的分类

分布式人工智能一般分为分布式问题求解（DPS）和多 Agent 系统（MAS）两种类型。DPS 研究如何在多个合作和共享知识的模块、节点或子系统之间划分任务，并求解问题。MAS 则研究如何在一群自主的 Agent 之间进行智能行为的协调。两者的共同点在于研究如何对资源、知识、控制等进行划分。两者的不同点在于 DPS 往往需要有全局的问题、概念模型和成功标准，而 MAS 则包含多个局部的问题、概念模型和成功标准。DPS 的研究目标在于建立大粒度的协作群体，通过各群体的协作实现问题求解，并采用自顶向下的设计方法。MAS 却采用自下向上的设计方法，首先定义各自分散自主的 Agent，然后研究怎样完成实际任务的求解问题，各个 Agent 之间的关系并不一定是协作的，也可能是竞争甚至是对抗的关系。

3. 分布式问题求解

（1）分布式问题求解概述

分布式问题求解是分布式人工智能的一个重要分支。在分布式问题求解系统中，数据、知识、控制均分布在系统的各结点上，既无全局控制，也无全局数据和知识存储。由于系统中没有一个结点拥有足够的数据和知识来求解整个问题，因此各结点需要交换部分数据、知识、问题求解状态等信息，通过相互协调来进行复杂问题的协调求解。

分布式问题求解系统有两种协作方式，即任务分担和结果共享。在任务分担方式的系统中，结点之间通过分担执行整个任务的子任务而相互协作，系统中的控制以目标为向导，各结点的处理目标是为了求解整个系统的一部分。任务分担问题求解方式比较适合于求解具有层次结构的任务，如工厂联合体生产规划、数字逻辑电路设计、医疗诊断等。

在结果共享方式的系统中，各结点是通过共享部分结果来实现相互协作的，系统中的控制以数据为指导，各结点在任何时刻进行的求解均取决于当时它本身拥有或从其他结点收到的数据和知识。结果共享的求解方式适合于求解与任务有关的各子任务的结果相互影响，并且部分结果需要综合才能得出问题解的领域，如分布式运输调度系统、分布式车辆监控系统等。

（2）分布式问题求解的过程和方法

分布式问题求解系统的求解过程可以分成四个步骤：任务分解、任务分配、子问题求解和结果综合。在此过程中系统首先从用户接口接收用户提出的任务，判断是否可以接受，若可以接受，则交给任务分解器，否则通知用户该系统不能完成此任务。任务分解器将接受的任务按一定的算法分解为若干相互独立，但又相互联系的子任务。若有多个分解方案，则选出一个最佳方案交给任务分配器。任务分配器将接收到的任务按照一定的算法分解，将各子任务分配到合适的结点。若有多个分布方案，则选出最佳方案。各求解器在接收到子任务后，与通信系统密切配合进行协作求解，并将局部解通知协作求解系统，之后该系统将局部解综合成一个统一的解，并提交给用户。若用户对结果满意，则输出结果，否则再将任务交给系统重新求解。在实际系统中，问题的求解要比上述过程复杂得多。

任务分解和任务分配有以下几种常用的方法：

①合同网络。

所谓合同网络是指一种适合任务分担求解系统的任务分配算法，其中的合同就是生产任务的结点与愿意执行此任务的结点之间达成的一种协议。这里建立合同的思想类似平常的"招标"。

②动态层次控制。

这是建立在合同网络基础上的动态层次控制的任务分解和任务分配算法。该方法在任务分解后，首先对各结点的处理能力进行分析，综合问题求解环境数据，建立结点问题控制关系框架与全局性冲突监控关系网络，然后根据控制关系框架分布任务进行协作求解。求解过程中出现的条件资源冲突分别通过商议、启发式知识及全局性冲突监控网络来解决。

③自然分解，固定分配。

这一任务分解和任务分配算法预先将被监控区域划分为若干相互重叠的子区域，各子区域内的传感器将收到的数据送至邻近结点进行处理。这种方法比较适合结果共享方式的问题求解系统。

④部分全局规划。

该方法通过交换部分全局规划来进行动态的任务分解和任务分配。在部分全局规划中，包括目标信息、规划活动图、解结果构造图和状态信息。其中，目标信息包括部分全局规划的最终目标和重要性等信息；规划活动图表示结点的工作，如结点目前正进行的主要规划及其成本、期望结果等；解结果构造图用于说明结点之间的交互关系；状态信息则记录从其他结点收到的有关信息的指针、收到时间等。这种方法适用于结果共享方式的问题求解系统。

（二）Agent 基本理论

1. Agent 概述

Agent 是人工智能领域里发展起来的一种新型计算模型，其主要具有功能的连续性及自主性，即 Agent 系统能够连续不断地感知外界发生的和自身状态的变化，并自主产生相应的动作。对 Agent 更高的要求可以让其具有认知功能，以达到高度智能化的效果。由于 Agent 的这些特点，Agent 被广泛应用于分布计算环境，用于协同计算，以完成某项任务。

Agent 在英语中是个多义词，主要含义有主动者、代理人、作用力（因素）或媒介物（体）等。在信息技术，尤其是人工智能和计算机领域，可把 Agent 看作是能够通过传感器感知其环境，并借助执行器作用于该环境的任何事物的系统。对于人 Agent，其传感器为眼睛、耳朵和其他感官，其执行器为手、腿、嘴和其他身体部分。对于机器人 Agent，其传感器为摄像机和红外测距器等，而各种电动机则为其执行器。对于软件 Agent，其通过编码位的字符串进行感知和作用。

虽然 Agent 这一术语已被广泛使用，但目前学术界至今难以给出一个能普遍接受的定义，国内对 Agent 尚无公认的统一译法。Agent 理论研究人员根据各自的研究需要，从不同的侧面反映了 Agent 的一些特征，但都没有一个全面、完整的描述。国内学术界有人将 Agent 译为主体、智能主体或智能体，也有人使用原文而不译为中文，还有些人把 Agent 译为代理、媒体、个体或实体。本书出于慎重考虑，在介绍过程中还是沿用原英文单词，以期将来有更加确切和更完美译法。

2. Agent 的模型及特征

（1）Agent 的认知模型

Agent 理论最初是作为一种分布式智能的计算模型被提出来的，其研究的动力在于：①控制分布式计算的复杂性；②克服人机界面的局限性。

因此，人们可以用一种理性的方法对 Agent 进行描述，通过对其情感属性（如信念、愿望等）的理解，对这种复杂的系统进行抽象，使人们不必联系到 Agent 的实际操作，就可以简洁地预测和解释其行为。近年来，Agent 理论学家开发了许多表示 Agent 特性的形式方法，主要有布拉特曼提出的 BDI（信念、愿望和意图）理论、克里普克的可能世界语义模型、摩尔对于知识和动作的研究、科恩和莱韦斯克的意图理论，还有拉奥·乔治夫的 BDI 模型。

着重研究信念、愿望和意图的关系及其形式化描述，力图建立 Agent 的 BDI 模型，已成为 Agent 理论模型研究的主要方向。信念、愿望、意图与行为之间有某种因果关系。其中，信念描述 Agent 对环境的认识，表示可能发生的状态；愿望从信念直接得到，描述 Agent 对可能发生情景的判断；意图来自意愿，制约 Agent，是目标的组成部分。

BDI 关系：信念→愿望→意图→……→行为

（2）Agent 的特征

Agent 与分布式人工智能系统一样具有协作性、适应性等特征。此外，Agent 还具有自主性、交互性及持续性等重要性质。一个完整的 Agent 概念应该具有以下特征：

①行为自主性。

Agent 能够控制它的自身行为，其行为是主动的、自发的、有目标和意图的，并能根据目标和环境要求对短期行为做出规划。

②作用交互性，也叫反应性。

Agent 能够与环境交互作用，能够感知其所处环境，并借助自己的行为结果，对环境作出适当反应。

③环境协调性。

Agent 存在于一定的环境中，感知环境的状态、事件和特征，并通过其动作和行为影响环境，与环境保持协调。环境和 Agent 是对立统一体的两个方面，互相依存、互相作用。

④面向目标性。

Agent 不只是对环境中的事件作出简单的反应，它能够表现出某种目标指导下的行为，为实现其内在目标而采取主动行为。这一特性为面向 Agent 的程序设计提供了重要基础。

⑤存在社会性。

Agent 存在于由多个 Agent 构成的社会环境中，与其他 Agent 交换信息、交互作用和通信。各 Agent 通过社会承诺，进行社会推理，实现社会意向和目标。Agent 的存在及其每一行为都不是孤立的，而是社会性的，甚至表现出人类社会的某些特性。

⑥工作协作性。

各 Agent 合作和协调工作，求解单个 Agent 无法处理的问题，提高处理问题的能力，在协作过程中，可以引入各种新的机制和算法。

⑦运行持续性。

Agent 的程序在起动后，能够在相当长的一段时间内维持运行状态，不随运算的停止而立即结束运行。

⑧系统适应性。

Agent 不仅能够感知环境，对环境作出反应，而且能够把新建立的 Agent 集成到系统中而无须对原有的多 Agent 系统进行重新设计，因而具有很强的适应性和可扩展性，这一特点也可称为开放性。

⑨结构分布性。

在物理上或逻辑上分布和异构的实体，如主动数据库、知识库、控制器、决策体、感知器和执行器等，在多 Agent 系统中具有分布式结构，便于技术集成、资源共享、性能优化和系统整合。

⑩功能智能性。

Agent 强调理性作用，可作为描述机器智能、动物智能和人类智能的统一模型。Agent 的功能具有较高智能，而且这种智能往往是构成社会智能的一部分。

3.Agent 的结构及分类

（1）Agent 的结构特点

人工智能的任务就是设计 Agent 程序，即实现 Agent 从感知到动作的映射函数，这种 Agent 程度需要在某种称为结构的计算设备上运行。这种结构可以是一台普通的计算机，或者可能包含执行某种任务的特定硬件，还可能包括在计算机和 Agent 程序间提供某种程序隔离的软件，以便在更高层次上进行编程。一般意义上，体系结构使得传感器的感知对程序可用，运行程序并把该程序的作用选择反馈给执行器。由此可见，Agent 的体系结构和程序之间具有如下关系。

$$Agent = 体系结构 + 程序$$

计算机系统为 Agent 的开发和运行提供软件和硬件环境支持，使各个 Agent 依据全局状态协调地完成各项任务，具体如下。

①在计算机系统中，Agent 相当于一个独立的功能模块、独立计算机应用系统，它含有独立的外部设备、输入输出驱动装备、各种功能操作处理程序、数据结构和相应的输出。

②Agent 程序的核心部分叫作决策生成器或问题求解器，起到主控作用，它接收全局状态、任务和时序等信息，指挥相应的功能操作程序模块工作，并把内部工作状态和所执行的重要结果送至全局数据库。Agent 的全局数据库设有存放 Agent 状态、参数和重要结果的数据库，供总体协调使用。

③Agent 的运行是一个或多个进程，并接受总体调度。特别是当系统工

作状态随工作环境而经常变化及各 Agent 的具体任务时常变更时，更需搞好总体协调。

④各个 Agent 在多个计算机 CPU 上并行运行，其运行环境由体系结构支持。体系结构还提供共享资源（黑板系统）、Agent 间的通信工具和 Agent 间的总体协调，以使各 Agent 在统一目标下并行、协调地工作。

（2）Agent 的分类

根据上述讨论，可把 Agent 看作是从感知序列到现实体动作的映射。根据人类思维的不同层次，可把 Agent 分为下列几类。

①反应式 Agent。

反应式 Agent 只简单地对外部刺激产生响应，没有任何内部状态。每个 Agent 既是客户，又是服务器。

②慎思式 Agent。

慎思式 Agent 又称为认知式 Agent，是一个具有显式符号模型的基于知识的系统。其环境模型一般是预先可知的，因而对动态环境存在一定的局限性，不适用于未知环境。由于缺乏必要的知识资源，在 Agent 执行时需要向模型提供有关环境的新信息，而这往往是难以实现的。Agent 接收的外部环境信息，会依据内部状态进行信息融合，以产生修改当前状态的描述。然后，在知识库支持下制定规划，再在目标指引下，形成动作序列，对环境发生作用。

③跟踪式 Agent。

简单的反应式 Agent 只有在现在感知的基础上才能做出正确的决策。随时更新的内部状态信息则要求把两种认识编入 Agent 的程序，即关于世界如何独立地发展 Agent 的信息和 Agent 自身作用如何影响世界的信息。与解释状态的现有知识的新感知一样，其也采用了有关世界如何跟踪其未知部分的信息。具有内部状态的反应式 Agent 通过找到一个条件与现有环境匹配的规则进行工作，然后执行规则相关的作用。这种结构叫作跟踪世界 Agent 或跟踪式 Agent。

④基于目标的 Agent。

仅仅了解现有状态对决策来说往往是不够的，Agent 还需要某种描述环境情况的目标信息。Agent 的程序能够与可能的作用结果信息结合起来，以便选择达到目标的行为，这类 Agent 的决策基本上与前面所述的条件—作用规则不同。反应式 Agent 中有的信息没有明确规定，而设计者已预先计算好了各种正确作用。对于反应式 Agent，人们还必须重写大量的条件—作用规则。基于目标的 Agent 在实现目标方面更灵活，只要指定新的目标，就能够产生新的作用。

⑤基于效果的 Agent。

只有目标实际上还不足以产生高质量的作用。如果一个世界状态优于另一个世界状态，那么它对 Agent 就有更好的效果。因此，效果是一种把状态映射到实数的函数，该函数描述了相关的满意程度。一个完整规范的效果函数允许 Agent 对两类情况做出理性决策。第一，当 Agent 只有一些目标可以实现时，效果函数就指定合适的交替。第二，当 Agent 存在多个瞄准目标而不知哪一个一定能够实现时，效果函数就提供了一种根据目标的重要性来估计成功可能性的方法。因此，一个具有显式效果函数的 Agent 能够做出理性的决策。

⑥复合式 Agent。

复合式 Agent 即在一个 Agent 内组合多种相对独立和并行执行的智能形态，其结构包括感知、动作、反应、建模、规划、通信和决策等模块。Agent 通过感知模块来反映现实世界，并对环境信息作一个抽象，再送到不同的处理模块。若感知到简单或紧急情况，信息就被送入反射模块，作出决定，并把动作命令送到行动模块，产生相应的动作。

（三）多 Agent 系统

在人类社会中，个体之间存在一定的联系，正是这种联系使得个体的集合形成人类社会，使独立的个体成为一个具有社会属性的人。多 Agent 系统（MAS）也是如此。几个 Agent 堆放在一起永远是几个独立的个体，只有通过相互协调合作，它们才能构成一个具有一定功能的可以运转的系统。作为整体环境的一部分，它们必须能处理自身内部事务及分布协作环境中的事务。Agent 与环境的这种关系，如同人处于社会中，既要解决自身的事务，又要作为社会的一员，承担社会的义务和责任一样。

之前所讨论的 Agent 是单个 Agent 在一个与它的能力和目标相适应的环境中的反应和行为。多 Agent 系统中每个 Agent 能够预测其他 Agent 的作用；在其目标服务中影响其他 Agent 的动作。为了实现这种预测，人们需要研究一个 Agent 对另一个 Agent 的建模方法。为了影响另一个 Agent，需要系统建立 Agent 间的通信方法。多个 Agent 组成一个松散耦合又协作共事的系统，即一个多 Agent 系统。多 Agent 系统研究如何在一群自主的 Agent 间进行智能行为协调。从前述的 Agent 特性可以看出它的一个显著特点就是社会性。因此，Agent 的社会性主要是多个 Agent 协作出现。因而，多 Agent 系统就成为 Agent 技术的一个重点研究课题。除此之外，MAS 又与分布式系统密切相关，因此 MAS 也是分布式人工智能的基本内容之一。

1. Agent 通信

（1）Agent 通信的方式

Agent 之间的通信和协作是实现多 Agent 系统问题求解所必需的。协作应当按照相应的策略和协议进行。通信可分为黑板系统和消息对话系统两种方式。

①黑板结构方式。

黑板系统采用合适的结构支持分布式问题求解。在多 Agent 系统中，黑板提供公共工作区，Agent 可以交换信息、数据和知识。首先，某个 Agent 在黑板上写入信息项，然后，该信息项可为系统中的其他 Agent 所用。各 Agent 可以在任何时候访问黑板，查询是否有新的信息。各 Agent 可采用过滤器提取当前工作需要的信息。各 Agent 在黑板系统中不进行直接通信，每个 Agent 均独立完成各自求解的子问题。

②消息/对话通信。

消息/对话通信是实现灵活和复杂的协调策略的基础。各 Agent 使用规定的协议相互交换信息，用于建立通信和协调机制。

（2）Agent 的通信语言

大多数 Agent 的通信是通过语言而不是通过直接访问知识库实现的。解决 Agent 之间通信问题的一个重要途径就是建立一个标准的通信语言，这种语言可以是过程型的，也可以是说明型的。过程型语言基于把通信看成是过程指令的交换，像 TCL、Apple Events 和 Telescript 等语言，它们不仅能传递控制指令，而且能传递整个程序。这种方法简单有效，但在设计过程中有时需要接收方的信息，而且过程是单向的。说明型语言则是基于把通信看成是说明语句的交换，如 ACL 语言。

KQML 和 KIF 是美国高级研究计划局（ARPA）和"知识共享计划"中所提出的两种相关通信语言，可把它们分别译为"知识询问与操作语言"和"知识交换语言"。这两种语言是目前国际上最流行的 Agent 通信语言。KIF 的语法基本上类似于用 LISP 语法书写的一阶谓词演算。

2. 多 Agent 系统的特征

多 Agent 系统是一个松散耦合的 Agent 网络，这些 Agent 通过交互、协作进行问题求解（所解问题一般是单个 Agent 的表达能力或知识所不及的）。其中的每一个 Agent 都是自主的，它们可以由不同的设计方法和语言开发而成，因而可能是完全异质的。多 Agent 系统具有如下特征。

①每个 Agent 拥有解决问题的不完全的信息或能力。

②没有系统全局控制。

③数据是分散的。

④计算是异步的。

多Agent系统的理论研究是以单个Agent理论为基础，因此除单个Agent理论研究所涉及的内容外，多Agent系统的理论研究还包括一些和多Agent系统有关的基本规范，主要有以下几点。

①多Agent系统的定义。

②多Agent系统中Agent心智状态（包括与交互有关的心智状态）的选择与描述。

③多Agent系统的特性及它们之间的关系。

④在形式上应如何描述这些特性及它们之间的关系。

⑤如何描述多Agent系统中Agent之间的交互和推理。

3. 多Agent系统的结构

从异构和通信的程度来分，多Agent系统有四种类型：同构无通信、异构无通信、同构有通信和异构有通信。

（1）同构无通信系统

在同构无通信系统中，所有的Agent都有相同的内部结构，包括目标、知识和可能的动作。不同之处在于它们的感知器输入和它们执行的动作不同，即它们在环境中所处的位置不同。所有Agent关于其他Agent的内部状态和感知器输入的信息很少，不能预测其他Agent的动作。在设计同构无通信系统时应考虑如下问题。

①采用慎思式系统结构还是反应式系统结构。

反应式系统结构不保存内部状态，仅简单地检索预置的行为。而慎思式系统结构则保存内部状态，利用推理机制作出反应。故使用时若需预测其他Agent的动作再作出反应，应采用慎思式系统结构。

②是否建立其他Agent的模型。

在复杂得多Agent系统中，不仅要建立其他Agent的内部状态的模型，可能还要建立其他Agent的目标、动作和能力的模型。但是，对其他Agent的过多预测会降低推理的效率，因此要作出折中。

③如何影响其他的Agent。

在没有通信的情况下，也有几种方法会影响其他Agent。一种方法是影响其他Agent的感知器或改变其他Agent的状态，另一种方法是改变环境，从而间接影响其他Agent。

（2）异构无通信系统

有多种异构的方式，如具有不同的目标、知识和动作等。在设计异构无通信系统时除考虑上述问题外，还应注意如下问题。

①互助性还是竞争性。

不同的 Agent 之间存在两种不同的关系：互助性和竞争性。互助性的 Agent 之间互相帮助，以实现各自的目标；竞争性的 Agent 仅考虑自身的目标，甚至还要干扰和破坏其他 Agent 的目标。

②采用稳定的还是进化的 Agent。

在动态的环境中，采用进化的 Agent 更为可取。对应互助性 Agent 和竞争性 Agent，进化也分为互助性进化和竞争性进化。对于竞争性进化，可能会产生类似"军备竞赛"的效应，使复杂性不断升级，因此更应注重稳定性。竞争性进化的另一个问题是奖惩的分配问题，因为性能的改善可能并不意味着一个 Agent 性能的改善，而是其对手性能的恶化。

③是否为其他 Agent 的目标、知识和动作建模。

对于异构无通信系统，为其他 Agent 建模就更为复杂。由于对其他 Agent 的目标、知识和动作一无所知，又没有通信，因此为其他 Agent 建模就只能通过观察。

④处理资源共享问题。

对各 Agent 共享的有限资源，各异构 Agent 的要求是独立的，因此应加以管理。

⑤处理社会惯例问题。

人类活动是要遵守社会惯例的，异构 Agent 之间在没有通信的情况下也应存在某种协议以使其作出一致的选择。

⑥分配角色问题。

当各 Agent 的目标相同而能力不同时，它们应形成一个班组，并为每个 Agent 分配一个角色。当每个 Agent 完成一项专门的任务时，角色的分配是很简单的。在有些情况下，Agent 的角色是可以互换的。

（3）同构有通信系统和异构有通信系统

借助于通信，各 Agent 可以高度协调一致地共同完成任务。通信可以通过"黑板"以广播方式进行，也可以点对点地进行。对于有通信的 Agent 系统，还应考虑如下问题。

① Agent 相互理解问题。

为进行 Agent 之间的通信，应建立某种语言与协议，协议应包括信息内容、报文格式和协调惯例。这方面的实例有 KIF、KQML 和 COOL。

②承诺与去承诺问题。

多个 Agent 在共同完成某一任务时,应互相作出承诺,即向其他 Agent 保证以给定方式完成既定的任务,而不管对本身是否有利。由于 Agent 之间的互相信任,可使任务顺利地完成。去承诺则表示承诺的结束。

由于 Agent 工具有通信功能,可以形成灵活得多 Agent 的系统结构。

a. 集中控制。

集中控制系统中存在一个管理 Agent,该 Agent 负责协调其他所有 Agent 的工作。管理 Agent 应对所求解的问题和各 Agent 的功能、通信方式等都有所了解。在问题求解过程中,由管理 Agent 制订一个求解规划,由各 Agent 协作求解。每个 Agent 完成一个特定的任务,而某个 Agent 的求解结果可能成为另一个 Agent 进行求解的必要条件。例如,Agent 系统就是这种类型的系统,该系统把求解过程看作一个会议,由一个 Agent 担任主席,其他 Agent 分别为设计、评价等部分的专家,或担任记录、接待用户的工作人员,所有相关部分在主席的主持下完成会议的所有议程。

当整个任务可以划分成若干子任务,且每个子任务可由一个 Agent 独立完成时,控制就可以得到简化。首先,由管理 Agent 将一个问题划分成若干子问题,各个子问题分别由某个 Agent 完成后,将结果汇总到管理 Agent,最后生成完整的解。集中控制的系统常采用集中的数据结构,即黑板结构,用于存放各 Agent 的共享数据。有的系统则采用多黑板结构,以此提高数据结构的灵活性,但也增加了开发与维护的开销。

集中控制结构的控制方式比较简单,适用范围广,但是系统中产生的各种信息都要经过管理 Agent,可能会产生问题求解的瓶颈。

b. 层次控制。

层次控制系统将 Agent 分为若干层次,通信仅在各相邻层次之间进行。这种结构克服了集中控制结构的缺点,但仅适用于易于层次分解的问题。例如,用于电子市场销售的 Agent 系统 UNIK-AGENT,它将 Agent 分为三个层次:顾客、零售商与货运业者。首先由顾客向可能的零售商发出请求,零售商选择适当的商品向顾客投标,由顾客做出选择并通知零售商。如果需要的话,被选中的零售商再向货运业者发出请求,经过投标、选择之后,由选中的货运业者给出运输的规划。

c. 网络控制。

网络控制系统是一种完全的分布式结构。Agent 作为网络中的节点存在,节点之间存在某种通信介质。系统的结构由网络的拓扑结构决定。在这种系统中,没有负责管理和协调的特殊 Agent,因此是一种最灵活得多 Agent 系统结构。这种结构的困难在于 Agent 之间的通信。

在异构的分布式环境中，各 Agent 可能处于不同的网络协议层。因此，应开发一个 Agent 通信层，使位于不同网络协议层的 Agent 能够在共同的通信层进行通信。在 Agent 通信层上，为使各个 Agent 使用名字互相进行访问，可构造一个专门提供路由服务功能的系统 Agent（ANS）。ANS 的地址是公开的，每个 Agent 进入系统时，都应向 ANS 注册，通知自己的状态、名字和地址等信息。该 Agent 离开系统时，也应向 ANS 取消注册。这样，ANS 就可向所有的 Agent 提供路由服务。

（4）功能 Agent 和知识 Agent

功能 Agent 是面向功能应用，面向用户需求的 Agent，位于互联网的网站服务器上，它有以下功能。

①能在相关的一个或多个知识 Agent 的支持下自主完成特定应用领域中某个阶段或某个部分的预测功能，实现了多 Agent 系统中任务共享和结果共享这两种合作形式。

②预测时与用户通过 Web 方式进行人机对话，接受用户的问题，并从用户那里获得相关的一些信息，然后将预测任务分解，发送给相关的知识 Agent，再从这些知识 Agent 中返回相应的信息，系统对这些返回的信息用相应的方法或模型进行处理、集成，作为最终答案输出给用户。

③功能 Agent 从系统数据库中获得所有知识 Agent 和接口 Agent 的名称地址和相应的功能说明，运行时建立起与知识 Agent 或接口 Agent 间的通信链接。它们之间的信息传递可以分为同步和异步方式。

④功能 Agent 可以激活其他的功能 Agent 以获得它们相应的功能支持。因此，多个功能 Agent 的协作使完成一个新的、更高层次的预测功能成为可能。同样，一个很大的复杂的预测项目也可以划分给多个功能 Agent 来完成。

⑤功能 Agent 具有自学习功能，对预测任务及相应的知识 Agent 或接口 Agent 的返回信息和最终答案都存入它的知识库中，这样通过学习和一定知识的积累以后，功能 Agent 在没能得到知识 Agent 的支持的情况下，也可以对一些熟悉的问题进行回答，尽管这个回答开始可能不是那么精确。

知识 Agent 主要是关于某个领域或某一类的知识进行有针对性的组织管理、存储积累和应用提取，从而可以使得领域知识的获取与应用效率大大提高，也有利于相关的知识应用方法设计与实现。知识 Agent 具有以下功能。

①各个知识 Agent 在系统中负责某一领域知识的处理，它可以位于分布

在互联网上的一些不同局域网中，也可以分布在与互联网相连的计算机上。例如，农业专家系统涉及的领域知识包括栽培、施肥、病虫害防治、气候等，因此在构建一个基于多 Agent 的农业专家系统时，人们可以考虑在农科院校的局域网中放置栽培专家、施肥专家的知识 Agent，而在生物院所的局域网中放置病虫害防治专家的知识 Agent，在气象部门的局域网中放置收集气候信息的知识 Agent 等。

②各个知识 Agent 根据自己的领域范围和能力决定是否接受功能 Agent 分配的任务或确定接受预测任务的哪一部分。在预测过程中，功能 Agent 可以与其他的知识 Agent 进行磋商合作。

③各个知识 Agent 在对相关领域的知识处理方面，将根据不同领域的特点，采取不同的知识处理方法和不同的组织存储方式。

④各个知识 Agent 同时也具有人机对话的功能，领域专家可以将他们最新的科研成果输入进来，使得知识 Agent 获得该领域最新的信息和知识。

⑤知识 Agent 具有通信功能，它除了可以与功能 Agent 进行通信外，也可以与其他知识 Agent 进行联系，以获得相应的知识支持。在进行连接时，它可以向系统数据库获取所需的地址。但它也可以保存一些与其关系密切的知识 Agent 的地址信息等，建立一种熟人关系。

⑥知识 Agent 的添加和删除都可以通过在系统信息数据库中进行登记和注销来完成。知识 Agent 的注册信息包括其地址、名称、功能、属性等。

接口 Agent 的设置主要是为了利用已有的各领域的专家系统，通过基于 KQML 语言的通信方式与其他 Agent 进行交互，实现协作。它在整个系统中的主要功能与知识 Agent 基本一致。接口 Agent 可以设置新的功能模块来对已有的这些领域知识进行处理，以满足要求。因此，其在基本上不用进行大改动的情况下，就可以应用这些已有的领域专家系统的知识。

系统信息数据库的信息包括各种 Agent 的注册信息，还有系统运行中所需要的一些资料，它对于所有 Agent 都是可访问的。

在系统中，每个 Agent 都可以与其他 Agent 进行合作，利用多 Agent 之间的有机合作可以实现定性与定量方法的综合集成。而随着该系统的不断运行，各个 Agent 将不断获取知识提高自己的能力，从而使整体系统的智能程度和反应速度等性能得到大幅度提高。

整个系统的知识是分层次进行分布存储的。对于仅涉及某个领域的知识，存储于相应的知识 Agent 中，而对于涉及多个领域知识进行合成的高层知识，就存储于相应的功能 Agent 中。

4. 多 Agent 系统的构造技术

（1）多 Agent 系统的分析设计

目前，没有一种成熟的、现成的面向 Agent 设计（AOP）方法供人们对多 Agent 的应用系统进行分析设计，也没有一个基于 AOP 的软件开发环境供人们来描述用户需求、构造多 Agent 模型、刻画 Agent 特征，更没有基于 Agent 的编程语言供人们进行系统实现、系统测试。人们经过分析认为，面向对象方法与面向 Agent 要求大体上是一致的，因此利用面向对象方法来分析设计面向多 Agent 的应用系统是可行的。其原因如下。

①随着应用领域的扩大，面向对象方法的表达能力也在不断增强，因此可以逐步满足面向 Agent 系统的应用需要。比如，最近主动对象的概念被引入面向对象方法中，用来描述那些不需要接收消息就能主动执行的对象。在用面向对象方法来分析设计面向 Agent 的系统时，人们就可以用主动对象来描述具有主动性行为的 Agent 对象。

②在面向 Agent 的应用中，系统可以从应用的需要出发，对系统中 Agent 的特性进行取舍，不必体现 Agent 的全部特性。比如，在一些系统设计中，Agent 的可移动性对于系统的应用功能而言，意义不大，因此没有必要考虑对 Agent 可移动性的面向对象描述和设计。

③对于系统中必须体现的一些 Agent 特性，可以在面向对象方法与 Agent 特征之间做一个折中，用一种面向对象扩充的方式进行设计实现，能满足系统需要即可。比如，如果系统中需要体现 Agent 能自动感知环境的应激性，用面向对象方法无法实现，但可以让 Agent 定时对其感兴趣的环境因素进行检测，并及时作出响应。

因此，对基于 Agent 的应用系统，可以用扩展的面向对象方法进行分析、设计、实现，这在一般情况下是可以达到系统需求的。同时，面向对象方法也是目前最成熟、最适合于对面向 Agent 系统进行分析设计的方法。

（2）多 Agent 系统的建模策略

UML 语言是一种可以用于对大型系统进行建模的统一建模语言，它不仅支持面向对象的分析和设计，还支持从需求分析阶段开始的软件开发的过程，可以为任何具有静态结构和动态行为的系统进行建模。在开发多 Agent 系统时，要选用 UML 语言来进行建模设计，并且采用以下的全局系统设计策略。

①概念化。

利用例图来分析问题，确定用户需求和技术解决方案，实现对问题的一个初始化的分割。

②分析。

开发时首先要对系统需求进行分析，通过黑盒来描述系统外部行为，利用用户可理解的方式来构建 UML 模型，然后通过完整性检测或手工模拟来对系统模型进行验证，最后得到能正确反映系统需求的分析模型。

③系统设计。

统计时要制定关于系统实现的高层的全局决定和结构。

④对象设计。

首先通过将高层操作扩展成可行的操作来细化分析模型。然后确定一定的算法和数据结构，其中大多数设计决定应能扩展成为独立于语言的方式。最后得到逻辑上正确的实现并逐步转换成设计模型。

⑤编程实现。

编程实现就是将设计映射到具体的语言实现，例如用 JAVA 语言开发出可用的软件。

（3）多 Agent 系统的建模实现

在多 Agent 系统建模设计实现时，要解决以下相关问题。

① Agent 的主动行为能力的实现。

这可以通过在面向对象方法中引入主动对象的概念来解决。在系统建模时，可以用对象表达问题域中事物的主动行为和系统中的每个主动任务。在系统的设计实现阶段，对象的主动服务可以被实现为一个能并发执行的、主动的程序单位，比如进程或线程。

② Agent 协作协商能力的实现。

这就是在对象建模阶段和系统设计阶段，给 Agent 设计一些专门的接口，使 Agent 间能建立一个动态的、松散的协作关系。Agent 通过接口与外部及其他 Agent 进行联系。Agent 间的联系可以是同步的，也可以是异步的。每个 Agent 使用相同的 KQML 消息原语，使用相同名称的接口进行处理。而且，在系统分析设计时，要把 Agent 的知识和能力以本体论的形式进行描述，在实现时可以用数据库的形式表示。

③ Agent 的推理和规范模型、自学习模型。

这可以在 Agent 的建模设计时，以组件的形式进行描述。同时，对于 Agent 的行为也要进行细化，也用组件的形式描述。这样，既可以便于系统资源的重用，同时又有利于系统的更新换代。而近年发展迅速的，以 CORBA 和 DCOM 为代表的软构件/软总线技术，则为异质组件的开发与即插即用提供了规范。

第三节 决策支持系统

决策支持系统（DSS）是综合利用大量数据，有机结合众多模型（数学模型与数据处理模型等），通过人机交互，辅助各级决策者实现科学决策的系统。它是用来处理半结构化与非结构化问题的计算机软件系统，是管理信息系统（MIS）向更高一级发展而产生的信息系统。传统 DSS 是通过数据模型和常规数值计算方法来辅助决策，无法模拟现实世界中的复杂情况，随着人工智能（AI）技术的发展，将知识处理方法和知识库系统引入 DSS 形成了智能决策支持系统（IDSS），人工智能的发展促进了 IDSS 的飞速发展。

随着科学技术和工业产品的相互渗透，生产规模日趋庞大，各种决策的优劣，尤其是集团公司的战略级决策，对公司的成败将产生极大的影响。为避免决策失误，必须集众家之长，许多决策需要集中更多人的经验、智慧，共同研究解决。同时，由于计算机网络和网络数据库的成熟，为群体决策支持系统（GDSS）提供了强有力的工具，从而促进了群体决策支持系统的开发、应用和发展。GDSS 是在新近兴起并受到重视的一个新的 DSS 领域，是一种用来提高决策群体活动的有效性和效果的计算机人机系统，它能支持具有共同目标的决策群体求解半结构化和非结构化的决策问题。

（1）决策支持系统的概念

1969 年，泰姆斯卡尔设计了第一个有关财政规划的决策支持系统——REUEAL 系统。在这个系统中，人们设计运用了运筹学和规划理论来实现数据管理、模型运转、分析、报表生成以及图形显示等功能。规划模型包括了基本模糊集的推导，使用了判断和专家知识，并且把判断和专家知识与规划中所用的算法融为一体。这是该概念产生的萌芽。

1970 年，约翰提出了"决策演算"这一概念，一个决策演算是一组基于模型处理数据和判断的过程，用以辅助重要的决策制定。

1971 年，又有人提出了管理决策系统的概念（MDS），它被描述为基于计算机的"交互作用"系统，"帮助"决策者利用"数据"和"模型"解决"半结构化"的问题。MDS 独特的贡献来自双引号中的语言，这种定义是严格的，没有几个实际的系统能完全满足它。

1978 年，皮特首先提出了 DSS 的定义：决策支持系统是一个计算机应用系统，该系统对决策有影响，其中计算机分析捕捉工具是有用的，但管理判断仍是决策制定的基础。

1980 年，邦切克认为，DSS 是一个基于计算机的系统，系统由三部分组成，即知识系统（KS）、语言系统（LS）和问题处理系统（PPS）。语言系统是用户与 DSS 其他部分进行通信的机构；知识系统存有问题领域上的知识，其形式或为数据或为过程；问题处理系统是用来连接 LS 和 KS 的，其中包括一个或多个决策制定所需要的一般问题的求解能力。邦切克等的工作是试图对 DSS 的概念及概念的框架进行系统的阐述，通过把管理科学中已经开发的方法、模型和算法与 DSS 的"知识——语言——问题处理系统"的优点和效益结合，开创一种新的管理支持方法。

目前，人们普通接受的 DSS 最一般的概念是，DSS 是以现代信息技术为手段，针对某一类型的半结构化的决策问题，通过提供背景材料、协助明确问题、修改完善模型、列举可能方案、进行分析比较等方式，帮助管理者做出正确决策的人机交互系统，这样的系统称为决策支持系统。

（2）决策的种类

①结构化决策。

其对问题的本质和描述结构十分明确，对决策的过程和环境能用明确的语言和模型描述。

②非结构化决策。

其主要用于解决以前未曾出现过的问题，或者问题的本质和结构十分复杂而难以确切了解，从而用以往解决问题的一些方法和步骤无法解决的那一类决策问题。

③半结构化决策。

其介于结构化和非结构化之间，对问题有所了解但不全面；有所分析，但不确切；有所估计，但不准确。

对于结构化决策，管理信息系统（MIS）完全可以解决。而 DSS 是以"支持"半结构化决策为主要特征的。

（3）决策的过程

经济学诺贝尔奖获得者，著名经济学家西蒙教授将以决策者为主体的管理决策过程分为以下三个阶段。

①情报。

进行"情报"（数据）的收集和处理，研究决策环境，分析和确定影响决策的因素或条件的一系列活动。

②设计。

设计是指发现、制定和分析各种可能的行动方案。

③选择。

从可行方案中选择一个特定方案，进行方案评价与审核，并付诸实施。

（4）决策支持系统与管理信息系统之间的关系

决策支持系统与管理信息系统二者应用于管理的两个不同的发展阶段。它们主要区别如下。

① MIS 主要以改进组织的效率为目标。DSS 追求的是为决策提供有效的信息，即有效性。

② MIS 以数据驱动。DSS 以模型驱动。

③设计思想上。MIS 是实现一个相对稳定协调的工作系统；DSS 是实现一个具有潜力的灵活的开发系统。

④设计方法上，MIS 强调系统的客观性符合现状；DSS 强调充分发挥人的经验、判断力和创造力。

⑤ MIS 趋向于信息的集中管理；DSS 趋向于信息的分散使用。

⑥系统结构方面，MIS 是以数据库为中心；DSS 的核心是模型库和方法库。

（一）智能决策支持系统

1. 智能决策支持系统概述

（1）智能决策支持系统的概念及特点

智能决策支持系统（IDSS）起源于 20 世纪 80 年代初期。首先，由邦切克等人提出 DSS 与专家系统（ES）结合，分别发挥 DSS 数值分析与 ES 符号处理的特点，用于有效地解决定量与定性的问题及半结构化、非结构化的问题。这种 DSS 与 ES 结合的思想即构成了 IDSS 的初期模型。IDSS 的这种模型扩大了 DSS 处理问题的范围，提高了决策能力，因此它具有很强的生命力，并且在应用中发挥了巨大的作用，因而成为 DSS 发展的重要方向。IDSS 具有下列特点。

①具有推理机制，能模拟决策者的思维过程。通过提问和会话取得事实后，可应用知识库中的规则解决问题，得到答案。

②智能决策支持系统能跟踪问题的求解过程，对答案进行解释，增加了用户对决策方案的可信度。

③ DSS 的重要功能是回答"What if"的问题，而 IDSS 能跟踪和模拟决策者的思维和思路，因此它不仅能回答"What if"，而且能回答"Why"等解释性原因，从而使决策者不仅能知道结论，而且还能知道为什么产生那样的结论。

IDSS 与传统的 DSS 相比，增加了知识库及其管理系统与推理机构，使其不仅能处理数值的半结构化问题，而且还能处理逻辑的半结构化问题，即在传统DDS的问题处理系统中结合了专家系统（ES）求解问题的方法和技术。

目前，国外的IDSS系统均在实际应用中发挥出很大的作用。

（2）IDSS中的知识表示

IDSS在传统的DSS体系结构基础上，增加了知识处理子系统或智能部件的成分。从广义的角度看知识，数据库属于事实性知识，模型属于结构性知识，算法和程序属于过程性知识，而规则属于产生式知识。而为了处理知识，首先要表示知识。对知识表示的研究形成了两种不同的观点和流派：符号主义和连接主义。

①符号主义。

该流派认为人类认识事物的基本元素是"符号"，认知过程是符号上的运算，人工智能中专家系统的成就大多是基于符号处理。属于符号处理的知识表示形式包括谓词逻辑、产生式规则、语义网络、框架、剧本、过程性知识。

②连接主义。

其产生于人工神经元网络的兴起。认为人类思维的基本元素是神经元，思维过程是信息在神经元连成的网络中相互传播，它是一个并行分布式处理过程，又称"连接机制"。

随着人类知识领域的不断丰富，知识结构更加复杂化，使IDSS的知识表示越来越困难。如何表示模型，如何表示关于模型建立和使用的知识，如何表示问题领域的知识已成为IDSS研究中迫切要解决的问题。

（3）IDSS的发展趋势

①人工智能技术用于DSS自身管理及公用功能，如关于模型的知识库系统、模型选择的匹配技术、人工智能用户界面等。

②利用人工智能的知识表达和推理能力为决策者提供领域问题的决策支持，如专家系统技术在DSS中的应用。从智能化应用的层次来看，主要有三种情况：一是使用在一些定量模块生成、目标或约束的调整、结果的分析与评价等方面；二是一个模块或子系统完全由专家系统或知识工程的方法构成；三是利用人工智能的思想和方法来进行整个DSS的总控和调度。

2. IDSS中的模型管理系统

模型管理系统是IDSS的核心部分，其功能是支持决策者构造模型、选择模型和利用模型。在实际中，为适应不同决策者的需要，独立运行的模型个体常常需要与其他模型结合起来，以适当的系列组成复合模型。这种创建过程涉及动态地选择必要的模型元件并以适当的协同方式组成模型系列，确定每个模型元件对不同决策问题的适应性。这就对模型管理系统提出了很高的要求，除了一般的管理功能以外，IDSS 的模型管理系统还必须具有以下几方面的功能。

①必须具有知识表示与处理能力，能有效地提供关于模型建造与操纵的知识、关于领域的知识以及决策者的经验。

②能提供一般性的模型操纵方法，支持结构化的模型建造，同时提供有效的模型选择策略。

③具有学习和自我演进的能力。

④提供模型的抽象与模型的具体相分离的机制。

⑤提供模型运行结果的解释机制。

有关这些方面的研究形成了以下几个重点的研究方向。

（1）基于面向对象的模型管理

面向对象方法是一种以对象为中心认识客观世界的方法，它从结构组织角度模拟客观世界，把世界看成是由许多不同种类的对象构成，每个对象都有自己的内部状态和运行规律。面向对象的方法符合人类的思维方式，能够自然表现现实世界中的实体和问题，具有一种自然的模型化能力。使用面向对象方法开发的模型管理系统具有以下特点。

①面向对象方法的封装机制能够将模型及其对应的方法封装起来，形成一个统一实体，并以类的形式提供给用户。如把整数规划模型与其对应的方法封装在一起，形成一个独立的模型类。

②可以通过创建模型类的实例来实现模型的重用。

③面向对象方法的继承机制能够实现代码的共享。

④面向对象方法支持模型的集成。

⑤面向对象方法的多态性支持模型之间的连接。

总之，面向对象的模型表示方法是非常有效的模型表示形式，它实现了模型与方法的封装，通过子类继承超类的特性支持渐进式构模，支持模型之间的连接及模型与数据的维数独立性。

（2）基于神经网络的模型自动选择

在 IDSS 的模型管理中，模型的自动选择是一个有待解决的问题。在传统的 DSS 系统中，模型的选择是通过人机对话部分，由用户完成的。而在 IDSS 的体系结构中，由于模型的多样性及决策问题的复杂性，这就要求用户不仅要对决策问题做深入分析，提取出问题的特征和要素，同时还要熟悉模型库中各模型的类型、结构及适用范围，这种对用户的过高要求是十分不现实的。因此，有必要研究出一种根据用户提出的决策问题而自动从模型库中选择合适模型的方法。人工神经网络技术为解决这一问题提供了可能。神经网络的自组织、自学习、自适应的能力已在模式识别领域中得到了广泛的应用。实际上，模型选择，尤其是模型结构的选择，也可以看作是一种特殊的模式识别，即对问题的数据特征的识别，例如对趋势预测模型结构的识别也就是对历史数据趋势的一种识别。

IDSS 的模型选择可以分为三个层次，即模型的类型选择、模型的结构选择和模型的实例确定。其中类型选择是根据问题的性质选取某类模型，结构选择是在某类模型中，根据问题的特征，从众多的模型结构中选取一个合适的模型结构。模型的实例确定是指在选择模型结构以后，采用与这种结构相对应的手段对该模型的结构进行评估。显然，神经网络技术在模型选择的前两个层次中可以发挥较好的作用。

（3）基于自然语言理解的模型自动选择

自然语言理解指计算机系统从用户输入的自然语言请求中抽取其语义。在 IDSS 的系统结构中，语言子系统为用户提供陈述问题的功能，问题处理子系统问题识别部分的功能是接受语言子系统表达的问题，使其成为计算机理解的内容。总的来说，这是一个自然语言理解问题。

在模型的选择中，设用户输入问题为 P，则 P 可用一个三元组来表示：P＝（S，G，D），其中 S 是源问题的初始状态描述，D 是源问题中的数据，G 是问题的目标描述。自然语言理解能够识别 P 中的文字描述部分，即 S 或 G。对于 P 中的数据部分的识别，则需采用遗传算法予以解决，包括用决策树构造算法构造二元决策树，实现模型结构的选择，用遗传算法求解模型参数，确定模型实例。

（二）群体决策支持系统

群体决策支持系统的概念出现于 20 世纪 80 年代早期。GDSS 是指一种基于计算机的系统，它通过让一组决策者们以群体的形式一起工作，使非结构化的难以决策的问题更易于解决。它能帮助决策者们理解复杂的问题和环境，更能促进决策者之间的相互交流，增进彼此的信任，获得更佳的结果。近年来，它又汲取了计算机支持协同工作（CSCW）的成果，成为一个有巨大发展前途的研究领域。

设计与实现 GDSS 是十分复杂的，因为 GDSS 是一个涉及不同的个人、时间、地点、通信网络和其他技术的复杂的联合，它的运行方式还与制度及文化密切相关。近年来，分布式人工智能技术、Agent 技术、互联网／内网技术的研究得到了迅猛的发展。互联网／内网技术可有效解决 GDSS 中群体通信管理与群体决策成员获取与利用组织外部信息资源问题；利用智能 Agent

技术所具有的特点，可有效地解决群体决策过程中的协调、协同及冲突消解问题。

利用 GDSS 进行决策，可分为集中式和分布式两种决策模式。这两种决策模式都涉及多个决策者，而且决策者之间存在着相互作用和相互影响。这种相互作用和相互影响是通过信息交流、信息共享来体现的。

在集中式模式下，群体成员共同解决同一问题，其焦点在于引导和协调各个参与者之间的相互影响和相互作用。通常的几个步骤是，①问题确认；②提出解决方案；③讨论和完成决策。

分布式决策所针对的问题非常复杂，单个的参与者无法了解它的全部。分布式决策活动的步骤：①问题分割；②任务分配；③各自分问题的求解；④汇总。

1. 群体决策支持系统研究的主要内容

（1）GDSS 的设计

GDSS 研究领域中一个丰富的内容是与 GDSS 的软硬件设置有关的问题。在设计群体决策支持系统时的一个主要难点是不能将用户的参与作为系统分析的主要输入，因为在使用 DSS 前用户不能说出他们需要什么。因此，如何进行有效的系统设计是 GDSS 研究的发展趋势之一。

（2）信息交流模式

群体决策是群体成员间信息交流的结果，从这种意义上讲，GDSS 的目标是改变群体内交流过程。信息交流的改变程度越大，对决策过程和决策质量的影响也越大。尽管不同的决策群体可能使用不同的决策规则，依赖不同的决策权力，但所有的决策群体有个共同的模式：在决策过程中有两个主要的方面相互作用，一个是任务（完成决策），另一个是社交需要（紧张/放松、同意/不同意、团结/敌对）。决策群体在完成任务的需要和维护群体的需要之间寻找平衡。人们希望面向任务的交流支配面向社交的交流，消极的社交交流支配积极的社交交流。因此，GDSS 的研究者应该研究群体成员间相互作用的流程，发现 GDSS 技术对群体的认识、行为、感情以及信息交流的属性和决策结果之间关系的影响，采用系统的、可靠的方法去研究与设计、设置和任务等相联系的信息交流模式。

（3）成员参与效果

群体中使用决策支持的结果表现在 GDSS 对讨论中的成员参与质量的影响，如果决策支持技术改变了成员参与的自然模式，就可能会出现一些问题。例如，匿名输入方法鼓励成员更好地参与，但使用决策支持技术后，一些成员可能会害怕即使他们的意见是匿名输入的，计算机技术也许会将他们的意见存储起来，事后某些人能够看到，因此心理紧张就会增加，参与质量就会降低。因此，需要认真研究决策支持系统对群体参与模式的影响。

（4）可察觉的距离成员间吸引力及群体凝聚力的影响

GDSS 中的电子通信会影响成员间可觉察到的距离，而可觉察到的距离进而会影响成员间的吸引力和群体凝聚力。人们希望电子通信会以不同的方法影响决策群体。例如，在面对面的会议中，GDSS 可使用电子通信来代替直接的语言交流以增加可以觉察到的距离。如果群体成员距离很远，若没有 GDSS，只能通过电话或简单的电子消息进行交流，GDSS 就可以用增加相互作用和语言交流等方式减少可察觉到的距离。GDSS 的一个研究方向是研究不同类型的系统对可觉察到的距离的影响。

（5）权力和势力的影响

GDSS 技术会增加参与的质量，减少成员个人、小团体的支配，可以感觉到的权力和势力应该分散。GDSS 将意见与意见的提出者分离。这样，意见就成为讨论的目标而不是这些意见的提出者。如果意见被匿名修改，成员个人不会知道谁支持谁反对这个意见。DSS 对权力和势力过程的影响，其中包括在会议内和会议外的，其应该是 GDSS 研究者研究的一个重要领域。

2. 基于多 Agent 的群体决策支持系统体系结构

多 Agent 系统是分布式人工智能研究的一个分支。Agent 是协作系统中的独立行为实体，它能够根据内部知识和外部激励决定并控制自己的行为，而且还可以与其他 Agent 有效协同工作。MAS 指多个 Agent 通过协作完成任务或达到某些目标的系统。MAS 具有社会性、自治性、协作性。当今动态、柔性、分布性的决策需求极大影响了 DSS 的结构。基于多 Agent 的 IDSS 体系结构，在一定程度上满足了这种需求。

（1）基于多 Agent 的分布式群体决策支持系统体系结构

大规模的管理决策活动不可能也不便于用集中方式进行，分布式群体决策支持系统是实现此类决策的必然选择。从客观上看很多活动涉及许多承担不同责任的组织单元和决策者，决策过程必需的信息资源或某些重要的决策因素分散在较大的活动范围内。决策的两个要素，决策者和决策对象均具有分布性。从主观角度看，在知识经济时代，生产和市场的特点决定了单独的决策者由于知识和能力的限制，无法胜任复杂的决策任务，科学正确的决策也需要多个决策者协同进行工作。

多 Agent 系统恰恰适合求解功能或地理上分布的复杂问题，而它的协作策略和冲突的引发、消解策略也可胜任协同工作的要求。

每一个群体决策 Agent 的功能结构均是以知识的 DSS 结构为基础构造。其核心部分——信息处理器部分，可利用多库协同器，有效利用各库现有的成熟技术，协同各库形成广义的知识库，以实现决策支持。

（2）具有控制 Agent 的 IDSS 体系结构

分布式群体决策支持系统能较好地实现群体决策的目标，然而当前所使用的两种 Agent 的协作方式均有其自身的缺点。要使系统具有较高的智能，一般采用主动合作协同方式，但由于每个 Agent 均要同其他多个 Agent 进行协调，使得单个 Agent 的设计较为复杂，增加了系统实现的难度，也浪费了资源。

利用控制 Agent 可以构成类似于主从式的 DSS 系统。其中，每个群体决策 Agent 仍然为一个局部的 DSS 系统，功能结构同前，但其协调机制可以相对简化。系统的协调控制主要由控制 Agent 完成。控制 Agent 根据规则库中的规则，结合当前的系统运行状况对系统资源进行分配，同时对其他 Agent 个体的行为进行调度，负责启动或挂起某个 Agent 的工作进程，并在规则库中保存多个 Agent 个体之间的协作方式，通过控制 Agent 来调度系统资源。这种结构可以避免系统资源的浪费，并可使单个 Agent 个体的设计进一步简化。

（3）分层 IDSS 体系结构

企业要在当今的竞争社会制胜，不仅要做到对外部事件作出快速响应，在内部管理和决策机制上也要能采取主动应对措施。这就要求系统的各个环节能够具有决策的动态和柔性的特点，做到以下几点。

①能快速获取内部和外部的实时信息，并作出快速的反应。

②具有预测的功能，能对未发生的事件提前采取应对。

③具有学习功能。不仅能从实时信息中获取有用的知识，而且能够将应对过程产生的经验用于完善原有知识。

因其复杂性，要在每一环节达到这种要求，实现起来极为困难。由于企业的组织结构一般是分层次的，自上而下为战略层、战术层和执行层。为了解决上述决策支持系统的复杂性，用户可在组织内部构造分层次多 Agent 的决策支持模型。

在每一层次由 Agent 或 MAS 系统完成协同决策，每个 Agent 均具有学习功能，使系统在每个层面均具备动态及柔性的决策特点。它可以快速接收该层次的实时信息，通过直接处理或者向上级报告或下级发布命令来快速作出反应。

早期的决策支持系统大多功能较为单一，智能程度较低，所能支持的决策通常是一个层面、某个人的。因此系统一般是集中式、单一层次的。随着企业管理决策规模的扩大，跨地区、跨国公司的不断增加，出现了基于多Agent的分布式群体决策支持系统体系结构。它针对群体决策的要求，能使处于异地的决策者，通过系统的智能协调机制，共同参与决策。

为了简化分布式群体决策支持系统的协作机制，避免系统资源的浪费，上述结构可进一步演化为具有控制Agent的类似于主从式的IDSS系统。其主要是将原体系中集成了决策支持和协调机制的群体决策Agent的协调功能分离出，由控制Agent统一完成系统的调度和资源的分配，从而简化系统设计。为了满足竞争的需求，系统要求企业在各个环节具有动态和柔性的特点，即决策支持已经超出了单一的某个层面，而渗透到企业的各个层面。新型的基于多Agent的分层IDSS体系结构，不仅满足了企业各个环节动态、柔性决策的需求，同时也在一定程度上降低了系统复杂性。新型IDSS体系结构从简到繁，从弱智能到高智能，从功能单一、功能集成进一步发展为功能的有机分离，从集中式到分布式，从平面化到多层次的发展，满足了企业对于科学决策的要求。新型的基于多Agent的智能决策支持系统，可以为企业全面、快速、有效地决策提供有力的支持，从而全面提升企业的综合竞争力。

3. 其他与GDSS有关的系统

（1）谈判支持系统

谈判支持系统（NSS）是对商业小组的有冲突任务给予支持的计算机系统。NSS的基本目的是帮助解决同一小组成员间或不同小组间的冲突点。NSS与GDSS除了目标不同（NSS支持冲突解决，而GDSS是帮助协调小组决策）之外，NSS还与GDSS在其他方面有不同点。总的来说，GDSS的氛围是开放的，相互信任的，而NSS则相反。因此，每个谈判方通常希望用他们自己的数据、决策模型和工具，这就需要在考虑NSS部件的时候要寻找一个折中的办法，也就是说，要解决如下的问题：使用哪一方的数据，为了帮助谈判成功用什么样的成交协议和谈判技术，在NSS模型管理中要有什么样的对策。

有研究者建议采用中立第三方的方法来解决上面的问题，NSS支持中立第三方人作为一个中介人来协调谈判双方的谈判过程，NSS也支持谈判的每一方。每一方可以完全控制自己私有的数据和工作空间,中介人必须首先确定一个双方都认可的数据集合,这个数据集合是作为一个开始点,一旦实际的谈判开始,数据集合可以随着时间的推移而变化。

(2)计算机支持协作工作

计算机支持协作工作(CSCW)的研究和应用强调的是通信系统的设计和实现、共享空间设施、共享信息设施和组织中的群体支持实施。GDSS、NSS 和分布式决策的计算机系统研究都是沿着 CSCW 中的同一条线上进行的,一个决策过程一般与其他信息处理、通信以及协作活动都有着密切的联系,多多借鉴 CSCW 也许会给组织中的群体决策及谈判的研究工作和应用注入新的活力。

第四节 模糊理论

查德于 1965 年首先提出模糊集的概念。其是在仔细研究计算机与人在处理问题的差别基础上,提出模糊集概念的。这个概念试图用连续变量测量对象(元素)在某类集合中的占有程度,而不像传统集合那样,只有"属于"或"不属于"两种状态。模糊集的思想反映了现实世界所存在的客观不确定性与人们在认识中出现的不确定性,为刻画现实世界的模糊现象奠定了理论基础。模糊集合论并非提倡模糊思维,也没有必要将现有的理论模糊化,或者说从本质上去实现不精确的内涵。相反,它是一种精辟的学说。模糊集合的模糊性是针对在所划分的类别与类别之间无明显的隶属到不隶属的转折。事实上,客观世界绝大多数事物,严格界定其属于某一类或不同于某一类都不存在明显的分界线。

一、模糊逻辑推理

为了进行模糊逻辑推理,用机器来模仿人的思维、推理和判断,那就必须引入语言变量。查德教授在 1975 年提出了语言变量的概念,语言变量实际上是一种模糊变量,它用词句而不是用数字来表示变量的"值"。引进了语言变量后,就构成模糊语言逻辑。

在用传统二值逻辑推理时,只要大前提或者推理规则是正确的,小前提是肯定的,那么就一定会得到确定的结论。然而在现实生活中,人们常常获得的信息往往是不精确的、不完全的,或者事实本身就是模糊而不完全确定的,但必须利用这些信息进行判断和决策,因此传统的二值逻辑推理在这里是无法应用的。通常把基于不精确的、不绝对可靠的或不完全的信息基础上的推理称为不确定性推理。目前这种不确定性推理的理论和方法正在发展中，模糊逻辑推理就是其中的一种。

模糊推理方法以模糊判断为前提，动用模糊语言规则，推导出一个近似的模糊判断结论。在模糊逻辑与近似推理中，有两种重要的模糊逻辑蕴含推理规则，即广义前向推理法和广义向后推理法。

二、解模糊判决方法

通过模糊推理得到的结果是一个模糊集合或者隶属函数，但在实际使用中，特别是在模糊逻辑控制中，必须要用一个确定的值才能去控制伺服机构。在推理得到的模糊集合中取一个相对最能代表这个模糊集合的单值的过程就称为解模糊判决，也叫作反模糊化。解模糊判决可以采用不同的方法，不同的方法所得到的结果也是不同的。理论上用重心法比较合理，但计算比较复杂。下面介绍几种解模糊判决方法。

（1）重心法

所谓重心法就是取模糊隶属度函数曲线与横坐标周围成面积的重心作为代表。理论上，应该计算输出范围内一系列连续点的重心，但实际上是通过计算输出范围内整个采样点（即若干离散值）的重心。这样在不花太多时间的情况下，用足够小的采样间隔来提供所需的精度，这是一种最好的折中方案。

（2）最大隶属度法

该方法最简单，只要在推理结论的模糊集合中取隶属度最大的那个元素作为输出量即可。不过要求这种情况下其隶属度函数曲线一定是正规凸模糊集合（即其隶属度曲线只能是单峰曲线）。如果该曲线是梯形平顶的，那么具有最大隶属度的元素就可能不止一个，这时就要对这所有取最大隶属度的元素求其平均值，这种方法称为最大隶属度平均法。

（3）隶属度限幅元素平均法

该方法是用所确定的隶属度值对隶属度函数曲线进行切割，再对切割后等于该隶属度的所有元素取平均值，用这个平均值作为输出执行量，这种方法称为隶属度限幅元素平均法。

第五节　人工神经网络

古今中外，许多科学家为了揭开大脑机能的奥秘，从不同角度进行了长期的不懈努力和探索，逐渐形成了一个多学科交叉的前沿技术领域——人工神经网络（ANN），简称神经网络（NN）。

一、人工神经网络发展简史

1. 初始期

1943年心理学家莫克罗和皮特发表文章，总结了生物神经元的一些基本特性，提出了形式神经元的数学描述与结构方法，即莫克罗－皮特氏神经模型（M-P模型），此模型一直沿用至今，因此可以说他们是神经网络研究的先驱。1948年，冯·诺伊曼在研究工作中比较了人脑结构与存储程序式计算机的根本区别，提出了以简单神经元构成的自再生自动机网络结构，但由于指令存储式计算机技术的发展十分迅速，迫使他放弃了神经网络研究的新途径，继续投身于指令存储式计算机的研究，并做出了巨大贡献。1949年心理学家唐纳德·赫布提出神经元之间突触联系强度可变的假设，认为学习过程是在突触上发生的，突触的联系强度随其前后神经元的活动而变化。根据这一假设，赫布提出了神经元突触的一种具体学习规律，为神经网络的学习算法奠定了基础。

20世纪50年代末期，罗森布拉特设计制作了一种多层神经网络"感知机"，首次把神经网络的研究从理论探讨付诸工程实践。之后，世界上许多实验室仿效制作感知机，分别应用于文字识别、声音识别及学习记忆等问题的研究。20世纪60年代初，维德罗提出了自适应线性元件网络，主要用于雷达天线控制、自适应均衡和回波低效等方面。后来，在此基础上还发展了非线性多层自适应网络。

2. 低潮期

1969年人工智能学者明斯基和帕尔特对感知机进行了深入研究，写了一本名为《感知机》的专著。分析了当时的简单感知器，指出它有非常严重的局限性，甚至不能解决简单的"异或"问题，为罗森布拉特的感知器判了"死刑"。此时，批评的声音高涨，导致投资人停止了对人工神经网络研究的投资。不少研究人员把注意力转向了人工智能，使人工神经网络研究陷入低潮。

虽然如此，20世纪70年代到80年代早期，仍有一些坚信神经网络的人坚持他们的工作，为人工神经网络的复苏做准备。其中的成果有自组织映射模型SOM；盒中脑模型BSB；自适应谐振理论ART；用于视觉图形识别的认知器模型。

3. 复兴期

1982年，霍普菲尔德向美国科学院递交了有关神经网络的报告，主要内容就是建议收集和重视以前对神经网络的工作，其中特别强调了每种模型的实用性。根据对神经网络的数学分析和深入理解，霍普菲尔德提出了他自己的模型。

1984年，霍普菲尔德设计研制了后来被人们称为霍普菲尔德网的电路，较好地解决了TCP问题，找到了最佳解的近似解，引起了巨大的反响。

1985年，欣顿、塞诺夫斯基和鲁姆哈特提出了限制玻尔兹曼机。

4. 发展高潮期

1986年，鲁姆哈特和克莱兰两人提出了多层网络的反向传播（BP）算法。该算法通过从后向前修正各层之间的连接权重，可以求解感知机所不能解决的问题，从实践上证明了人工神经网络具有很强的运算能力，从而否定了明斯基等人的错误结论，BP神经网络成为目前应用最广泛的神经网络。1986年在美国召开了国际神经网络会议；1988年《神经网络》杂志创刊；1990年IEEE神经网络会刊问世。现在国际上每年都召开一次神经网络学术年会。

近些年来，人工神经网络正向模拟人类认知的道路上更加深入发展，与模糊系统、进化计算相结合，形成了计算智能，成为人工智能的一个重要方向。光电结合计算机的出现为人工神经网络的发展提供了物质条件。

二、人工神经元

人工神经元是人工神经网络的基本处理单元，它一般是一个多输入/单输出的非线性元件。神经元输出除受输入信号的影响外，同时也受到神经元内部其他因素的影响，因此人工神经元的建模中，常常还加有一个额外输入信号称为偏差，有时也称为阈值或门限值。

激活函数是一个神经元及网络的核心。网络解决问题的能力与功效除了与网络结构有关，在很大程度上也取决于网络所采用的激活函数。

激活函数的基本作用如下。

①控制输入对输出的激活作用。

②对输入、输出进行函数转换。

③将可能无限域的输入变换成指定的有限范围内的输出。

三、神经网络

将两个或更多的简单神经元并联起来，使每个神经元具有相同的输入矢量X，即可组成一个神经元层。将两个以上的单层神经网络级联起来则组成多层神经网络。一个人工网络可以有许多层,每层都有一个权矩阵、一个偏差矢量和一个输出矢量。

根据连接方式,神经网络常分成两大类:没有反馈的前向神经网络和反馈神经网络。前向神经网络由输入层、一层或多层的隐含层和输出层组成,每一层的神经元只接受前一层神经元的输出。而反馈神经网络中任意两个神经元之间都可能有连接,因此输入信号要在神经元之间反复传递,从某一初始状态开始,经过若干次的变化,渐渐趋于某一稳定状态或进入周期振荡等其他状态。前向神经网络例子有多层感知器、小脑模型连接控制网络(CMAC)等;反馈神经网络代表性模型有霍普菲尔德网络、埃尔曼网络和乔丹网络等。

四、神经网络的两大类学习方法

神经网络的学习方法有两大类,即有教师学习和无教师学习。对于有教师学习是将神经网络的输出和希望的输出进行比较,然后根据两者之间差的函数(如差的平方和)来调整网络的权值,最终使其函数达到最小。对于无教师学习,当输入的样本模式进入神经网络后,网络会按照预先设定的规则(如竞争规则)自动调整权值,使网络最终具有模式分类等功能。

常见的无教师学习方法是赫布学习规则,它源于赫布教授的关于生物神经元的学习假设:当两个神经元同时处于兴奋状态时,它们之间的连接应当加强。

五、反向传播网络及其学习算法

反向传播(BP)网络是目前被研究最多的神经网络模型之一。它是一个单向传播的多层前向神经网络,包含输入层、隐层及输出层。隐层可以为一层或多层,只在相邻层节点间才有连接关系,而同层节点间没有任何连接。在正向传播过程中,输入信息从输入层传到隐层,最后传到输出层。若输出层得不到期望的输出,则转入误差反向传播,通过修改各层神经元连接权值,使输出误差减小。

BP算法是最重要的一种用于多层前向神经网络的反向学习算法,它的基本思想是对网络的连接权进行不断调整,使得对任意的输入信号都可以在输出端获得期望值。其主要步骤如下。

①对所有权值和阈值初始化为一个比较小的随机数。

②从训练集中取一样本进行训练,施加输入信号于网络。

③从输入层开始向后逐层前向计算各层输出，求出最终输出。

④计算网络的实际输出与期望输出的误差。

⑤从输出层向前逐层反向计算，传播误差信号，修改权值，直到误差小于给定值。

⑥对于训练集中的每一样本重复上述步骤，直到全部训练集的误差达到要求为止。

BP算法实质上是把一组样本输入输出问题转化为一个非线性优化问题，并通过梯度算法利用迭代运算求解权值问题的一种学习方法。科研人员已证明，带隐层的BP神经网络具有逼近任意非线性函数的能力。但BP算法本身存在一些问题，如存在局部极小点和收敛速度慢等。针对BP算法的缺点，许多研究者提出了不少的改进方案，如变学习率法、附加动量法、递推预报误差算法等。

六、反馈神经网络

霍普菲尔德神经网络是最典型的反馈神经网络。在反馈神经网络中，输入数据决定反馈系统的初始状态，然后系统经过一系列状态转移后，逐渐收敛于平衡状态。这样的平衡状态就是反馈神经网络经计算后的输出结果。因此，稳定性是反馈神经网络的最重要的问题之一。若能找到网络的利亚普诺夫函数，则能保证网络可以从任意的初始状态收敛到局部极小点。因此，霍普菲尔德神经网络常被用于组合优化问题。

第六节 进化计算

近年来随着人工智能领域不断扩大，传统的基于符号处理机制的人工智能方法在知识表示、信息处理和解决组合爆炸等方面所遇到的困难越来越明显，从而使得寻求一种适合大规模问题并具有自组织、自适应和自学习能力的算法成为有关学科的一个研究目标。大自然为人们解决各种问题提供了灵感。进化计算就是模仿自然界物竞天择、适者生存的进化机制来进行信息处理的技术。其基本思想是把问题求解归结为适应度函数的寻优过程，通过生成解的种群，对种群中解的结构进行遗传、变异、评价、选择等操作以生成新一代种群，如此循环迭代，使整个种群中的解不断向最优解逼近。

科研人员对生物进化机制的研究产生了三种典型的进化计算模型：遗传算法（GA）、进化策略（ES）、进化规划（EP）。这些方法的差异在于基因结构表达方式的不同及对交叉与变异作用的侧重点不同。

遗传算法、进化策略和进化编程都是模拟生物界自然进化过程而建立的鲁棒性计算机算法。科研人员发现它们有许多相似之处，同时也存在较大的差别。进化策略和进化编程都把变异作为主要搜索算子，而在标准的遗传算法中，变异只处于次要位置。交叉在遗传算法中起着重要作用，而在进化编程中却被完全省去。标准遗传算法和进化编程都强调随机选择机制的重要性，而从进化策略的角度看，选择（复制）是完全确定的。进化策略和进化编程确定地把某些个体排除在被选择（复制）之外，而标准遗传算法一般都对每个个体指定一个非零的选择概率。近些年来这些方法不断相互交流，使它们之间的区别正逐步缩小，因此在总体的含义上统称它们为进化计算。

一、遗传算法

GA 类似于自然进化，通过作用于染色体上的基因寻找好的染色体来求解问题。与自然界相似，遗传算法对求解问题的本身一无所知，它所需要的仅是对算法所产生的每个"染色体"进行评价，并基于适应值来选择"染色体"，使适应性好的"染色体"有更多的"繁殖"机会。在遗传算法中，通过随机方式产生若干个所求解问题的数字编码，即"染色体"，形成初始群体，然后通过适应度函数给每个个体一个数值评价，淘汰低适应度的个体，选择高适应度的个体参加"遗传"操作，经过"遗传"操作后的个体集合形成下一代新的种群，再对这个新种群进行下一轮进化。这就是 GA 的基本原理。GA 算法流程如下。

①初始化群体。
②计算群体上每个个体的适应度值。
③按由个体适应度值所决定的某个规则选择将进入下一代的个体。
④交叉运算。
⑤变异运算。
⑥没有满足某种停止条件，则转第②步，否则进入⑦。
⑦输出种群中适应度值最优的染色体作为问题的满意解或最优解。

GA 是基于"适者生存"的一种高度并行、随机和自适应的优化算法，它将问题的求解表示成"染色体"的适者生存过程，通过"染色体"群的一代代不断进化，包括复制、交叉和变异等操作，最终收敛到"最适应环境"的个体，从而求得问题的最优解或者满意解。

根据编码方式的不同，GA 主要可分为二进制型、序列型和浮点型等三种，分别适用于不同类型的具体工程优化问题。在大多数情况下，不同的编码方式就对应于不同的遗传操作方式。下面以霍兰的遗传算法为主要讨论对象，结合旅行商问题（TSP）介绍 GA 实施主要的步骤。

1. 编码

将问题结构变换为位串形式编码表示的过程叫编码，而相反将位串形式编码表示变换为原问题结构的过程叫译码或解码。而把位串形式编码表示叫"染色体"，有时也叫个体。

编码的主要任务是建立解空间与"染色体"空间点的一一对应关系。遗传算法通常在"染色体"空间中进行操作。在多数情况下，不同的编码方式决定了不同的遗传操作方式。对编码的一般原则性要求主要有完备性、健全性和非冗余性。完备性是指解空间中的所有点都能表示为"染色体"空间中的点；健全性是指"染色体"空间中的所有点都能表示为解空间中的点；非冗余性是指解空间到"染色体"空间的一一对应。

2. 群体初始化

与传统优化方法相比，遗传算法一个显著的特点是对群体操作，因此在进化的开始必须进行群体初始化，从而产生进化的起点群体。通常随机构造初始群体，当然也可以在初始群体中植入一些具有特殊"性状"的个体，以加速算法向全局最优解的收敛。

种群的"染色体"总数叫种群规模，它对算法的效率有明显的影响，规模太小不利于进化，而规模太大将导致程序运行时间长。对不同的问题可能有各自适合的种群规模，通常种群规模为 30～100。

3. 遗传操作

简单遗传算法的遗传操作主要有三种，即选择、交叉、变异。改进的遗传算法大量扩充了遗传操作，以达到更高的效率。

选择操作也叫复制操作，其根据个体的适应度函数值所度量的优劣程度决定它在下一代是被淘汰还是被遗传。一般来说，选择将使适应度较大（优良）个体有较大的存在机会，而适应度较小（低劣）的个体继续存在的机会也较小，体现了"适者生存，不适者被淘汰"的生物进化机理。最常用的选择方式是赌轮选择、联赛选择和排序选择。

变异操作的简单方式是改变数码串某个位置上的数码。变异首先在群体中随机地选择一个个体，将选中的个体以一定的概率随机地改变串结构数据中某个串的值。

杂交与变异是最常用的遗传操作，杂交体现了同一群体中不同个体之间的信息交换，而变异则能维系群体中信息的多样性。它们在优化中的主要作用是以不同的方式不断产生新的个体。遗传操作被视为遗传算法的核心，它直接影响和决定了遗传算法的优化能力，是生物进化机理在遗传算法中最主要的体现。一般在程序设计中交叉发生的概率要比变异发生的概率选取得大若干个数量级，交叉概率取 0.6～0.95 的值；变异概率取 0.001～0.01 的值。

4. 评价

评价是遗传算法的驱动力，是遗传算法体现有向搜索区别于随机游荡的标志。它将同一群体中不同个体的优劣进行数值标量化，为选择操作提供客观依据。遗传算法评价准则的确定主要依赖于要求解的问题。

为了体现"染色体"的适应能力，引入了对问题中的每一个"染色体"都能进行度量的函数，叫适应度函数。通过适应度函数来决定"染色体"的优劣程度，它体现了自然进化中的优胜劣汰原则。对优化问题，适应度函数就是目标函数。TSP 的目标是路径总长度为最短，路径总长度的倒数就可以是 TSP 的适应度函数。

适应度函数要有效反映每一个"染色体"与问题的最优解"染色体"之间的差距，一个"染色体"与问题的最优解"染色体"之间的差距越小，则对应的适应度函数值之差就越小，否则就越大。适应度函数的取值大小与求解问题对象的意义有很大的关系。

5. 终止判定

如果说初始化是遗传算法的入口，终止判定则是它的出口。程序的停止条件最简单的有如下两种：完成了预先给定的进化代数则停止；种群中的最优个体在连续若干代没有改进或平均适应度在连续若干代基本没有改进时停止。

GA 是一种通用的优化算法，其编码技术和遗传操作比较简单，优化不受限制性条件的制约，而且其两个最显著的特点是并行性和全局空间搜索。目前，随着计算机技术的不断发展，GA 越来越受到人们的重视，并在机器学习、模式识别、图像处理、神经网络、优化控制、组合优化、VLSI 设计、遗传学等领域得到了成功应用。在实际应用过程上，GA 进一步得到发展和完善，如 1992 年斯坦福大学的科扎提出了"遗传编程"（GP）。

二、进化策略

进化策略（ES）是于 20 世纪 60 年代由德国的科研人员在研究流体动力学中的弯管形态优化过程时，共同开发出的一种适合于实数变量的、模拟生物进化的一种优化算法。其优化能力主要依靠变异算子的作用，后来受遗传算法的启迪,也引入了杂交算子,不过杂交是进化策略的辅助算子。

三、进化规划

进化编程(EP)也是在20世纪60年代由美国的L.J.福格尔等为求解预测问题而提出的一种有限状态机进化模型,在这个进化模型中,机器的状态基于均匀随机分布的规律来进行变异。20世纪90年代,D.B.福格尔又将其思想拓展到实数空间,使其能够用来求解实数空间中的优化问题,并在其变异中引入正态分布技术。

它与进化策略有许多相似之处。个体的表示与进化策略相同,不同之处在于它不用杂交算子,变异与选择方式也与进化策略不同。

进化编程的过程可理解为从所有可能的计算机程序形成的空间中搜索具有高适应度的计算机程序个体。在进化编程中,可能有几百或几千个计算机程序参与遗传进化。

进化编程最初由一随机产生的计算机程序群体开始,这些计算机程序由适合于问题空间领域的函数所组成,这样的函数可以是标准的算术运算函数、标准的编程操作、逻辑函数或由领域指定的函数。群体中每个计算机程序个体是用适应度来评价的,该适应值与特定的问题领域有关。

进化编程可繁殖出新的计算机程序以解决问题,它分为以下三个步骤。

第一,产生出初始群体,它由关于问题(计算机程序)的函数随机组合而成。

第二,迭代完成下述子步骤,直至满足选种标准为止。

①执行群体中的每个程序,根据其解决问题的能力,给其指定一个适应值。

②应用变异等操作创造新的计算机程序群体。

第三,在后代中适应值最高的计算机程序个体被指定为进化编程的结果。

第七节 模拟退火算法

模拟退火算法来源于固体退火原理,即将固体加温至充分高,再让其徐徐冷却,加温时,固体内部粒子随温升变为无序状,内能增大,而徐徐冷却时粒子渐趋有序,在每个温度都达到平衡态,最后在常温时达到基态,内能减为最小。

1. 模拟退火算法的模型

模拟退火算法可以分解为解空间、目标函数和初始解三部分。

模拟退火算法新解的产生和接受可分为如下四个步骤。

①由一个产生函数从当前解产生一个位于解空间的新解。

为便于后续的计算和接受，减少算法耗时，通常选择由当前新解经过简单的变换即可产生新解的方法，如对构成新解的全部或部分元素进行置换、互换等，产生新解的变换方法决定了当前新解的邻域结构，因而对冷却进度表的选取有一定的影响。

②计算与新解所对应的目标函数差。

因为目标函数差仅由变换部分产生，所以目标函数差的计算最好按增量计算。事实表明，对大多数应用而言，这是计算目标函数差的最快方法。

③判断新解是否被接受，判断的依据是一个接受准则。

④当新解被确定接受时。用新解代替当前解，这只需将当前解中对应于产生新解时的变换部分予以实现，同时修正目标函数值即可。此时，当前解实现了一次迭代，可在此基础上开始下一轮试验。而当新解被判定为舍弃时，则在原当前解的基础上继续下一轮试验。

模拟退火算法与初始值无关，算法求得的解与初始解状态（算法迭代的起点）无关；模拟退火算法具有渐近收敛性，已在理论上被证明是一种以概率收敛于全局最优解的全局优化算法，并且模拟退火算法具有并行性。

2. 模拟退火算法的参数控制问题

模拟退火算法的应用很广泛，可以求解 NP 完全问题，但其参数难以控制，其主要问题有以下三点。

（1）温度 T 的初始值设置问题

温度 T 的初始值设置是影响模拟退火算法全局搜索性能的重要因素之一，初始温度高，则搜索到全局最优解的可能性大，但因此要花费大量的计算时间；反之，则可节约计算时间，但全局搜索性能可能受到影响。实际应用过程中，初始温度一般需要依据实验结果进行若干次调整。

（2）退火速度问题

模拟退火算法的全局搜索性能也与退火速度密切相关。一般来说，同一温度下的充分搜索（退火）是相当必要的，但这需要计算时间。实际应用中，要针对具体问题的性质和特征设置合理的退火平衡条件。

（3）温度管理问题

温度管理问题也是模拟退火算法难以处理的问题之一。

第八节 知识表示

知识表示是建立专家系统及各种知识系统的重要环节，也是知识工程的一个重要方面。经过科研人员多年探索，现在已经提出了不少的知识表示方法，诸如一阶谓词逻辑、产生式规则、框架、语义网络、对象、脚本、过程等。这些表示法都是显式地表示知识，亦称为知识的局部表示。另一方面，利用神经网络也可表示知识，这种表示是隐式地表示知识，亦称为知识的分布表示。

随着知识系统复杂性的不断增加，人们发现单一的知识表示方法已不能满足需要，于是又提出了混合知识表示。另外，还有所谓的不确定或不精确知识的表示问题。因此，知识表示目前仍是人工智能、知识工程中的一个重要研究课题。

一、一阶谓词逻辑表示法

一阶谓词逻辑表示法是人们最早使用的一种知识表示方法，具有简单、自然、精确、灵活、模块化的优点，它的推理系统采用归结原理。这种推理方法严格、完备、通用，在自动定理证明等应用中取得了很大的成功，它的缺点是难于表达过程性知识和启发性知识，不易组织推理，推理方法在事实较多时易于产生组合爆炸，且不易实现非单调和不精确推理。

在谓词逻辑中，命题是用谓词表示的。一个谓词可分为谓词名和个体两个部分，个体表示某个独立存在的事物或者某个抽象的概念，谓词名用于刻画个体的性质、状态或个体间的关系。

在谓词逻辑中，可以用连词来连接若干个谓词组成一个谓词公式，同时还可以引入量词来刻画谓词与个体间的关系。

谓词逻辑适合于表示事物的状态、属性、概念等事实性的知识，也可以用来表示事物间确定的因果关系，即规则。

二、产生式规则

产生式系统是人工智能中经常采用的一种计算系统，它的基本要求包括综合数据库、产生式规则和控制机构。

综合数据库是产生式系统所使用的主要数据结构，用来描述问题的状态。在问题求解中，它记录了已知的事实、推理的中间结果和最终结论。

产生式规则的作用是对综合数据库进行操作，使综合数据库发生变化。

产生式系统问题求解的一般步骤是。

①初始化综合数据库，把问题求解的初始已知事实送入综合数据库。

②若规则库中存在尚未使用过的规则，该规则的前件可与综合数据库中的已知事实匹配，则转步骤③；若综合数据库中不存在匹配所需要的事实，则转步骤⑤。

③执行当前选中的规则，对该规则做上使用标记，把该规则后件的结论送入综合数据库中。若该规则后件是操作，则执行这些操作。

④检查综合数据库中是否已包含了问题的解，若已包含，则终止问题的求解过程，否则转步骤②。

⑤要求用户提供关于问题的其他已知事实，若提供了新的事实，则转步骤②，否则终止问题的求解过程。

⑥若规则库中不再有未使用过的规则，则终止问题的求解过程。

需要指出的是，问题求解的过程与推理的控制策略有关，上述步骤只是针对正向推理方式给出的一般步骤，未涉及一些细节，如冲突消除、不确定性的处理等。

采用产生式规则显式地表达知识具有以下优点。

在一些特殊情况下使用的规则可被自动解释，并对用户透明。

研制者和用户可在不中断全系统运行的情况下修改一些规则。

把新知识加入系统，只需简单地增加一些新的规则，不必考虑它们与系统如何适应，这是一个基本要求，可以把系统设计成能获得（或学到）新知识或既往经验。

尽管产生式规则有足够的表达能力来表示与领域有关的所有有用的推理规则和行为的规范说明，但它们在许多场合作为一种知识表示机制则显得不够完善。特别是它们不能有效地描述对象及一些静态关系，而描述这些最为有效的是框架。事实上，实际中使用最为成功的表示方法是将两者（框架和产生式规则）优点结合起来的混合表示机制。

三、语义网表示法

一个语义网由节点和弧组成，其中节点表示事实、概念或事件等，弧表示节点间的关系。它所表示的知识主要是关系知识。

节点可以是常量、变量或者用函数符号构成的项。弧可以是表示条件和结论，并能够组合成类别，这样的图称为扩展语义网络。用语义网表示知识的最大优点是可把各种事物有机联系在一起，体现了联想思维的过程。语义网表达知识的主要问题之一是如何处理量化，解决这个问题的一种方法是把语义网划分为一组多层空间，其中每层空间都与一个或多个变量的辖域相对应。

语义网络的推理主要包括网络匹配、继承推理和网络演绎三个方面，推理过程如下。

①把待求解的问题构造为一个问题网络片段，其中有节点或弧的标识是空的。

②在语义网络知识库搜寻可与网络片段匹配的网络片段。在搜寻过程中，可根据需要进行继承推理和网络演绎。

③当问题网络片段与知识库中的某语义网络片段匹配时，则由此可匹配的语义网络片段得到问题的解。

四、框架表示法

框架是描述对象属性的一种数据结构，它通常由若干槽组成，每个槽可根据实际需要拥有若干个侧面，而每个侧面又可以拥有若干个值。槽和侧面所具有的属性值分别称为槽值和侧面值。

对于大多数问题，不能只用一个框架来表示，必须同时使用许多框架，组成一个框架系统。由于框架中的槽值或侧面值都可以是另一框架的框架名，因此可以通过一个框架找到另一个框架。共处于某一环境中的若干对象会有某些共同的属性，在对这些对象进行描述时，可以把它们具有的共同属性抽取出来，构成一个上层框架，然后再对各类对象独有的属性分别构成若干个下层框架。下层框架可以继承上层框架的属性和值，这样就可把一组有上下关系的框架组成具有层次结构的框架网络。

所谓框架的继承性，就是子节点的某些槽值或侧面值没有赋值时，可以直接从其父节点继承这些值。继承性是框架表示法的一个重要特性，它不仅可以在相邻的上、下两层框架之间实现继承，而且可以从最低层追溯到最高层，使高层框架的描述信息逐层向低层框架传递。

如建立如下的＜教职工＞和＜教师＞框架。

框架名：＜教职工＞

姓名：单位（姓，名）

性别：范围（男，女）

缺省：男

工作类别：范围（教师，干部，工人）

缺省：教师

学历：范围（中专以下，大专，本科，研究生）

缺省：研究生

框架名：<教师>

继承：<教职工>

部门：单位（院系，机关，附属单位）

职称：范围（教授，副教授，讲师，助教，其他）

缺省：副教授

如果某教师的实例框架如下。

框架名：<教师1>

ISA：<教师>

姓名：李四

部门：管理工程系

那么由继承性可知，李四的性别为"男"，工作类别为"教师"，学历为"研究生"，职称为"副教授"。

ISA 槽的含义是"是一个""是一只"，表示子节点与父节点关系，即<教师1>是<教师>的一个特例，也就是说，<教师1>可继承父框架<教师>的槽及槽值，而<教师>又继承父框架<教职工>的槽及槽值，从而使<教师1>可继承<教师>和<教职>框架的槽及槽值。除了ISA槽外，其他常用的槽名还有：AKO、Subclass、Part-of，分别表示"是一种"、子类与类之间的类属关系、部分与全体关系。

在用框架表示知识的系统中，推理主要是通过匹配与填槽来实现的。因此，首先把要求解的问题用一个称为问题框架的框架表示出来，然后把初始问题框架与知识库中已有的框架进行匹配。框架的匹配是把两个框架相应的槽名及槽值逐个进行比较，如果两个框架的各对应槽没有矛盾或满足预先规定的某些条件，就认为这个框架可以匹配。按照一定的搜索策略，在不断地寻找可匹配的框架并进行填槽的过程中，如果找到合适的框架，得到问题的解就成功结束，如果找不到合适框架就终止搜索。

五、人工神经网络的知识表示

人工神经网络的知识表示采用隐式表示方法，与传统人工智能系统（如谓词逻辑、产生式、框架、语义网络等）中知识表示所用的显式表示方法完全不同，它以分布方式表示信息，也就是用若干个结点，每两个结点间可以连接起来的网络表示信息，以往用以表示知识的语义网络是一个结点与一个概念对应，而人工神经网络是以结点的一种分布模式及加权量的大小与一个概念对应，这样即使某个结点上的信息属性发生了畸变与失真，也不至于使网络所表达的概念属性产生重大变化。

神经网络以隐式表示知识，这种知识不是通过人的加工转换成规则，而是通过学习算法自动获取的。由前所述介绍的神经网络可知，它是将某一问题的知识表示在同一网络中，并通过网络的计算来实现推理的。

除了上述介绍知识表示方法外，还有其他多种知识表示方法，如状态空间法、与/或树表示、面向对象表示法和剧本表示法等。

第九节 搜索原理

人工智能要解决的问题大多数是结构不良或者非结构的问题，对这样的问题一般不存在成熟的求解算法，而只能利用已有的知识一步步地摸索着前进。在这个过程中，存在着如何寻找一条推理路线，使得付出的代价尽可能地少，而问题又能够得到解决的过程。人们称寻找这样路线的过程为搜索。

一、问题求解过程的形式表示

问题求解过程实际上是一个搜索过程。为了进行搜索，首先必须考虑问题及其求解过程的形式表示。

1. 状态空间表示法

状态空间表示法是问题表示及其搜索过程的一种形式表示方法。状态空间表示法用"状态"和"算符"来表示问题。

（1）状态

状态是描述问题求解过程中任一时刻状况的数据结构。

（2）算符

引起状态的某些分量变化，从而使问题从一个状态变为另一个状态的操作称为算符。

（3）状态空间

问题的全部状态和一切算符所构成的集合称为状态空间。一般用如下三元组表示。

$$(S, F, G)$$

其中，S——问题的所有初始状态构成的集合；

F——算符的集合；

G——目标状态的集合。

（4）状态空间图

状态空间图就是状态空间的图示形式，其中节点表示状态，有向边（弧）表示算符。

2. 与/或树表示法

与/或树表示法是用于问题表示及其搜索过程的另一种形式表示方法。对于一个复杂的问题，可以通过"分解"和"等价变换"两种手段相结合使用，得到一个图，这个图就是与/或图。

与/或树表示法初始问题通过一系列变换最终变为一个子问题的集合，而这些子问题的解可以直接得到，从而解答了初始问题。

第一，等价变换，是一种同构或同态的变换。

第二，本原问题。不能再分解或变换，而且直接可以求解的子问题，称为本原问题。

第三，终端节点与终止节点。在一棵与/或树中，没有子节点的节点称为终端节点；本原问题所对应的节点称为终止节点。

第四，可解节点。在与/或树中，满足下列条件之一者就称为可解节点。

①它是一个终止节点。

②它是一个"或"节点，且其子节点中至少有一个是可解节点。

③它是一个"与"节点，且其子节点全部是可解节点。

第五，不可解节点。关于可解节点的三个条件全部不满足的节点称为不可解节点。

第六，解树。由可解节点构成，且由这些可解节点可推出初始节点（它对应于原始问题）为可解节点的子树称为解树。

二、状态空间搜索

状态空间搜索的基本思想是首先把问题的初始状态（即初始节点）作为当前状态，选择适用的算符对其进行操作，生成一组子状态，然后检查目标状态是否在其中出现。若出现，则搜索成功，找到了问题的解；若不出现，则按某种搜索策略从已生成的状态中再选一个状态作为当前状态。重复上述过程，直到目标状态出现或者不再有可供操作的状态及算符为止。

在搜索过程中，一般都用到 OPEN 表和 CLOSED 表。OPEN 表用于存放刚生成的节点；CLOSED 表用于存放将要扩展的节点。对于不同的搜索策略，节点在 OPEN 表中的排列顺序是不同的，如对广度优先搜索，节点按生成的顺序排列，先生成的节点排在前面，后生成的节点排在后面。

1. 盲目搜索

（1）广度优先搜索

从初始节点开始，逐层对节点进行扩展并考查它是否为目标节点。在第 n 层的节点没有全部扩展并考查之前，不对第 $n+1$ 层节点进行扩展。OPEN 表中的节点总是按进入的先后顺序排列，先进入的节点排在前面，后进入的节点在后。

广度优先搜索算法如下。

①把起始节点 S_0 放到 OPEN 表中（如果该起始节点为一目标节点，则求得一个解答）；

②如果 OPEN 是个空表，则没有解，失败退出，否则继续；

③把第一个节点（记为节点 n）从 OPEN 表移出，并把它放入 CLOSED 扩展节点表中；

④扩展节点 n。如果没有后继节点，则转向上述第②步；

⑤把 n 的所有后继节点放到 OPEN 表的末端，并提供从这些后继节点回到 n 的指针；

⑥如果 n 的任一个后继节点是个目标节点，则找到一个解答，成功退出，否则转向第②步。

（2）深度优先搜索

从初始节点开始，在其子节点中选择一个子节点进行考查，若不是目标节点，则再在其子节点中选择一个子节点进行考查，一直如此向下搜索。当到达某个子节点，且该子节点既不是目标节点又不能继续扩展时，才选择其兄弟节点进行考察。

深度优先搜索方法能够保证在搜索树中找到一条通向目标节点的最短途径，这棵搜索树提供了所有存在的路径（如果没有路径存在，那么对有限图来说，我们就说该法失败退出；对于无限图来说，则永远不会终止）。

首先，扩展最深节点的结果使得搜索沿着状态空间某条单一的路径从起始节点向下进行下去，只有当搜索到达一个没有后裔的状态时，它才考虑另一条替代的路径。替代路径与前面已经试过的路径不同之处仅仅在于改变最后 n 步，而且保持 n 尽可能小。

对于许多问题，其状态空间搜索树的深度可能为无限深，或者可能至少要比某个可接受的解答序列的已知深度上限还要深。为了避免考虑太长的路径（防止搜索过程沿着无益的路径扩展下去），人们往往会给出一个节点扩展的最大深度——深度界限。任何节点如果达到了深度界限，那么都将把它们作为没有后继节点处理。值得说明的是，即使应用了深度界限的规定，所求得的解答路径也并不一定就是最短的路径。

与广度优先搜索不同，深度优先搜索是把节点 n 的子节点放入 OPEN 表的首部。

（3）有界的深度优先

深度优先搜索引入搜索深度的界限，即当搜索深度达到了深度界限，而尚未出现目标节点，就换一个分支进行搜索。

有界的深度优先搜索算法如下。

①把起始节点 S_0 放到未扩展节点 OPEN 表中。如果此节点为一目标节点，则得到一个解；

②如果 OPEN 为一空表，则失败退出；

③把第一个节点（节点 n）从 OPEN 表移到 CLOSED 表；

④如果节点 n 的深度等于最大深度，则转向②；

⑤扩展节点 n，产生其全部后裔，并把它们放入 OPEN 表的前头。如果没有后裔，则转向②；

⑥如果后继节点中有任一个为目标节点，则求得一个解，成功退出，否则转向②。

（4）代价树的广度优先搜索

与/或树中，边上有代价（或费用）的树称为代价树。

代价树的广度优先搜索基本思想是每次从 OPEN 表中选择节点往 CLOSED 表中传送时，总是选择其代价最小的节点。

（5）代价树的深度优先搜索

其基本思想是从刚扩展的子节点中选择一个代价最小的节点送入 CLOSED 表进行考查。

2. 启发式搜索

启发式搜索是利用问题本身的某些启发信息，以制导搜索朝着最有希望的方向前进。

用于估价节点重要性的函数称为估价函数。它的一般形式如下。

$$f(x)=g(x)+h(x)$$

式中，$g(x)$ 为从初始节点到节点 S_0 已经实际付出的代价；$h(x)$ 为从节点 x 到目标节点 S_g 的最优路径的估计代价，体现了问题的启发性信息，$h(x)$ 又称为启发函数。

（1）局部择优搜索

当一个节点被扩展后，按 $f(x)$ 对每个子节点计算估价值，并选择最小者作为下一个要考查的节点。由于其每次都只是在子节点的范围中选择要考查的子节点，因此称为局部择优搜索。

（2）全局择优搜索

其每次都是从 OPEN 表的全体节点中选择一个估价值最小的节点进行扩展。

在启发式搜索中，估价函数的定义是十分重要的。如果定义不当，则搜索算法并不一定能找到问题的解，即使找到解，也不一定是最优的，为此需要对估价函数进行某些限制。算法就是对估价函数进行了限制的一种搜索方法。

（3）A^* 算法

如果启发式搜索的估价函数满足如下限制，则称为 A^* 算法。它把 OPEN 表中的节点按估价函数的值从小到大进行排序。

① $g(x)$ 是对 $g^*(x)$ 的估计，$g(x) > 0$。$g^*(x)$ 是从初始节点 S_0 到节点 x 的最小代价。

② $h(x)$ 是 $h^*(x)$ 的下界，即对所有的 x 均有：$h(x) \leq h^*(x)$ 是从节点 x 到目标节点的最小代价。若多个目标节点，则为其中最小的代价。

三、与/或树搜索

与/或树搜索策略也分为盲目搜索和启发式搜索两大类。类似地，其盲目搜索有广度优先搜索和深度优先搜索等，其启发式搜索则包括有序搜索和博弈树搜索。

1. 与/或树搜索简述

与/或树搜索的一般过程如下。

①把原始问题作为起始节点 S_0，并把它作为当前节点；

②应用分解或等价变换算符对当前节点进行扩展；

③为每个子节点设置指向父节点的指针；

④选择合适的子节点作为当前节点，反复执行第②步和第③步，在此期间可多次调用可解标示过程和不可解标示过程，直到初始节点被标示为可解节点或不可解节点为止。

由这个搜索过程所形成的节点和指针结构称为搜索树。

与/或树搜索的目标是寻找解树，从而求得原始问题的解。如果在搜索的某一时刻,通过可解标示过程可确定起始节点是可解的,则由此起始节点及其下属的可解节点就构成了解树。

与/或树的广度优先搜索和深度优先搜索分别与状态空间的广度优先搜索和深度优先搜索类似,只是在搜索过程中要多次调用可解标示过程和不可解标示过程。

2. 与/或树的有序搜索

与/或树的有序搜索可用来求取代价最小的解树。为了进行有序搜索,需要计算解树的代价。而解树的代价可通过计算解树中节点的代价得到。

要求出代价最小的解树,就要求搜索过程中任一时刻求出的部分解树的代价都应是最小的。为此每次选择欲扩展的节点时都应挑选有希望成为最优解树一部分的节点进行扩展。由这些节点及其先辈节点(包括起始节点 S_0)所构成的与/或树称为希望树。

与/或树搜索的有序搜索是一个不断选择、修正希望树的过程。如果问题有解,则经过有序搜索将找到最优解树。

3. 博弈树的启发式搜索

诸如下棋、打牌、竞技、战争等一类竞争性智能活动称为博弈。博弈有很多种,其中最简单的一种称为双方完备博弈,其特征如下。

①对垒的 A、B 双方轮流采取行动,博弈的结果只有三种情况:A 方胜,B 方败;B 方胜,A 方败;和局。

②在对垒过程中,任何一方都了解当前的格局及过去的历史。

③任何一方在采取行动前都要根据当前的实际情况,进行得失分析,选取对自己最有利而对对方最为不利的对策,不存在掷骰子之类的"碰运气"因素,即双方都是很理智决定自己的行动。

在博弈过程中,任何一方都希望自己取得胜利。因此,当某一方当前有多个行动方案可供选择时,他总是挑选对自己最为有利而对对方最为不利的那个行动方案。此时,如果我们站在 A 方的立场上,则可供 A 方选择的若干行动方案之间是"或"关系,因为主动权在 A 方手里,他或者选择这个行动方案,或者选择另一个行动方案,完全由 A 方自己决定。当 A 方选取任一方案走了一步后,B 方也有若干个可供选择的行动方案,此时这些行动方案对 A 方来说它们之间则是"与"关系,因为这时主动权在 B 方手里,这些可供选择的行动方案中的任何一个都可能被 B 方选中,A 方必须应付每一种情况的发生。

这样,如果站在某一方(如 A 方,即 A 要取胜),把上述博弈过程用图表示出来，则得到的是一棵与/或树。描述博弈过程的与/或树称为博弈树，它是与/或树的一个特例，具有如下特点。

①博弈的初始格局是初始节点。

②在博弈树中，"或"节点和"与"节点是逐层交替出现的。自己一方扩展的节点之间是"或"关系，对方扩展的节点之间是"与"关系。双方轮流扩展节点。

③所有自己一方获胜的终局都是本原问题，相应的节点是可解节点；所有使对方获胜的终局都认为是不可解节点。

（1）极大极小法

在二人博弈问题中，为了从众多可供选择的行动方案中选出一个对自己最为有利的行动方案，就需要双方对当前的情况以及将要发生的情况进行分析，通过某搜索算法从中选出最优的走步。最常使用的分析方法是极小极大分析法。其基本思想或算法如下。

①设博弈的双方中一方为A，另一方为B，然后为其中的一方（例如A）寻找一个最优行动方案。

②找到当前的最优行动方案需要对各个可能的方案所产生的后果进行比较，具体来说，就是要考虑每一方案实施后对方可能采取的所有行动，并计算可能的得分。

③计算得分需要根据问题的特性信息定义一个估价函数，用来估算当前博弈树端节点的得分。此时估算出来的得分称为静态估值。

④端节点的估值计算出来后再推算出父节点的得分，推算的方法是对"或"节点，选其子节点中一个最大的得分作为父节点的得分，这是为了使自己在可供选择的方案中选一个对自己最有利的方案；对"与"节点，选其子节点中一个最小的得分作为父节点的得分，这是立足于最坏的情况，这样计算出的父节点的得分称为倒推值。

⑤一个行动方案能获得较大的倒推值则它就是当前最好的行动方案。

在博弈问题中，每一个格局可供选择的行动方案都有很多，因此会生成十分庞大的博弈树。有人估计西洋跳棋完整的博弈树约有10^{40}个节点。试图利用完整的博弈树来进行极小极大分析是非常困难的。可行的办法是只生成一定深度的博弈树，然后进行极小极大分析，找出当前最好的行动方案。在此之后，再在已选定的分支上扩展一定深度，再选最好的行动方案。如此进行下去，直到取得胜败的结果为止。

（2）α-β 剪枝技术

在上述的极小极大分析法中，总是先生成一定深度的博弈树，然后再计算其倒推值，致使极小极大分析法效率较低。于是有人在极小极大分析法的基础上提出了 α-β 剪枝技术。

α-β 剪枝技术的基本思想或算法是边生成博弈树边计算评估各节点的倒推值，并且根据评估出的倒推值范围，及时停止扩展那些已无必要再扩展的子节点，即相当于剪去了博弈树上的一些分枝，从而节约了机器开销，提高了搜索效率。

对于一个或节点来说，取当前子节点中的最大倒推值作为它倒推值的下界，称此值为 α 值。对于一个与节点来说，取当前子节点中的最小倒推值作为它倒推值的上界，称此值为 β 值。

任何或节点 x 的 α 值如果不能降低其父辈节点的 β 值，则对节点 x 以下的分支可停止搜索，并使 x 的倒推值为 α，这种剪枝称为 β 剪枝；任何与节点 x 的 β 值如果不能升高其父辈节点的 α 值，则对节点 x 以下的分支可停止搜索，并使 x 的倒推值为 β，这种剪枝称为 α 剪枝。

除了这里介绍的传统搜索技术外，近些年来还出现了一些比较新的能够求解比较复杂问题的搜索方法，如前述的遗传算法和模拟退火算法等。

第十节　基本的推理方法

推理通常是指从已知的事实出发，通过运用已掌握的知识，找出其中蕴藏的事实，或归纳出新的事实。严格来说，推理是指按某种策略由已知判断推出另一判断的思维过程。推理包括两种判断：一种是已知的判断，它包括已掌握的求解问题有关知识和关于问题的已知事实；另一种是由已知判断推出新的判断，即推理的结论。

一、推理的基本概念

1. 推理方式和分类

（1）按从新判断推出的途径来划分

①演绎推理，即从全称判断推导出特称或单称判断的过程。
②归纳推理，即从足够的事例中归纳出一般性结论的推理过程。
③默认推理又称缺省推理，它是在知识不完全的情况下假设某些条件已经具备所进行的推理。

（2）按所用知识的确定性划分

①确定性推理是指推理时所用的知识都是确定的，推理出的结论也是确定的。

②不确定推理是指在推理时所用到的知识不都是确定的，推理出的结论也不完全是确定的。

（3）按推理过程划分

①单调推理。

单调推理是指在推理的过程中随着推理的向前推进及新知识的加入，推理的结论呈单调增长的趋势，并越来越接近最终目标。

②非单调推理。

非单调推理是指在推理的过程中，由于新知识的加入，不仅没有加强推出的结论，反而要否定它，使得推理退回到前面一步，重新开始。

（4）按启发性知识划分

①启发式推理是在推理的过程中利用了能够加快推理进程、求得最优解的启发性知识的推理。

②非启发性推理是在推理的过程中并不利用能够加快推理进程、求得最优解的启发性知识的推理。

（5）按方法论划分

①基于知识的推理是根据已掌握的事实，通过应用知识进行的推理。

②直觉推理称为常识性推理，是根据常识进行的一种推理。

2. 推理控制策略

推理控制策略包括推理方向、搜索策略、冲突消解策略、求解策略和限制策略等。推理方向用于确定推理的驱动方式，分为正向推理、逆向推理、混合推理和双向推理。

（1）正向推理

其从用户提供的初始事实出发，在知识库中找出当前适合的知识，构成可适用的知识集，然后按某种冲突消解策略从知识集中选出一条知识进行推理，并将推理出的新事实加入数据库作为下一步推理的已知事实，如此重复这一过程。

（2）逆向推理

其首先选定一个假设目标，然后寻找支持该假设的证据，若所需要的证据都能找到，则说明假设是成立的；若无论如何都找不到所需要的证据，则说明原假设不成立。

(3) 混合推理

既有正向推理又有逆向推理的推理方法就是混合推理。

(4) 双向推理

所谓双向推理是指正向推理和逆向推理同时进行，且在某一步骤上相遇。其基本思想是一方面根据已知事实进行正向推理，但并不推到最终目标；另一方面，从某一假设目标出发进行逆向推理，但并不推至原始事实，而是让它们在途中相遇，即正向推理所得的中间结论恰好是逆向推理此时所需要求的证据。

求解策略是指推理时只求一个解，还是求所有解及最优解等。为了防止无穷的推理过程及由于推理过程太长从而增加时间及空间的复杂性，对推理的深度、宽度、时间、空间等进行限制，这就是推理的限制策略。

冲突消解过程是指在模式匹配后，若有多个知识匹配成功，则称这种情况为发生冲突。此时系统需要一定策略解决冲突，以便从中挑选一个知识用于当前的推理，通常称这一解决冲突的过程为冲突消除。解决冲突所用的方法称为冲突消除策略。如产生式系统的冲突消解策略有①最近激活的规则先执行；②最先激活的规则先执行；③成功率高的规则先执行；④针对性强的规则先执行；⑤可信度高的规则先执行。一般产生式系统都设计一种或几种组合的冲突消解方法。

二、自然演绎推理

从一组已知为真的事实出发，直接运用经典逻辑的推理规则推出结论的过程称为自然演绎推理，其基本推理规则是 P 规则、T 规则、假言推理、拒绝式推理等。

自然演绎推理的机理是由一组规则推出符合这些规则的具体结论，是从一般到具体的过程，或者说是从一般的原理到个别认识的推理。在演绎推理中，无论前提还是结论，只有真与假两种状态，非真即假。

P 规则：在推理的任何步骤上都可引入前提。

T 规则：在推理时，如果前面步骤中有一个或多个公式永真蕴含公式 S，则可把 S 引入推理过程中。

假言推理的一般形式如下。

$$P, P \rightarrow Q \Rightarrow Q$$

它表示由 $P \rightarrow Q$ 和 P 为真，可推出 Q 为真。

拒绝式推理的一般形式如下。

$$P \rightarrow Q, \neg Q \Rightarrow \neg P$$

它表示由 $P \rightarrow Q$ 为真和 Q 为假，可推出 P 为假。

三、归结演绎推理

归结演绎推理是一种基于鲁宾孙归结原理的机器推理技术。鲁宾孙归结原理亦称为消解原理，是鲁宾孙于 1965 年在海伯伦理论的基础上提出的一种基于逻辑的"反证法"。

1. 基本思想

其基本思想把要解决的问题作为一个要证明的命题，其目标公式被否定并化成子句形式，然后添加到命题公式集中去，把归结推理应用于联合集，并推导出一个空子句（NIL），产生一个矛盾，这说明目标公式的否定式不成立，即有目标公式成立，问题得到解决。这与数学中反证法的思想十分相似。

2. 归结演绎求解的步骤

给出一个公式集 F 和目标公式 Q，归结反演求证目标公式 Q，其证明步骤如下。

①否定 Q，得 ¬Q。

②把 ¬Q 添加到 F 中去。

③把新产生的集合 {¬Q，F} 化成子句集 S。

④应用归结原理对子句集 S 中的子句进行归结，并把每次归结得到的归结式都并入 S 中。如此反复进行，若出现空子句，就停止归结，此时就证明了 Q 为真。

四、基于规则的演绎系统

基于规则的问题求解系统采用易于叙述的如果 - 那么（if-then）规则来求解问题。它将问题的知识和信息划分为规则和事实两种类型。规则由包含蕴涵形式的表达式表示，事实由无蕴涵形式的表达式表示，这样的推理系统被称为基于规则的演绎系统。

在所有基于规则系统中，每个 if 可能与某断言集中的一个或多个断言匹配，有时把该断言集称为工作内存。在许多基于规则系统中，then 部分用于规定放入工作内存的新断言。这种基于规则的系统叫作规则演绎系统。在这种系统中，通常称每个 if 部分为前项，称每个 then 部分为后项。

有时，then 部分用于规定动作，这时，称这种基于规则的系统为反应式系统或产生式系统。

基于规则的演绎系统和产生式系统均有两种推理方式，即正向推理和逆向推理。

1. 正向演绎系统

正向演绎系统就是从事实出发,正向地使用蕴涵式(F规则)进行演绎推理,直到某个目标公式的一个终止条件为止。

(1)事实表达式的与/或形变换

在基于规则的正向演绎系统中,把事实表示为非蕴涵形式的与/或形,作为系统的总数据库。对事实的化简,只需转换成不含蕴含"→"的与/或形表示即可,而不必化为子句形式。

(2)事实表达式的与/或图表示

与/或形的事实表达式可用与/或图来表示。

(3)与/或图的F规则变换

在正向演绎系统中,应用规则作用于事实的与/或图,改变与/或图的结构,从而产生新的事实。规则形式如下。

$$L \to W$$

式中,L——单文字;

W——任意的与或形表达式。

L和W中的所有变量都是全称量化的。

(4)利用目标公式作为结束条件

正向演绎系统的目标公式定义为文字的析取,当一个目标文字与与/或图中的文字匹配时,系统便成功结束。

2. 逆向演绎系统

基于规则的逆向演绎系统,其操作过程与正向演绎系统相反,它从目标表达式出发,应用逆向规则(B规则),直到事实表达式。

(1)目标表达式的与/或形式

在逆向演绎系统中,目标公式为无蕴涵的任意与/或形。

(2)与/或图的B规则变换

应用B规则即逆向推理规则来变换逆向演绎系统的与/或图结构,这个B规则是建立在确定的蕴涵式基础上的,正如正向系统的F规则一样。逆向演绎系统的规则形式如下。

$$W \to L$$

式中,W——任意的与或形表达式;

L——文字,而且蕴涵式中任何变量的量词辖域为整个蕴涵式。

（3）作为终止条件的事实节点一致解图

逆向演绎系统的事实表达式限制为文字的合取，可表示为文字的集合。逆向演绎系统的结束条件就是与/或图中包括一个结束在事实节点上的一致解图，该解图的合一复合作用于目标的表达式就是解答语句。

五、产生式系统

产生式系统首先是由波斯特于1943年提出的产生式规则而得名的。人们用这种规则对符号串进行置换运算。后来，美国的纽厄尔和西蒙于1965年利用这个原理建立一个人类的认知模型。同时，斯坦福大学利用产生式系统结构设计出第一个专家系统DENDRAL。

产生式系统用来描述若干个不同的以一个基本概念为基础的系统。这个基本概念就是产生式规则或产生式条件和操作对的概念。在产生式系统中，论域的知识分为两部分，一是用事实表示静态知识，如事物、事件和它们之间的关系；二是用产生式规则表示推理过程和行为。由于这类系统的知识库主要用于存储规则，因此又把此类系统称为基于规则的系统。

1. 产生式系统的组成

产生式系统由三个部分组成，即总数据库（或全局数据库）、产生式规则和控制策略。

（1）产生式规则

产生式规则是一个以"如果满足这个条件，就应当采取某些操作"形式表示的语句。例如，如果某种动物是哺乳动物，并且吃肉，那么这种动物被称为食肉动物。

产生式的如果（if）被称为条件、前项或产生式的左边。它说明应用这条规则必须满足的条件；那么（then）部分被称为操作、结果、后项或产生式的右边。在产生式系统的执行过程中，如果某条规则的条件满足了，那么这条规则就可以被应用；也就是说，系统的控制部分可以执行规则的操作部分。产生式的两边可用谓词逻辑、符号和语言的形式，或用很复杂的过程语句来表示，这取决于所采用数据结构的类型。

这里所说的产生式规则和谓词逻辑中所讨论的产生式规则，从形式上看都采用了if-then的形式，但这里所讨论的产生式更为通用。在谓词运算中if-then实质上是表示了蕴涵关系，也就是说要满足相应的真值表。这里所讨论的条件和操作部分除了可以用谓词逻辑表示外，还可以有其他多种表示形式，并不受相应的真值表限制。

（2）总数据库

总数据库有时也被称作上下文、当前数据库或暂时存储器。总数据库是产生式规则的注意中心。产生式规则的左边表示在启用这一规则之前总数据库内必须准备好的条件。例如，在上述例子中，在得出该动物是食肉动物的结论之前，必须在总数据库中存有"该动物是哺乳动物"和"该动物吃肉"这两个事实。执行产生式规则的操作会引起总数据库的变化，这就使其他产生式规则的条件可能被满足。

（3）控制策略

其作用是说明下一步应该选用什么规则，也就是如何应用规则。通常从选择规则到执行操作分三步，即匹配、冲突解决和操作。

①匹配。在这一步，把当前数据库与规则的条件部分相匹配。如果两者完全匹配，则把这条规则称为触发规则。当按规则的操作部分去执行时，称这条规则为启用规则。被触发的规则不一定总是启用规则，因为可能同时有几条规则的条件部分被满足，这就要在解决冲突步骤中来解决这个问题。在复杂的情况下，数据库和规则的条件部分之间可能要进行近似匹配。

②冲突解决。当有一条以上规则的条件部分和当前数据库相匹配时，就需要决定首先使用哪一条规则，这称为冲突解决。

③操作。操作就是执行规则的操作部分，经过操作以后，当前数据库将被修改，然后其他的规则有可能被使用。

2. 产生系统的推理

产生式系统的问题求解过程即为对解空间的搜索过程，也就是推理过程。按搜索方向即可把产生系统分为正向推理、逆向推理和双向推理。正向推理又称为事实（或数据）推理、前向链接推理；逆向推理又称为目标推理、逆向链接推理。

（1）正向推理

正向推理又称为正向链接推理，其推理基础是逻辑演绎的推理链，它从一组表示事实的谓词或命题出发，使用一组推理规则，来证明目标谓词公式或命题是否成立。

实现正向推理的一般策略是先提供一批数据（事实）到总数据库中，系统利用这些事实与规则的前提匹配，触发匹配成功的规则（即启用规则），把其结论作为新的事实添加到总数据库中。继续上述过程，用更新过的总数据库中的所有事实再与规则库中另一条规则匹配，用其结论再修改总数据库的内容，直到没有可匹配的新规则，不再有新的事实加到总数据库为止。

前件和后件可以用命题或谓词来表示，当它们是谓词时，全局前提与总数据库中的事实匹配成功是指对前件谓词中出现的变量进行某种统一的置换，使置换后的前件谓词成为总数据库中某个谓词的实例，即实例化后前件谓词与总数据库中某个事实相同。执行后件是指当前件匹配成功时，用前件匹配时使用的相同变量，按同一方式对后件谓词进行置换，并把置换结果（后件谓词实例）加进总数据库。

（2）反向推理

反向推理又称为后向链接推理，其基本原理是从表示目标的谓词或命题出发，使用一组规则证明事实谓词或命题成立，即提出一批假设（目标），然后逐一验证这些假设。

反向推理的具体实现策略是先假定一个可能的目标，系统试图证明它，看此假设目标是否在总数据库中，若在则假设成立。否则，看这些假设是否为证据（叶子）结点，若是，向用户询问；若不是，则再假定另一个目标，即找出结论部分中包含此假设的那些规则，把它们的前提作为新的假设，试图证明它。这样周而复始，直到所有目标被证明，或所有路径被测试。

（3）双向推理

双向推理又称为正反向混合推理，它综合了正向推理和逆向推理的长处，克服了两者的短处。双向推理的推理策略是同时从目标向事实推理和从事实向目标推理，并在推理过程中的某个步骤，实现事实与目标的匹配。具体的推理策略有多种。例如，通过数据驱动帮助选择某个目标，即从初始证据（事实）出发进行正向推理，同时以目标驱动求解该目标，通过交替使用正逆向混合推理对问题进行求解。双方推理的控制策略比前两种方法都要复杂。美国斯坦福研究所人工智能中心研制的基于规则的专家系统工具KAS，就是采用双向推理的产生式系统的一个典型例子。

基于经典逻辑的确定性推理是一种运用确定性知识进行的精确推理。但是，人们通常是在信息不完善、不精确的情况下运用不确定性知识进行思维和求解问题的。当采用产生式系统或专家系统的结构时，就要求设计者建立某种不确定性问题的代数模型及其计算和推理过程。

六、机器学习

1. 机器学习的基本概念

人类通过学习掌握知识和技能等。学习是人类具有的一种重要智能行为。但究竟什么是学习，至今未有一个统一定义，社会学家、心理学家和人工智能专家都在不断地探讨这个问题。按照人工智能大师西蒙的观点，学习就是系统在不断重复的工作中对本身能力的增强或者改进，使得系统在下一次执行同样或类似任务时，会比现在做得更好或效率更高。同样，对于机器学习我们目前很难给出一个统一和公认的准确定义。从字面上理解，机器学习是研究如何用机器来模拟人类学习活动的一门学科。从人工智能的角度出发则认为机器学习是一门研究所用计算机获取新知识和技能，并能够识别现有知识的科学。

2. 机器学习的研究发展

由于机器学习的研究有助于发现人类学习的机理和揭示人脑的奥秘，所以在人工智能发展的早期，机器学习的研究就占有重要的地位。它的发展过程大体可分为以下几个阶段。

（1）神经系统模型阶段

这一阶段开始于 20 世纪 50 年代，机器学习侧重于非符号神经元模型的研究，主要研究目标是各种自组织系统和自适应系统。1957 年，罗森布拉特首次引入感知器的概念，提出了由阈值性神经元组成的感知器模型来模仿人的感知和学习能力。该阶段的神经网络研究导致了模式识别这一新学科的诞生。

同时在此阶段，机器学习的决策理论方法也应运而生在这种方法中。学习就是从给定的一组经过选择的例子中获得判断函数，这些函数大多是线形的、多项式的或相关形式的。当时，塞缪尔的跳棋程序是最著名的成功的学习系统之一，达到跳棋大师级的水平。

人工智能创始人明斯基和帕尔特潜心数年，对以感知器为代表的网络系统的功能及其局限性从数学上进行了深入的研究，于 1969 年出版了颇有影响的《感知机》一书，他们得出的悲观结论致使这一研究方向陷入低潮。

（2）符号学习及论域专用学习阶段

符号概念获取的学习方法是 1970 年左右提出的，这类学习主要研究目的是模拟人类的概念学习过程，通过分析一些概念的正例和反例构造出这些概念的符号表示。表示的形式一般是逻辑表达式、决策树、产生式规则或语义网络。采用这类方法的代表性系统有温斯顿的 ARCH 系统。

20 世纪 70 年代中期至 80 年代后期，机器学习研究沿着符号主义路线发展。由于专家系统的蓬勃发展，符号学习在原有基础上加强了专业的专用性，由此产生了许多相关的学习系统，其中代表性的有米哈尔斯基的 AQVAL，布坎南等人的 Meta-Dendral，莫斯托的指导式学习，米歇尔等人的解释学习等。

（3）机器学习全面系统化的发展阶段

一方面，传统符号学习的各种方法已全面发展并日臻完善，应用领域不断扩大，同时出现了一些新的学习方法，如基于解释的学习、基于实例的学习等。这些分析式学习方法受到了极大的关注。此外，由于发现了用隐单元来计算与学习非线性函数的方法，从而克服了早期神经元模型的局限性，加之计算机硬件的飞速发展，使神经网络研究进入新的高潮。同时，随着网络产业化的发展，数据挖掘、知识发现的研究蓬勃发展，贝叶斯网络、决策树、神经网络等学习方法得到了深入的研究和应用。

另一方面，机器学习基础理论研究越来越引起人们的高度重视，与机器学习有关的学术活动空前活跃。除每年一次的国际机器研究会外，还有计算机学习理论会议及遗传算法会议等多种有关机器学习的国际研讨会。

3. 机器学习的分类

机器学习方法种类繁多，可以从不同的角度来对其进行分类，在每种分类中又可分为不同的学习方式。按照实现途径，机器学习可分为符号主义学习和连接主义学习。符号学习是靠学习程序来实现的，其将待学习的知识用符号方法进行描述（知识表示），学习程序输入的是数据、事实等各种信息，输出的是知识，即概念、规则等。符号学习是建立在符号理论基础上的，它以大量的知识为前提，而这些知识是人类专家总结出来的，至少解释这些知识的各种"事实"及解释"规则"是专家总结归纳的。

连接学习就是神经网络学习，人工神经网络是对生物神经网络的某种模拟或仿真。神经网络学习是基于生物神经网络的机器学习方法。

根据采用的策略，机器学习可分为记忆学习、示教学习、演绎学习、类比学习、归纳学习、解释学习、发现学习、遗传学习、连接学习等。

（1）记忆学习

记忆学习也叫死记硬背式学习或机械学习。这种学习方法不要求系统具有对复杂问题的求解能力，亦不要求推理技能，系统的学习方法就是直接记录问题有关的信息，然后检索并利用这些存储的信息来解决问题。

记忆学习是基于记忆和检索的方法，学习方法很简单，但学习系统需要以下三种能力。

①能实现有组织的存储信息。

这种学习方法必须有一种快速存取的方法，使得利用已存的信息求解问题，得出结论，比重新计算该值更快。

②能进行信息综合。

通常存储对象的数目可能很大,为了使其数目限制在便于管理的范围内,就需要某种综合技术。

③能控制检索方向。

当存储对象增多时,其中可能有多个对象与给定的状态有关,这样就要求程序能从有关的存储对象中进行选择,以便把注意力集中到有希望的方向上来。

(2) 示教学习

示教学习或称被告知学习。系统从老师或其他有结构的事物,如书本,获取知识,系统将输入语言表示的知识转换成其本身内部的表示形式,并把新的信息和原有的知识有机地结合为一体。因此,系统要做一些推理,但大量工作仍由老师来做。系统能接受指示和建议,并能有效存储和应用这些知识。

(3) 演绎学习

演绎学习是基于演绎推理的一种学习。系统找出现有知识中与所要产生的新概念或技能十分类似的部分,将它们转换或扩大成适合新情况的形式,从而取得新的事实或技能。演绎学习包括知识改造、知识编译、产生宏操作、保持等价操作和其他保真变换。演绎学习与记忆学习或示教学习比起来,系统要做更多的推理,要从原有的存储中检索有关参数相类似的事实或技能,然后将检索出的知识进行变换,应用到新的情况中,再存储以备后用。例如,当系统能证明 A → S 且 B → C,则可得到规则 C,那么以后再求证就不必再通过规则和 B → C 去证明,而直接应用规则 A → C 即可。

(4) 类比学习

类比学习是通过类比推理比较目标对象与源对象,从而运用源对象的求解方法来解决目标对象的问题。类比学习是一种允许知识在具有相似性质的领域中进行转换的学习策略,也是人类经验决策过程中常用的推理方法。例如,学生在做作业时,往往在例题和习题之间对比,找出相似性,然后利用这种相似性进行推理,找出相应的解题方法。

类比学习过程分为两步,首先归纳找出源域和目标域的公共性质,然后演绎推出从源域到目标域的映射,得出目标域的新性质。显然,类比学习过程既有归纳过程,又有演绎过程,因此类比学习是演绎学习和归纳学习的组合,是由一个系统已有某领域中类似的知识来推测另一个领域内相关知识的过程。

(5) 归纳学习

归纳学习是从特殊情况推导一般规则的学习方法。该方法给系统提供某一概念的一组正例和反例,系统归纳出一个总的概念描述使它适合所有的正例而排除所有的反例。例如,通过"麻雀会飞""燕子会飞"等观察事实,可以归纳出"鸟会飞"这样规律性的结论。归纳推理能够获得新的概念,创立新的规则,发展新的理论。归纳推理与演绎推理不同,它不是保真的,而是保假的。形式化表示为设 A → B 是归纳推理,若 A 假,则 B 必假;若 A 真,则 B 不一定真。

基于事例的学习也就是示例学习或实例学习,是归纳学习中越来越受广泛关注的学习方法之一。实例学习要求系统提供学习用的大量例子,这些正例和反例包含的是非常低级的信息,系统经学习环节可归纳出高水平的信息,并在一般情况下,可用这些规则指导执行环节的操作。实例学习不仅可以学习概念,也可以获得规则。这样的实例学习一般是通过所谓的实例空间和规则空间的相互转化来实现学习的。

(6)基于解释学习

前面谈到的归纳学习方法从根本上来说是以数据为第一位的,相应的研究成果较少考虑背景知识对学习的影响,基于解释的学习则力图反映人工智能领域里基于知识地研究和发展趋势,将机器学习从归纳学习方法向分析学习方法方向发展。

基于解释的学习是从问题求解的一个具体过程中抽取一般的原理,并使其在类似情况下也可利用。因为将学到的知识放进了知识库,简化了中间的解释步骤,可以提高今后的解题效率。解释学习与实例学习不同,解释学习分析的是一个或少数几个例子,加上给定的领域知识,进行保真的演绎推理,存储有用的结论,经过知识的求精和编辑,产生适应以后求解类似问题的控制知识。解释学习起源于经验学习,是对单个训练例子进行深入的分析,分析包括解释训练例子的目标概念,将解释结构泛化,使得它能比最初的例子适应更大一类例子,最后还要从解释结构中得到更大一类例子的描述,最终得到的这个描述是最初例子泛化的一般描述。

第三章 专家系统

专家系统（ES）又称为基于知识的系统，或简称为知识基系统，是人工智能一个非常重要的应用领域，是人工智能从一般思维规律探索走向专门知识利用，从理论走向实际应用的标志。专家系统实质上是一个具有大量专门知识和经验的计算机程序系统，它能够以人类专家的水平完成某一专业领域比较困难的任务。

第一节 专家系统概述

专家系统是一个具有大量的专门知识与经验的程序系统，它应用人工智能技术和计算机技术，根据某一个或多个专家提供的知识和经验，进行推理和判断，模拟人类专家的决策过程，以便解决需要人类专家处理的复杂问题。简而言之，专家系统是一种模拟人类专家解决领域问题的计算机程序系统。专家系统是一种计算机程序，但与一般程序相比，又有不同之处。

一、专家系统发展简况

专家系统发展经历了三个阶段，正向第四代过渡和发展。第一代专家系统以高度专业化、求解专门问题的能力强为特点，但在体系结构的完整性、可移植性等方面存在缺陷，求解问题的能力弱。第二代专家系统属单学科专业型、应用型系统，其体系结构较完整，移植性方面也有所改善，而且在系统的人机接口、解释机制、知识获取技术、不确定推理技术、增强专家系统的知识表示和推理方法的启发性、通用性等方面都有所改进。第三代专家系统属多学科综合型系统，采用多种人工智能语言，综合采用各种知识表示方法和多种推理机制及控制策略，并开始运用各种知识工程语言、骨架系统及专家系统开发工具和环境来研制大型综合专家系统。在总结前三代专家系统的设计方法和实现技术的基础上，科研人员已开始采用大型多专家协作系统、多种知识表示、综合知识库、自组织解题机制、多学科协同解题与并行推理、专家系统工具与环境、人工神经网络知识获取及学习机制等最新人工智能技术来实现具有多知识库、多主体的第四代专家系统。

二、专家系统的基本结构

专家系统的基本结构包括两个主要部分：知识库和推理机。这种结构比较简单，知识工程师与领域专家直接交互，收集与整理领域专家的知识，将其转化为系统的内部表示形式并存放到知识库中。知识库中存放求解问题所需要的知识，推理机负责使用知识库中的知识去解决实际问题。推理机根据用户的问题求解要求和所提供的初始数据，运用知识库中的知识对问题进行求解，并将产生的结果输出给用户。知识库与推理机相互分离，是专家系统透明性和灵活性的必要保证。

专家系统的一般结构包括六个部分：知识库、推理机、综合数据库、人机接口、解释程序以及知识获取程序。其中知识库、推理机和综合数据库是目前大多数专家系统的主要内容，而知识获取程序、解释程序和专门的人机接口是所有专家系统都期望具有的三个模块，但它们并不是都得到了实现。

三、专家系统类型

专家系统可以按不同的方法分类。通常，可以按应用领域、知识表示方法、控制策略、任务类型等分类。如按任务类型来划分，可把其分为下列几种类型。

1. 解释专家系统

解释专家系统的任务是通过对已知信息和数据的分析与解释，确定它们的含义。

2. 预测专家系统

预测专家系统的任务是通过对过去和现在已知状况的分析，推断未来可能发生的情况。

3. 诊断专家系统

诊断专家系统的任务是根据观察到的情况（数据）来推断出某个对象机能失常（即故障）的原因。

4. 设计专家系统

设计专家系统的任务是根据设计要求，求出满足设计问题约束的目标配置。

5. 规划专家系统

规划专家系统的任务在于找出某个能够达到给定目标的动作序列或步骤。

6. 监视专家系统

监视专家系统的任务在于对系统、对象或过程的行为进行不断观察，并把观察到的行为与其应当具有的行为进行比较，以发现异常情况，发出警报。

7. 控制专家系统

控制专家系统的任务是自适应地管理一个受控对象或客体的全面行为，使之满足预期要求。

8. 调试专家系统

调试专家系统的任务是对失灵的对象给出处理意见和方法。

9. 教学专家系统

教学专家系统的任务是根据学生的特点、弱点和基础知识，以最适当的教案和教学方法对学生进行教学和辅导。

10. 修理专家系统

修理专家系统的任务是对发生故障的对象（系统或设备）进行处理，使其恢复正常工作。

此外，还有决策专家系统和咨询专家系统等。

按求解问题来分类，有分类问题和构造问题两大类。求解分类问题的专家系统称为分析型专家系统，广泛应用于解释、诊断、调试等类型的任务；求解构造问题的专家系统称为设计型专家系统，广泛应用于规则、设计等类型的任务。

按知识表示技术可分为基于逻辑的专家系统、基于规则的专家系统、基于语义网络的专家系统和基于框架的专家系统。

四、专家系统的特点

专家系统具有下列三个特点。

（1）启发性

专家系统能运用专家的知识与经验进行推理、判断和决策。世界上的大部分工作和知识都是非数学性的，只有一小部分人类活动是以数学公式或数字计算为核心（约占8%），即使是化学和物理学科，大部分也是推理进行思考的。对于生物学、大部分医学和全部法律，情况也是如此。企事业管理的思考几乎全靠符号推理，而不是数值计算。

（2）透明性

专家系统能够解释本身的推理过程和回答用户提出的问题，以便让用户能够了解推理过程，提高对专家系统的信赖感。例如，一个医疗系统诊断某个病人患有肺炎，而且必须用某种抗生素治疗，就像一位医疗专家对病人详细解释病情和治疗方案一样。

（3）灵活性

专家系统能不断地增长知识，修改原有知识，不断更新。由于这一特点，使得专家系统具有十分广泛的应用领域。

第二节 不确定性推理

推理是从已知事实出发，通过运用相关知识逐步推出结论或者证明某个假设成立或不成立的思维过程。其中，已知事实和知识是构成推理的两个基本要素。已知事实又称为证据，用以指出推理的出发点及推理时应该使用的知识；而知识是推理得以向前推进，并逐步达到最终目标的依据。

在专家系统中的推理方法分为精确推理和不精确推理。所谓精确推理就是把领域知识表示为必然的因果关系，并根据数理逻辑或形式逻辑进行推理的方法。推理的前提和推理的结论或者是肯定的，或者是否定的，不存在第三种可能。在基于规则的推理中，一条规则被激活的条件是它的所有前提都必须为真。但在现实世界中，有许多事情并不总是表现出明显的是与非、真与假，许多现象是不严格的、不完备的，许多概念是模糊的、不确切的，因此很难用精确推理方法进行表达和处理。在专家系统的开发过程中，如何表示和处理这类不确定知识，使系统具有领域专家求解问题的能力，就成为一个非常重要的问题。

专家系统针对特定领域的问题求解，不仅依赖于特定领域确定的理论知识，而且更多依赖于专家的经验和常识。由于现实世界中客观事物或现象的不确定性，导致了人们在各认识领域中的信息和知识大多是不精确的，这就要求专家系统中的知识表示和处理模式能够反映这种不确定性。因此，如何表示和处理知识的不确定性也就成为人工智能研究的重要课题之一。

一、确定因子法

确定因子法是 MYCIN 专家系统中使用的不确定性推理方法。该方法以确定性理论为基础，来刻画不确定性。

二、主观 Bayes 方法

概率推理方法理论比较完备，计算比较准确，但要取得先验概率是一件很困难的工作，为此人们对其加以改进，主观 Bayes 方法就是其中的一种改进方法。

主观 Bayes 方法的主要优点如下。

主观 Bayes 方法中的计算公式大多是在概率论的基础上推导出来的，具有较坚实的理论基础。

主观 Bayes 方法不仅给出了在证据肯定不存在情况下由先验概率更新为后验概率的方法，而且还给出了在证据不确定情况下更新先验概率为后验概率的方法。另外，由其推理过程可以看出，它确实实现了不确定性的逐级传递。因此，可以说主观 Bayes 方法是一种比较实用且较灵活的不确定性推理方法。

主观 Bayes 方法的主要缺点如下。

Bayes 定理中关于事件间独立性的要求使主观 Bayes 方法的应用受到了限制。

要求具有指数级的先验概率，这种组合爆炸会不可避免地导致其对给定的定义域强行实行对假设进行有效或无效简化。

主观 Bayes 方法是在概率论的基础上发展起来的，具有较完善的理论基础，且知识的输入转化为对充分性度量和必要性度量的赋值，这就避免了大量的数据统计工作，是一种比较实用且较灵活的不确定性推理方法。但是，它在要求专家给出充分性度量和必要性度量的同时，还要求给出先验概率，而且要求事件间相互独立，这仍然比较困难，从而限制了它的应用。

三、D-S 证据理论

D-S 证据理论是由登普斯特提出，由他的学生谢弗发展起来的一种推理形式，简称为 D-S 理论。该理论引进了信任函数，这些函数可以满足比概率函数的公理还要弱的公理，因而可以用来处理由"不知道"所引起的不确定性。该理论引入信任函数而非采用概率来量度不确定性，并引用似然函数来处理由不知道而引起的不确定性，从而在实现不确定推理方面显示出很大的灵活性。证据理论可以满足比概率更加弱的公理体系，当概率值已知的时候，证据理论就变成为概率论了。

D-S 证据理论的优点如下。

①如果确定的条件满足的话，那么信息和时间复杂度可能较低。

②证据理论是概率论的推广，它通过引入信任函数来区分信息的不确定和不知道，它所定义的函数满足一些比概率论弱得多的公理。

D-S 证据理论的缺点如下。

①其往往要进行证据独立的假设，正如 Bayes 方法一样，此假设并非总是合理。

②组合规则无理论支持。
③潜在的指数复杂度。

四、可能性理论

知识的模糊性是由模糊性信息引起的,其外延不清晰,描述的是亦此亦彼的现象。可能性理论是扎德于 1978 年提出的,它的理论基础是其本人于 1965 年提出的模糊集合论。将模糊集合论应用于专家系统中处理不确定性知识的方法称为可能性理论方法。正如概率论处理的是由随机性引起的不确定性一样,可能性理论处理的是由模糊性引起的不确定性。

模糊知识的表示:模糊产生式规则的一般形式如下。

$$\text{if E then H} \quad (CF, \lambda)$$

式中,E——用模糊命题表示的模糊条件;

H——用模糊命题表示的模糊结论;

CF——该产生式规则所表示的知识可信度因子。

在可能性理论中主要利用模糊变换进行知识的处理,常用的方法有模糊综合评判和模糊推理。

可能性理论的优点如下。

①信息和时间复杂度均较低(这取决于算子的定义和所使用的特定方法)。
②对由词汇的不精确性而引起的问题是一个较好的解决方法。
③由于有多种运算定义及问题的多种形式化的方法,故模糊集技术很灵活。

可能性理论的缺点如下。

①怎样构造合理的隶属函数,这并不总是十分清楚的,不存在完全通用的方法。
②对于选择适当的运算定义存在问题,正如扎德本人所述,不同的情况需要不同的定义,但不总是清楚应该使用什么样的定义,而且常常出现这样的情况,即那些具有良好数学性质的定义在求解实际问题时往往效果不佳,而那些在某一问题中使用得较好的定义又常常是专门针对这一问题而设计的,缺乏数学的严格性。
③证据的继承缺乏灵活性。

五、不确定推理方法的比较

主观 Bayes 方法、D-S 证据理论、可能性理论和确定因子法分别从概率、信任度、隶属度和确定度四个不同的角度来处理知识的不精确性。前三种方

法限制在 [0，1] 数值范围内，确定因子的区间为 [-1，1]。不精确值的获取有主观和客观之分，概率方法的不确定值即可通过统计分析/频率分析的客观方法，又可通过专家评估的主观方法来获得，其余三种一般采用主观方法，但对于可能性理论有所争议，即特征函数的获取究竟是主观的还是客观的。同时这些方法对表达无知有很大的差异，概率方法尽管有一些表达无知的方法，但困难重重；D-S 证据理论以似然度 Pl 与信任度 Bel 之差来表达无知；可能性理论以特征函数值为 0.5 来表达无知；当时 $CF=0$ 时，即为确定因子法中的无知表达。

一般来说，概率方法适合先验概率较易计算的应用；D-S 证据理论为不确定性可进行分布的应用提供了一条有效的途径，它具有可接受的计算复杂度；可能性理论适合证据本身是模糊的应用，它的一个很大的优点是灵活性和线性的计算复杂度；确定因子法由于其低的计算复杂度而得到较广泛的应用。然而，就现实世界复杂的不精确性处理仅靠一两种方法是不可能的，也是不现实的。由此，需要进行多方面的尝试，既要考虑到数值方法内多种方法的结合，又要看到与非数值方法（如非单调推理等）的相互结合，以便更有效实现问题求解。

第三节 专家系统的开发工具与建造步骤

一、专家系统的开发工具

早期的专家系统采用通用的程序设计语言和人工智能语言，通过人工智能专家与领域专家的合作，直接编程来实现。其研制周期长，难度大，但灵活实用，至今尚为人工智能专家所使用。目前，大部分专家系统研制工作已采用专家系统开发环境或专家系统开发工具，领域专家可以选用合适的工具开发自己的专家系统，大大缩短了专家系统的研制周期，从而为专家系统在各领域的广泛应用提供了条件。

专家系统工具按其功能主要分为两类，一类是用于生成专家系统的工具，称为生成工具；另一类用于改善专家系统性能的工具，称为辅助工具。以下叙述的程序设计语言、骨架型工具和知识工程语言为系统生成工具。

1. 程序设计语言

程序设计语言是开发专家系统的最基本的工具。典型的程序设计语言是 LISP 和 PROLOG 语言，用这两种人工智能语言能方便地表示知识和设计各种推理机。具有面向对象风格的语言 C++，还有传统语言 C 和 PASCAL 等也是构造专家系统的常用语言。

2. 骨架型工具

骨架型工具是把一个成功的专家系统删去其特定领域知识而获得的系统框架。例如，EMYCIN 骨架型工具是删去医疗诊断系统 MYCIN 的医疗诊断知识而获得的。专家系统一般都有推理机和知识库两部分，而规则集存于知识库内。在一个理想的专家系统中，推理机完全独立于求解问题领域。系统功能上的完善或改变，只依赖于规则集的完善和改变。由此，借用以前开发好的专家系统，将描述领域知识的规则从原系统中"挖掉"，只保留其独立于问题领域知识的推理机部分，这样形成的工具称为骨架型工具。这类工具因其控制策略是预先给定的，使用起来很方便，用户只需将具体领域的知识明确地表示成为一些规则就可以了。这样，人们可以把主要精力放在具体概念和规则的整理上，而不是像使用传统的程序设计语言建立专家系统那样，将大部分时间花费在开发系统的过程结构上，从而大大提高了专家系统的开发效率。除此之外，这类工具往往交互性很好，用户很容易就可以与之对话，并能提供很强的对结果进行解释的功能。

3. 知识工程语言

知识工程语言是专门用于构造和调试专家系统的通用程序设计语言，它能够处理不同的问题领域和问题类型，提供各种控制结构，用知识工程语言设计推理机和知识库，比用一般的人工智能程序设计语言（LISP 或 PROLOG 等）更为方便。同时，与骨架型工具不同，知识工程语言并不与具体的体系和范例有紧密的联系，也不偏于具体问题的求解策略和表示方法，其所提供给用户的是建立专家系统所需要的基本机制，其控制策略也不固定于一种或几种形式，用户可以通过一定手段来影响其控制策略。因此，语言型工具的结构变化范围广泛，表示灵活，所适应的范围要比骨架型工具广泛得多。

4. 系统构造辅助工具

系统构造辅助工具由一些程序模块组成，其中有些程序能够帮助人们获得和表达领域专家的知识；有些程序能够帮助设计正在构造的专家系统的结构。它主要分成两类，一类是设计辅助工具；另一类是知识获取辅助工具。

5. 工具支撑环境

支撑设施是指帮助人们进行程序设计的工具，它常被作为知识工程语言的一部分。工具支撑环境仅是一个附带的软件包，以便使用户界面更友好，它包括四个典型组件：调试辅助工具、输入输出设施、解释设施和知识库编辑器。

二、建造专家系统的步骤

建造专家系统的步骤一般可分为明确问题、专家系统外壳构造、知识库获取和外部知识库构造调试检验等阶段。虽然建造专家系统是用计算机语言等开发工具编程来实现的,但因专家系统是用符号来描述的知识进行处理,它需要利用推理机、知识库和工作存储空间来实现,因此建造专家系统的步骤不同于传统的编程设计,有其自身的设计步骤和特点。

1. 明确问题阶段

明确问题阶段就是对待求解问题进行分析、研究和概括,确定解决这一个问题的途径,是整个系统设计的开始。这个阶段包括如下工作。

①问题分析和概括;

②待求解问题范围的确定;

③推理方式及知识表达方式的确定;④专家系统所需的各种条件,如系统支持软件、硬件和相关人员等。

2. 专家系统外壳构造阶段

专家系统外壳主要包括推理机、知识存储结构、工作存储空间、知识获取辅助工具、人机界面等。如前所述,专家系统外壳可由计算机语言或专家系统开发工具来实现。

3. 知识获取和外部知识库构造阶段

知识获取是指知识工程师从知识源提炼总结和归纳知识的过程。知识源一般包括人类专家、书本和数据库等。所获取的知识经进一步形式化、条理化,通过编辑器输入计算机形成外部知识库。

4. 调试检验阶段

这一阶段包括知识库完善、扩展和专家系统外壳功能的完善。通过案例,利用所建立的专家系统对其进行求解,在求解和使用过程中不断发现知识库及专家系统中不满足要求的部分,通过调试和检验反馈到建立专家系统的1、2、3阶段加以改进,直到专家系统达到适用为止。

三、集成智能设计专家系统

1. 基于神经网络的设计专家系统

设计是制造工程中最重要、最具有知识密集特点的环节,而将专家系统应用在设计中后,已取得不少成果。但专家系统有其自身的不足,主要是它仅模拟了大脑的某些功能,如逻辑推理、抽象思维等,而人类的设计思维过程还包括联想、直觉、形象思维等,这些思维是智能和创造的关键。另外,专家系统还存在知识获取困难、推理能力弱和学习能力差等问题。所有这些都构成了基于符号处理的专家系统的"瓶颈",给专家系统应用于产品设计带来一定的局限性。

人工神经网络技术的出现,为解决专家系统的"瓶颈"问题带来了希望。人工神经网络是由大量的神经元相互连接而成的自适应非线性动态系统,它反映了人脑功能的若干基本特征,表现出自适应性、自组织和自学习的能力,具有大规模并行处理、分布式存储和自适应过程等特点。

而将神经网络引入专家系统,就能构建混合型专家系统,实现神经网络与专家系统的有机结合。在混合型专家系统中,神经网络的任务如下。

(1) 负责知识获取与表示

神经网络通过网络样本训练实现知识获取,并用网络的权值分布表示知识。它不需要将专家的知识符号化,也不需要建立庞大的知识库。

(2) 实现知识利用与推理

按已确定的权值,神经网络可根据实际输入,计算出相应的输出响应,从而完成知识利用,也即知识推理。神经网络的大规模并行分布式处理能力及其自适应、自组织和联想记忆等优点,使得它能较好地模拟人的形象思维过程,实现模糊和不精确推理,从而克服推理过程的"组合爆炸"。

(3) 修改权系数,完成自学习

专家系统的任务是负责用户接口界面、系统管理与协调及基于规则的知识处理。而且神经网络可通过不精确推理产生出几个可能输出,专家系统可按基于规则的方法从中选择最佳方案。这样专家系统较难解决的问题,如设计知识的自动获取、知识表示、设计回想、设计过程中的形象思维模拟等,就会得到很好解决。

机电产品设计的领域知识十分丰富繁杂,既有概念性知识、量化的图表、确认的公理,又有因时因地的经验。不同类型的知识常常需要不同的知识表示方法,常用的知识表示方法如规则、框架、语义网络、谓词逻辑、过程等很难满足机械设计知识表示的要求,而将传统知识表示方法和神经网络表示有机结合的混合型专家系统,就较好地解决了这一难题。

为了便于机电产品设计知识的组织与管理,人们将知识分为元知识和领域知识两大类。元知识是从获取的专家知识中分离出来的知识,专门用来分解设计任务,指导目标推理机对问题求解,与领域无关;而领域知识则是针对不同的设计领域,因而可以建立许多独立的知识库,便于系统的移植和扩充。

在元知识的指导、分层框架引导下,系统对于用户提出的一个设计目标,首先利用元知识进行推理，得到一张由设计子目标组成的问题求解队列，并把中间数据及推理过程写入动态数据库（黑板），用于解释模块和再设计模块；然后目标推理机根据求解队列调用相应的子知识库，依次求解各子目标，直到所有子目标求解完为止；当求子目标出现问题时，可重新进行元级推理。

由于领域知识是由规则、框架、过程和神经网络混合表示的，因而目标推理机又可细分为规则推理机、框架推理机和神经网络推理机等。

2. 初始设计

对于基于符号知识的推理求解来说，初始设计过程是通过专家知识的推理得到初步方案，再进一步分析推理结果，然后评价其结果是否满意，如果结果满意，输出结果；如果结果不满意，修改相关参数，重新确定方案，重复以上步骤直到结果满意为止。基于符号知识的推理求解符号性知识和过程性知识，属于逻辑思维。由于工程问题的复杂性，基于符号知识推理技术在多方案的产生和再设计问题上非常困难，基因算法为多方案的产生提供了有效的机制，而约束满足方法则为基于符号知识推理提供了有效的再设计手段。

对于基于实例推理求解来说，初始设计是提取相关实例，对相关实例进行类比设计，再通过实例的评价，确定是否采用该实例，或进一步修改实例以满足设计要求。基于实例推理求解实例知识，属于类比思维。对于人工神经网络求解来说，初始设计是在样本训练的基础上，通过输入值的传播产生候选解，再对候选解进行评价，若不满意输出结果，可重新调整网络数值，或增加样本，或提炼样本，改进误差，直到输出结果满意为止。人工神经网络学习处理样本知识，属于直觉思维（"潜意识"）。

对于采用基因算法求解来说，初始设计是通过随机产生个体，再由个体经过选择、重组、杂交、突变，然后施用进化压力，使个体往优良的方向发展，如果得到的个体最优则输出，否则要进一步通过遗传操作修改个体，直到使个体满意为止。

3. 基于计算机支持协同工作的智能计算机辅助设计结构

随着计算技术和通信技术的发展，计算机支持的协同工作（CSCW）逐渐形成了一种新的发展潮流，从过去实质上仅支持个体工作，发展成为支持群体工作，群体中的人们可通过计算机交流信息和讨论问题，共同完成某项任务。从机械设计问题具有的特点来看，基于 CSCW 的智能计算机辅助设计（ICAD）开发平台是 ICAD 的主要趋势。CSCW 系统与一般应用程序的主要差异在于 CSCW 有"人与人的交互"和"协调"功能。通过特定的交互界面及协调控制来实现群体工作的协调。因此，在 CSCW 系统中，用户界面、协调管理、通信接口等模块是必不可少的，当然还有各种公用工具和应用共享模块等。基于 CSCW 的 ICAD 可以采用两种结构：一种是集中式结构，即采用单一的黑板结构，黑板结构是专家系统中一种重要的结构框架，它强调提高黑板对象的插入和检索效率，允许一个黑板管理器很容易地定义黑板数据库，而不改变基本的黑板对象或应用程序；另一种是基于 CSCW 的分布式 ICAD 结构。

由于采用集中式结构时，用户机上产生的数据都要传到服务器上，因而造成网络吞吐量太大，所以采用分布式结构应该是最理想的结构。分布式结构普遍采用多 agent 结构。agent 是一种抽象的实体，它能作用于自身的环境，并能对环境作出反应。实际上，agent 也是一个程序，与一般应用程序不同之处在于 agent 有通信接口，能通过通信语言与其他 agent 交换信息，以达到协同工作的目的。因此，一个 agent 的内部结构应包括网络接口、通信接口、内部知识库、任务模块、协调模块及使用其他 agent 的有关信息。

在采用多 agent 的分布式 ICAD 系统中，通过分散于不同特点上松散耦合的知识源（KB）集合来进行协作求解。每个 KB 为一个 agent，由于每个成员都不能利用自己有限的知识来圆满完成任务，而且也没有足够的资源和足够处理问题的信息，因此首先要将任务分解成子任务，分配给合适的 agent 求解。子问题求解过程中，由于子问题的相互依赖性和 agent 自身信息的缺乏性，agent 之间必须进行交互，最后在设计的综合过程中，通过对各个问题进行设计的结点间的交互，解决部分设计的不确定性，从而形成整体设计。

四、集成智能计算机辅助工艺过程设计

由于专家系统本身固有的一些缺陷，使得基于专家系统的计算机辅助工艺过程设计（CAPP）系统具有以下局限性。

（1）工艺知识获取的"瓶颈"

专家系统的智能水平取决于知识的数量和质量，然而在开发 CAPP 专家系统时，工艺专家的很多直觉和经验，还有那些潜意识里运用的工艺知识很难获取。除此之外，对于多个工艺专家的知识之间的矛盾，系统也无能为力。

（2）系统性能的"窄台阶效应"

对于专家知识领域内的问题，专家系统能以专家的水平来处理，一旦超越这个领域，其性能就急剧恶化，而且专家系统自身并不能判断何时已接近或超出了它的能力范围。

（3）专家系统的本质特征

虽然其本质特征是基于规则的推理。然而，迄今的逻辑理论仍然很不完善，还没有一套完整的模糊推理理论、非单调推理理论等。因此，CAPP 专家系统的表达能力和处理能力有很大的局限性。

专家系统与神经网络结合，是智能 CAPP 专家系统发展的一种趋势。

一种基于知识和耦合神经网络实例混合推理的智能 CAPP 专家系统是将神经网络模型嵌入工艺过程设计的实例推理中，并将其和知识基推理结合起来形成了智能 CAPP 专家系统的混合式推理策略。其首先通过交互方式或直接对 CAD 的产品数据进行处理，以建立一个统一的零件数据模型，接着调用元推理机所规定的系统推理方式进行工艺设计决策，然后利用推理设计结果和零件模型中的几何数据进行工艺尺寸链的计算并绘制工序图，最后编辑修改工艺设计，设计结果输出为工艺卡片，并存入实例库作为将来设计的参考实例。

基于实例的推理实质是一种相似推理模式，即通过访问知识库中以前相似问题的解决方法而获得当前新问题的解决方法，因而求解简单快速、效率高，而且实例库的建立比较方便，不一定需要专家参与，也易于维护、便于学习。这些优越性使得 CBR 在知识抽取比较困难或知识比较缺乏的工艺设计过程中尤为有用。神经网络具有信息的并行处理、分布式存储、自组织和自学习及联想记忆等特性，因此采用基于神经网络的实用相似性判定算法将大大提高实例检索效率，并为克服基于符号推理的专家系统在推理过程中出现的"组合爆炸""匹配冲突"等问题开辟了新的途径，从而使整个 CAPP 系统的智能化得到提高。

面向人的人机智能耦合 CAPP 系统。该系统的核心是人机协同决策模块。其基本思想是使人和计算机处在平等合作的地位上，使两者既有分工又有协作。一方面通过人机决策任务分配，将适合计算机的决策任务交给计算机去做，而将适合人的决策任务交给人去做。两者在共同决策过程中取长补短，协同决策，并通过综合评价得到合理的结果。

五、制造过程的综合智能决策

制造过程决策就是在生产过程的各种约束条件，如机床功率、扭矩限制、刀具耐用度、加工精度等的限制下，通过选取刀具参数、切削用量等加工参数使各种优化目标，如加工成本、生产率和利润率等得到尽可能的优化。例如，基于专家系统和神经网络的车削过程智能决策系统 MTOS-I，它就是通过专家系统和神经网络的共同作用来获得制造过程的最优解。制造过程决策是典型的多目标优化问题，其采用将多目标问题转化为单目标优化问题的方法进行求解，允许选用不同的方法，如线性加权法、理想点法和乘除法等，其主要差别只是在于评价函数的不同，利用专家系统来构造评价函数，确定各个优化参数的取值范围，用神经网络将各个优化变量连接起来并进行优化计算。

1. 决策系统中的专家系统

专家系统包含知识库、数据库、公式库和推理机。知识库汇总了选择切削用量的各种知识和经验，主要涉及计算方案选择、约束条件确定、修正系数和其他参数的选取等内容。数据库存储有选择切削用量所需要的标准数据、计算常数、实验数据等。公式库存储有各种加工过程的切削速度、切削力计算等经验公式。专家系统的知识主要来源于书本及专家的经验知识。推理机由一组程序组成，控制、协调整个系统，并根据当前的环境，调用知识库、公式库和数据库的资料，选择最优的参数。在本系统中，分别设计了参数选择和约束判断专家系统，能够根据输入的不同机床类型和不同的加工工序，判断某一型号的机床是否满足加工所需要的功率、主轴扭矩，选择合适的刀具角度，确定需要优化的加工参数及选定取值范围，并建立评价函数。

2. 神经网络优化器

神经网络以其自组织、自学习和并行计算的能力，使其在优化求解运算中显示出了强大的优势。系统选用马尔可夫神经网络模型为优化器。马尔可夫网络的主要特点是它不需要对神经网络构造能量函数，容易根据不同的加工过程建立网络建模，而且由于其求解算法不仅能向函数值下降的方向前进，而且在某些情况下允许向函数值上升的方向前进，以利于达到全局最优。加工过程每一个需要优化的参数构成马尔可夫神经网络的一个单元，每个单元和其他单元双向连接。例如，对外圆切削来说，定义变量包括进给量、切削深度、刀具耐用度、刀具的车刀前角、主偏角、副偏角、刀尖圆弧半径等共8个变量，则设计有8个单元的神经网络，使神经网络的每一个单元对应于一个需要优化的变量，并规定第一个单元对应进给量、第二个单元对应切削深度等。神经网络运行时，各单元根据各种参数的当前值计算各自的取值范围，然后按马尔可夫神经网络的运行规则改变网络的当前状态，当网络温度降到某个预定值时，各单元的状态就直接对应了一组优化的参数。神经网络的单元能够根据求解问题的需要动态增减，根据不同的加工过程而动态重构，因此神经网络的优化过程不依赖于具体的加工对象。

3. 专家系统与神经网络的信息交换

制造过程智能决策系统利用专家系统确定需要优化的参数，并由此确定神经网络的神经元数目。神经网络优化计算时也需要调用专家系统来确定优化参数的取值。专家系统和神经网络的有效结合及协同工作的前提在于相互间的信息交换，统计人员为此设计了查询翻译式数据传递技术作为数据交换的接口。在系统开始运行时，先由神经网络部分通过标准接口对选定的加工操作对象进行查询，该对象报告出自神经网络和专家系统信息交换已所需要的变量个数和每个变量的变化范围，然后神经网络根据查询的结果建立网络单元，当网络单元内容发生变化时，再用网络的当前状态作为参数调用加工对象的翻译函数，该函数则根据原先的报告把各个单元的数值转换为对应变量的实际数值，然后神经网络调用该对象的评价函数进行加工参数的评价。通过这种机制，神经网络部分就可以与具体的加工操作分离开来，它在工作时不需要知道当前正在优化的是什么加工操作，也不需要知道各个工作单元的实际物理意义。专家系统和神经网络信息交换主要包括以下几个方面。

①通过调用机床的报告函数间接调用某一加工操作的报告函数，取得神经网络需要的变量个数和各自变化范围。

②根据查询结果初始化神经网络。

③调用翻译函数并计算评价函数的值。

六、多模块的智能调度

柔性制造系统（FMS）优化调度就是要求以最少的资源、时间和费用来完成给定的生产任务，或利用一定的资源，在一定的时间范围内完成最多的生产任务，这都是寻求问题最优解的过程。许多的研究方法，如基于传统的优化理论、人工智能方法、人工神经网络和遗传算法等都已经在 FMS 调度中得到应用。基于传统优化理论的方法如线性规划、动态规划和多目标优化等，理论性强，计算精确，适用于求解静态问题。而在动态多变的生产环境中，难以建立准确约束条件下的数学模型，各类简化的模型又与实际系统相差甚远，限制了其在实时调度中的应用。

人工智能把求解优化目标的过程转化成在满足给定条件下解空间的搜索过程。由数据库、知识库和推理机组成的产生式系统，具有自然性、灵活性和通用性好的特点，而处于更高境界的人工智能专家系统，具有丰富的知识表达方式，可利用搜索、推理和规划等多种方法求优化解，能够解决多资源约束和多目标优化等复杂的调度问题。但由单一的专家系统处理 FMS 所有静态和动态调度问题，需要大量不同生产环境和生产状态的数据信息与相关处理规则,从而导致搜索空间大大增加,效率下降。而且由于专家系统缺乏学习能力,对于超出领域外或事先未估计到的问题,专家系统的工作性能也会急剧恶化。

模拟人的形象思维的神经网络具有并行结构、信息分布存储、自适应性和较强的学习能力,使其在优化求解、在线辨识的控制决策中有很大优势,并可成功应用于有较高实时性要求的动态调度决策中。但神经网络不能解释推理过程和依据,对训练样本的正交性和完备性要求较高,也难以独自承担FMS中的所有调度任务。

由于不同智能方法的适用范围和本身的缺陷及FMS调度任务的复杂性,单一的调度模块不具备足够的知识和能力在要求的时间内优化解决所有调度问题,甚至单独使用一种智能方法也难以在FMS动态多变的生产环境中取得整体优化的调度结果。因此,要建立多模块的FMS智能调度系统,对调度中的不同问题适当划分,交由不同的智能模块处理,以获得最优的调度结果。

1. 多模块智能调度系统模型

多模块智能调度系统组成的基本原则是将FMS调度任务划归到多个不同的模块,每一个调度任务都能被某一个调度子模块覆盖,每一个子模块采用一种在所控制领域内能取得较优调度结果的智能方法,所有模块的集成形成有整体效益的FMS智能调度系统。各个子模块由调度控制驱动,调度控制对系统运行状态进行识别,确定系统的运行要求,并将调度任务分配给适当的模块。调度模块又可分为静态调度模块与动态调度模块。

静态调度模块的任务包括校核系统的生产能力,确定所需要的资源,完成零件的最优分组、设备负荷平衡,并假设在调度区间和时间范围内给定的生产任务、资源和系统组成等都不发生变化,在给定的优化目标条件下确定零件加工路径,进行资源的优化配备和完成系统运行的预调度。根据离散事件系统特性,静态调度的结果将能够展示系统从开始到结束整个运行过程每一事件的发生与发展进程。在正常的生产条件下,FMS依据静态调度的策略运行,静态调度所确定的各种资源利用和分配情况,也是动态调度所需要的重要参考数据。

动态调度应用于对生产进程中任何非预期状态的处理,体现了FMS的柔性和适应性。根据对系统运行的影响情况,动态调度可再划分为两大类。第一类是FMS运行过程中出现的如机床堵塞、资源争用和资源延误(如被占用的刀具、夹具未能及时释放等),在适当地调整资源配置和调整部分工件的加工顺序后，系统仍然能够继续按静态调度确定的方案运行。插入加工工件和机床故障属于第二类动态调度问题。急需加工工件和机床故障等所造成的系统状态变化，其影响是全局性的，静态调度的结果已不再适用。系统的优化目标也往往需要从获得最佳效益转化为保证零件交货及维持系统的连续运行，要在新的多优化目标下求解优化的调度策略。

2. 多模块调度系统的控制

多模块调度系统的控制关键在于控制系统对生产状态的自动识别，对系统运行时各个事件发生的能观测性和能控性判别。

FMS 的运行状态包括资源和设备状态、加工工件记录、反馈状态信息以及生产调度命令执行情况等。

FMS 运行是离散事件之间的转换过程，也就是系统的状态转换过程。

3. 多模块 FMS 智能调度系统实例

以一个由三台机床、一台自动引导小车（AGV）、一个装卸工作站和若干缓冲存储站组成的 FMS 仿真系统为例。根据上述方法，科研人员设计了一个由专家系统和神经网络结合的多模块智能调度系统。系统的主要功能包括静态调度和动态调度。

静态调度主要包括生产计划和预调度。生产计划模块根据输入的生产任务对系统的生产能力、刀具和夹具等生产资源进行校核，然后确定同时进入系统的工件种类和数量。静态调度的核心是基于知识的专家系统。在专家系统中用事实描述基本概念，用规则描述系统的决策方法。专家系统采用正向链式控制，以深度优先搜索策略确定调度策略。

为应对多模块调度系统中的第一类动态调度问题，可采用基于人工智能的产生式系统分别建立资源竞争、资源延误和机床堵塞动态调度子模块。调度策略是在尽量少地改变静态调度方案的前提下，对不能按静态调度方案执行的作业，寻找最优的可替代方案。动态调度决策步骤如下。

①构造被延误资源的可替代资源。

②构造可替代操作集。

③从可替代操作中选取代价最低的操作。

七、基于人机一体化的集成制造系统

人机一体化思想，就是采取以人为主，人与机器（包括计算机）共同组成一个系统，各自完成自己最擅长的工作，在平等合作的基础上，共同认识，共同感知，共同决策。在实际运行中，相互理解，相互作用，取长补短，协同工作，突破传统的"人工智能系统"概念，形成超过人的能力乃至智力的"超智能"系统，使人机一体化系统达到最佳经济目标与最佳整体效益。

在感知层面上实现人机联合感知，对于集成制造系统来说，人通过视、听等感觉器官感知制造系统的内外部信息，并将有关信息传递给计算机，而计算机一方面感知人传递过来的信息；另一方面则通过制造信息网络感知有关信息，并将所感知的信息进行加工处理后再传递给人，让人进行二次感知。此外，人机之间还可进行相互感知，例如将人的知识水平、兴趣爱好、性格脾气等输入计算机，使计算机对人的情况有所感知，人对机器的运行状况、机器故障等进行感知。经过人机联合交互感知，可使系统获得更精确、更全面、更可靠的信息，并且在思维层面上，综合利用人和机器的智能，以获得最佳决策。一方面，机器利用专家知识库进行严密的逻辑推理得出有关决策方案，另一方面，人通过自己的直觉对人机联合感知的信息进行判断推理得出有关决策方案，最后通过对所有决策方案进行综合评判，找出最佳方案。除此之外，在执行层面上，人机相互协作，取长补短，充分发挥各自的优势，保障决策方案的顺利实施。

所谓人机一体化集成制造系统是指在产品设计，工艺规划，原材料及外购件的采购、零件加工、产品装配、质量检验、产品销售以及产品售后服务等产品的全生命周期中，充分综合利用制造系统中智能机器的知识及设计工程师、工艺规划工程师、管理人员、工人的经验，技能和诀窍等，使生产出的产品能更好地适应市场需要，为企业创造更高的经济效益。根据人机一体化思想的基本原理，将适合机器做的工作交给机器去做，例如大量的数据运算、严密的逻辑推理、机械式的制图等；适合人做的事由人去完成，例如富有创造性的创新设计、灵活多变的生产资源规划等。人和智能机器在整个制造过程中，既要有明确的合理分工，又要有密切的协作，以提高系统的整体效益。

第四节　专家系统实例

一、智能设计专家系统

随着生产的发展，多品种中小批量生产比重不断提高，人们对产品的性能、质量等指标的要求也越来越高，这就迫切要求计算机辅助设计（CAD）系统具有较大的柔性并使设计过程自动化。当产品越大和越复杂时，设计者在包括思维过程的整个设计范畴内就越需要计算机支持，为了提高生产率，缩短生产周期又要求同 CAPP、计算机辅助制造（CAM）集成一体。因此，CAD 系统智能化是今后一段时间内发展的主要趋势，人们通常把提供了诸如推理、知识库管理、查询机制等信息处理能力的系统定义为知识处理系统。具有传统计算机能力的 CAD 系统被这种知识处理技术加强之后就称之为 ICAD 系统。ICAD 系统的目标就是尽可能使计算机参与设计过程，利用设计专家的知识、经验的数据完成产品的方案决策、结构设计、性能分析、图形处理的全过程。

传统 CAD 系统中并无真正的智能成分，这一阶段的 CAD 系统依托人类专家的设计智能。ICAD 是一种新型的高层次计算机辅助设计方法与技术。它将人工智能的理论和技术与 CAD 相结合，使计算机具有支持人类专家的设计思维、推理决策及模拟人的思维方法与智能行为的能力，从而把设计自动化推向更高层次。ICAD 最明显的特征是拥有解决机械设计问题的知识库，具有选择知识、协调工程数据库、图形库资源及其完成设计任务的决策机制。因此，ICAD 系统除了具有图形库、工程数据库等 CAD 功能部件外，还应具有工程专家系统中知识库、推理机制等智能模块。ICAD 涉及的领域知识复杂，需将数据处理和知识处理相结合，要求其在设计过程中与知识资源合作。因此，其与通常的专家系统的区别是除了需要知识库外，它还需工程数据库、图形库和设计分析程序方法的支持。在问题求解动态过程中，还需要多种知识表示、多种推理机制相结合，才能完成复杂的设计任务。

1. 基于实例的夹具设计系统

虽然各个 ICAD 结构并不相同，但一般都采用模块化的程序设计，以便于系统的建立、修改和扩充。

实例设计（CBD）过程包括两个主要方面：一是设计实例的描述；二是实例回忆与调整的过程模型。实例库是 CBD 系统的基础，其中保存有相当数量的设计实例，即设计问题求解范例及经验的形式化描述。实例回忆是查找相关设计经验的过程，包括实例索引、检索和实例选择等子过程。实例调整是完成新设计任务的关键步骤，需要识别所选实例与新设计问题之间的差异，可适当修改设计实例以满足新问题的技术要求。调整过程分为三步，即建议、评价和修改。建议是指在开始修改——评价周期之前，提议所选设计实例作为新设计问题的解。评价即分析所求得设计的可行性。修改即改变新设计解的某个局部或调整部分参数值，以更好满足设计要求。

基于实例的夹具设计系统。该系统的求解过程由四部分组成，分别是系统控制模块、基于实例的推理器、夹具设计实例库和设计评价模块。基于实例的推理器实现实例的检索和相似实例的提取与修改，是系统的核心。系统输入信息包括三个方面：工件总体信息如工件名称、工件类型和材料等；工件加工特征信息如加工内容、加工精度和机床类型等；工件装夹特征信息，如夹紧要求、接触类型和动力类型等。系统设计为交互的工作方式。

2. 制造系统智能布局设计

制造系统智能布局设计系统的总体结构，各个模块如下。

（1）系统控制程序与"黑板"

系统控制模块是制造系统布局设计的控制中心，它与各个模块相连，并可调用任何一个模块，控制整个系统进行布局设计工作。原则上，各模块之间不能直接调用，而只能由系统控制程序调用，并通过"黑板"实现信息交换。系统采用"黑板"控制法和推理链相结合的控制策略来实现FMS布局"设计—评价—再设计"的设计过程。"黑板"是布局设计系统的全局工作区，各模块之间的信息交流是通过"黑板"进行的。"黑板"的作用主要是记录设计要求、中间设计结果及最终设计方案。"黑板"上的内容是动态变化的，相当于一个动态数据库，在布局设计的不同阶段可以擦去和重写"黑板"内容。

（2）布局设计知识库

制造系统布局设计知识库包括机床设备数据库、布局知识库、布局模型库和布局算法库。机床设备数据库中存储构成制造系统的有关机床设备信息，如机床加工能力、外形尺寸、布局方向性等。布局知识库中存储与制造系统布局设计有关的领域知识，这些知识分为两类：一类是用于解决制造系统布局设计问题的有关规则；另一类是有关布局设计问题的描述数据，如布局类型描述、物流系统描述、布局设计模型的应用条件描述等。用于制造系统布局设计的有关模型和算法则存储在模型与算法库中。

（3）推理机及其解释系统

在基于知识的制造系统智能布局设计过程中，设计人员可根据"黑板"内容和知识库中的有关知识和数据进行正向或反向链式推理，最终完成针对特定需求的制造系统布局设计。

解释系统向用户提供布局设计推理过程的解释及部分概念，主要功能包括显示推理过程中试用成功的规则；回答在推理过程中是否使用过某一规则；解释提出某个问题的原因；解释系统如何得到某一结论；显示全部推理过程等。

（4）评价系统及失败处理

该模块可对当前的制造系统布局输出结果是否满足要求进行决策评价。决策评价的标准主要是检验布局结果是否满足空间、平面及位置约束。位置约束是指某些机床或设备必须放置在用户指定的特殊位置处。当评价系统对当前布局结果作出否定的评价时，智能布局设计系统会调用失败处理模块进行布局参数调整，如更换布局模型和算法、更改物流类型甚至布局形式等。如有必要，还要对设备选择结果进行调整，直至可能建议用户调整某些原始设计参数等。由此可以看出，在这里实现了制造系统布局设计与机床设备选择的集成。

（5）用户接口

该模块是布局设计系统与用户的接口，一方面用户的布局设计要求和有关数据通过用户接口输入系统；另一方面系统布局设计结果也通过用户接口输出给用户。用户的数据输入方式有两种，一种是以文件方式输入；另一种是直接通过图形用户界面进行输入。布局设计结果既可以输出一个结论，也可以输出一组参数，还可以输出一张简图，或以上述方式的组合进行输出。

二、故障诊断专家系统

故障诊断专家系统是一种基于知识处理的诊断系统。它是以计算机为工具，力图模仿人类专家在对复杂系统进行工况故障诊断的机理和过程，做到既能充分发挥领域专家的知识和经验，进行快速推理，又能方便地推广应用于各种不同的诊断对象。基于知识的智能故障诊断的过程包括信号检测、征兆特征量提取、工况状态识别、诊断推理等环节。

1. 人工智能的故障诊断方法

（1）基于专家系统的诊断方法

基于专家系统的诊断方法是故障诊断领域中最为引人注目的发展方向之一，也是研究最多、应用最广的智能诊断技术之一。它可分为基于浅知识（领域专家的经验知识）的故障诊断系统、基于深知识（诊断对象的模型知识）的故障诊断系统及基于浅知识与深知识的混合诊断方法。

（2）基于案例的诊断方法

基于案例的诊断方法能通过修订相似问题的成功结果来求解新问题。它能通过将获取新知识作为案例来进行学习，不需要详细地诊断对象模型。在这种推理方法中，主要的技术包括案例表达和索引、案例的检索、案例的修订、从失败中学习等。基于案例的诊断方法的原理是对于所诊断的对象，根据其特征从案例库中检索出与该对象的诊断问题最相似匹配的案例,然后对该案例的诊断结果进行修订,作为该对象的诊断结果。

(3)基于人工神经网络的诊断方法

在知识获取上,神经网络的知识不需要由知识工程师进行整理、总结及消化领域专家的知识,只需要用领域专家解决问题的实例或范例来训练神经网络;在知识表示方面,神经网络采取隐式表示,在知识获取的同时,自动产生的知识由网络的结构和权值表示,并将某一问题的若干知识表示在同一网络中,通用性强,便于实现知识的自动获取和并行联想推理。在知识推理方面,神经网络通过神经元之间的相互作用来实现推理。目前在许多领域的事例中学到的知识只是一些分布权重,而不是类似领域专家逻辑思维的产生式规则,因此诊断推理过程不能够解释,缺乏透明度。

(4)基于模糊数学的诊断方法

许多被诊断对象的故障状态是模糊的,诊断这类故障的一个有效方法是应用模糊数学的理论。

基于模糊数学的诊断方法不需要建立精确的数学模型,适当地运用隶属函数和模糊规则,进行模糊推理就可以实现模糊诊断的智能化。但是,对于复杂的诊断系统,要建立正确的模糊规则和隶属函数是非常困难的,而且需要花费很长的时间。对于更大的模糊规则和隶属函数集合而言,系统难以找出规则与规则之间的关系,也就是说规则有"组合爆炸"现象发生。另外,由于系统的复杂性、耦合性,由时域、频域特征空间至故障模式特征空间的映射关系往往存在着较强的非线性,这时隶属函数形状不规则,只能利用规范的隶属函数形状来加以处理,如用三角形、梯形或直线等规则形状来组合予以近似代替从而使得非线性系统的诊断结果不够理想。

(5)基于故障树的诊断方法

故障树的诊断方法是由计算机依据故障与原因的先验知识和故障率知识自动辅助生成故障树,并自动生成故障树的搜索过程。诊断过程从系统的某一故障开始,沿着故障树不断提问"为什么出现这种现象?"而逐级构成一个递阶故障树,通过对此故障树的启发式搜索,最终查出故障的根本原因。在提问过程中,有效合理地使用系统的实时动态数据将有助于诊断过程的进行。

2. 故障诊断专家系统结构

一个完善的故障诊断专家系统结构各功能模块的作用如下。

(1)数据库

数据库用于存放监测系统状态的、便于测量的也是必要的测量数据,用于实时监测系统工作正常与否。对于离线分析，数据库可根据推理需要，人为输入。

(2) 知识库

知识库可以定义为以便于使用和管理的形式组织起来的用于问题求解的知识的集合。通常知识库具有两方面的知识内容：一方面是针对具体的系统而言，包括系统的结构，系统经常出现故障现象，每个故障现象都是由哪些原因引起的，各种原因引起该故障现象可能性大小的经验数据，判断每一故障是否发生的一些充分及必要条件等；另一方面是针对系统中一般的设备仪器故障诊断的专家经验。基于这两方面内容，知识库还包含有系统规则，这些规则大多是关于具体系统或通用设备有关因果关系的逻辑法则。因此，真实反映对象系统知识库地建立是专家系统进行快速有效故障诊断的前提。知识库是专家系统的核心内容；知识库内容，如故障现象对应关系规则的建立，有些在理论上是严格的，有些则取决于该领域专家的经验。

(3) 知识库管理

知识库管理包括建立和维护知识库，并能根据运行的中间结果及知识获取程序结果及时修改和增删知识库，对知识库进行一致性检验。

(4) 人机接口系统

人机接口系统可将系统运行过程中系统出现故障后观察到的现象或系统进行调整或变化后的信息输入到知识库获取模块，或将新的经验输入，以实时调整知识库。还可通过人机接口启动解释系统工作。

(5) 推理机制

推理机制就是在数据库和知识库的基础上，综合运用各种规则，进行一系列推理来尽快寻找故障源。

(6) 解释系统

该系统可以解释各种诊断结果的推理实现过程，并能解释索取各种信息的必要性等。解释系统是专家系统区别于系统方法的显著特征，它能把程序设计者的思想及专家的推理思想显示给用户。

(7) 控制部分

控制部分可使各部分功能块协调工作，并在时序上进行安排和控制。

3. 故障诊断实例

以数控机床故障诊断专家系统为例。TCG16CNC 机床故障诊断专家系统，由信号采集、知识库、推理机、信号分析、诊断解释五个主要模块所组成。信号采集模块通过设置采样参数，采集机械加工过程中的信号，并以数据文件的形式存储在数据库中。知识库中包括诊断对象的征兆库、诊断字典库、诊断规则库。知识库具有知识存储、检索、修改及冗余检查的功能,通过知识获取单元实现系统与使用人员的交互,完成诊断知识的收集。推理机是系统的核心,当用户输入了诊断对象的征兆后,推理机便应用知识进行推理求解。推理机包括正向推理和反向推理两种推理机制,供用户选择使用。信号分析模块包含了各种常规的时域、频域的信号分析方法,可以对采集到的数据进行分析,提取征兆。诊断解释模块可实现系统和用户之间的交互,对其推理过程加以解释说明,增强了系统工作的透明性。

TCG16CNC机床故障诊断专家系统采用了基于知识的诊断推理。本系统的功能包括:当机床在机械加工时,通过定期采集数据,实现对机床主要系统(主轴、卡盘、主刀架、定心尾架)的状态记录;当机床出现故障时,通过对采集的信号进行分析、诊断和推理,实现故障快速定位,提出维修方法,便于维修人员及时排除故障,恢复正常生产。

黑皮扣是加工中出现的不正常现象,其原因是应切削的部分没有被切削掉,该现象大多出现在螺纹的根部。一般来说,出现黑皮扣的原因可能有以下三种。

①与尾架振动过于强烈有关;

②与主轴回转晃动过大有关;

③与钢管管材质量有关。当发现加工后的螺纹钢管黑皮扣有增多现象时,则启动专家系统进行诊断,首先对机加工中采集到的数据文件进行征兆提取,生成征兆文件,然后启动推理机,推理机从征兆文件中提取的自动征兆显示主轴回转晃动在正常范围内,这样便排除了出现黑皮扣的第二种可能原因。系统开始进入推理,在人机对话过程中系统询问是否有螺纹划道的现象发生,由于出现黑皮扣的钢管上并无划道现象,于是便选择"无",出现黑皮扣的第三种可能原因也被推理机排除,这是因为当管材圆度不好时,黑皮扣往往与螺纹出现划道现象同时发生。最后推理结果显示出现黑皮扣的原因是因为尾架振动过于强烈,置信度为82%。

对数据文件中定心尾架的振动信号做进一步分析,求信号的峰值。发现转速为480r/min时,信号的最大值为0.0078m/s^2,最小值为-0.0012m/s^2;转速为500r/min时,信号的最大值为0.0087m/s^2,最小值为-0.0038m/s^2;转速为800r/min时,信号的最大值为0.0119m/s^2,最小值为-0.0074m/s^2。由此可见定心尾架的振动幅度随着转速的提高增大了,因此进一步分析可知主轴转速太大是形成黑皮扣的直接原因。事实上是操作工人为了赶进度,机加工时大幅度提高主轴的转速,由480r/min提高到800r/min。于是,可适当降低主轴转速至 650r/min，螺纹钢管出现黑皮扣的现象便大幅度地下降了。

根据上面的推理与分析，进一步地完善知识库，将主轴转速与定心尾架的振动峰峰值结合在一起放入知识库中，这样出现黑皮扣的原因就有以下四种。

①与尾架振动过于强烈有关；

②与主轴回转晃动过大有关；

③与钢管管材质量有关；

④与主轴转速过大有关。

再进行一次推理，诊断结果显示出现黑皮扣的原因为主轴转速过大，这样现场的工人就可以知道出现黑皮扣的原因在哪里了。

三、地震预报专家系统

ESEP 是我国国家地震局地球物理研究所等单位研制的地震预报专家系统。该系统将人工智能专家系统应用于地震预测中，提高了地震预报的水平，减轻了地震灾害。地震预报问题具有长、中、短、临相结合，多层次、多专家、多指标等特点，建立地震预报专家系统时必须要充分考虑到这些特点。

ESEP 在将地震预报与人工智能、专家系统相结合方面有以下特色。

（1）体系化

我国地震学家们开辟了长期→中期→短期→临震进行地震预报的途径，且较短期的预报常以较长期的预报结果作为背景。为模拟专家处理这一问题的过程，本系统设计了中长期预报系统、年度预报系统和中短期预报系统等三个子系统。

（2）综合多种专家知识

地震预报问题具有多专家、多指标的特点，预报过程中，往往由多个专家共同决策进行预报。而且不同专家有时采用不同方法判断某种前兆；当采用相同方法判断同一前兆时，不同专家有时也采用不同的指标。据此，ESEP 建立了自己的知识表示模型 ESEP/K。除常用的证据组合方式 AND 和 OR 外，结合地震预报的特点，在人工智能上设计了三种新的证据组合方式：限制（CON）、加权（W）和综合（SYN），以便综合多个专家的意见。

（3）拥有大量数据和专家经验

我国有大量的历史地震资料，ESEP 收集了大量的数据、经验和知识，设计建立了含 30 多万条地震目录的庞大数据库，及已有约 300 条规则的丰富的专家知识库。

ESEP 在专家系统技术方面有不少特点。

第一，采用多种推理模型并进行综合决策。

科研人员在 MYCIN 推理机、CASNET 推理机、证据理论方法和主观 Bayes 方法的基础上，考虑地震预报的特点，建立了推理模型 ESEP/R。ESEP/R 包括四种推理模型，当采用两种以上模型推理时，则用层次分析法作综合决策。

第二，采用多种软件环境进行交叉程序设计。

一般来说，采用 LISP、PROG 等语言设计推理机较方便。但是，在地震预报中常需进行大量计算才能得到前兆信息，给出推理所要的事实信度。因此，该系统还采用 FORTRAN 语言进行深层知识获取。

第三，模块化。ESEP 为模块化系统，由总控模块用菜单进行统一管理。

第四，用户界面友好。ESEP 系统有较强的解释功能、人机对话功能、输入功能及绘图显示功能。

（一）ESEP 的主要结构

ESEP 包括三个子系统，每一子系统均可单独运行，连续运行三个子系统，则可对强震的危险性相继进行中长期、年度和中短期预报。每一子系统均包括六个模块，有的模块中还包含若干子模块。

1. 中长期预报系统

中长期预报系统是一个综合了中长期预报中行之有效的一些手段的一个推理决策系统，其功能如下。

（1）有四种推理模型可供选择

用户可选择其中 1 种或多种模型分别推理。当选择两种以上模型时，可用层次分析法进行综合决策。

（2）可作出全国各区四个震级挡强震的中长期预测

用户可对全部地震区或选择其中某一个或几个地震区，对四个震级挡是否会发生地震进行推理决策，并给出相应的信度，从而作出强震的中长期预测。

（3）给出信度值

在全国分区底图上绘图及显示出各区中长期预报的推理决策结果，给出信度值。

中长期预报系统目前是基于下列各项预报手段及前兆事实进行推理的：地层活动区带的划分、周期分析、熵谱分析、地震活动期的专家判定、极值方法、中期地震活动相关性、地球自转角速度、太阳黑子数等动力因子作用、高震级地震危险区预测、爆发余震图像和模式识别方法。

其中模式识别方法是对 94 种地震活动性前兆进行综合分析所得的结果，如地震频度、地震能量、蠕变、震源面积、地震平静、地震活化以及各种地震活动的偏离等。

2. 年度预报系统

年度预报系统是一个以中长期预报结果为背景，综合有关年度预报中行之有效的一些手段进行全国年度趋势预测的推理系统。其功能如下。

（1）以中长期预报结果为背景进行年度预报

首先对七个大区分别作出中长期预报，然后以此为背景再作年度预报。

（2）推理得出全国各网格节点上强震发生的信度

以 2° 为间隔将全国分为网格，然后用本系统对约 300 个网格节点中的每一个节点逐一进行推理，得到各节点上强震发生的信度值。

（3）在全国地图上按网格节点绘图显示出各节点强震可能发生的信度值。

年度预报系统所用前兆事实有6级地震的中期背景、7级地震的中期背景、8级地震的中期背景、地震空区、地震条带、地震集中性、6值异常、各级地震的频度异常、能量异常、蠕变异常和震源面积异常等。

3. 中短期预报系统

中短期预报系统是一个以中长期预报结果为背景，综合多种中短期预报前兆，对指定地点进行强震预测的推理决策系统。其功能如下。

（1）以中长期预报结果为背景进行中短期预报

对拟监测中短期震情的地点，要首先作出其所在地区的中长期预报，以此为背景，再作指定地点的中短期预报。

（2）有四种推理模型可供选择

可任选其中一种或多种模型进行推理，当选择两种以上模型时，可用层次分析法进行综合决策。

（3）可作出指定地点四个震级挡强震的中短期预测

对指定的某一个或多个地点，系统可推理决策出在四个震级挡中的哪一个或哪一些震级挡内可能发生强震，并给出相应的信度，从而作出强震三要素的中短期预测。这四个震级挡的划分与中长期预报系统中震级挡的划分相同。

（4）给出预报结果

在区域底图上绘图显示中短期的预报结果。

中短期预报系统所用预报手段及前兆项目包括各级地震的中期背景、地震空区、地震条带、集中性、b 值、频度、前震、h 值、前兆震群、减震、中短期相关、地震窗、波速、震源机制和 Q 值等。

（二）ESEP 的专家知识库

专家系统的知识库，主要是存储专家知识、专家经验及有关的常识等，以供推理决策等运算之用。ESEP 专家知识库的功能及内容如下。

1. 专家知识库的功能

①提供中长期预报、年度预报、中短期预报中用以推理的各种规则。

②提供本系统所需的其他已知信息。

2. 专家知识库的内容

ESEP 系统的专家知识库主要包括下列两方面的内容。

（1）规则库

规则库中存储以规则形式总结的专家知识。该系统现已收集了 300 多条规则，分为中长期预报规则子库、年度预报规则子库和中短期预报规则子库。

（2）已知信息库

系统所需要的其他已知信息，则存储于已知信息库中。例如，将全国大部划分为 7 个地震活动大区，对于这样的地震活动区及有关地震活动带划分方面的知识，以数据文件的方式存储在知识库中。应用 ESEP 系统进行了实际预测工作，对预报中所用的事实及其他回溯性预报的事实，也都以文件形式存贮于已知信息库中，以备调用。

（三）ESEP 的事实准备模块

ESEP 系统的事实信度及其他有关数据的输入主要是通过事实准备模块来实现。该模块的功能如下。

①通过人机对话接受专家或用户给出的事实信度。

②调用方法库中的程序进行计算，给出事实信度。

③接受专家及用户提供的信息，对信息进行处理。

事实准备模块分为中长期预报、中短期预报和年度预报三个事实准备子模块。各子模块分属三个不同的预报子系统，由总控模块统一控制。三个子模块均可分别接受、处理有关的信息，并具有对各子系统有关的地震前兆事实信度进行添加、显示、修改、删除的功能。

（四）ESEP 的推理模型和推理决策模块

在 MYCIN 推理机、CASNET 推理机、证据理论方法和主观 Bayes 方法等的基础上，结合 ESEP 系统的证据组合方式，并考虑地震预报的特点，建立了其推理模型 ESEP/R。ESEP/R 包括 MYCIN 模型推理、证据理论模型推理、主观 Bayes 模型推理、CASNET 模型推理和决策等子模块。

用户可采用其中任一模型进行推理。无论用户采用哪一个模型进行推理，都是在运行一个完整的专家系统。在这个意义上讲，ESEP 可以分解成四个专家系统。为比较及进行决策，科研人员将它们连接在一起，组成统一的 ESEP/R 推理模型。

当采用两种以上模型推理时，用户可根据自己的经验及倾向性用层次分析法（AHP）作决策。也就是说，用户可任选两种、三种或全部模型进行推理，然后根据用户的经验或倾向性，确定各模型之间的相对重要性，得到权重，然后用 AHP 方法进行决策。实践表明，用多种模型推理然后决策的结果可能比用某一模型推理的结果会好一些。

地震活动是有地区差异的，不同地区有不同的特点、孕震过程及地震活动规律。不同地区不仅其证据（前提）可能不同，而且规则及证据和规则的信度也可能不同。因此，有的地区可能采用某种模型比较合适，而另一地区可能采用另一模型为好。为此提供多种模型，以便用户根据不同地区、不同类型的地震按需要选用。

当采用多种模型推理时，可以互相对照，以帮助人们对结果进行分析研究，确定结果的可信程度，而且各种模型有其自身的特点，在研制阶段尚不能肯定哪种模型更适用于地震预报或更适用于某一地区，因此必须在多次实际应用中进一步深化人们对模型的认识，以便选择更适合地震预报的最佳模型。

推理和决策模块的主要功能有建立动态知识库；对规则进行增、删和修改；提供多种证据组合形式；可选择四种推理模型中的某一种、某几种或全部推理模型进行推理；对中间结果及最后结果进行解释；当采用两种以上模型推理时，可用 AHP 方法进行决策。

第四章　机器学习

机器学习是继专家系统之后人工智能应用的又一重要研究领域，也是人工智能的核心问题之一。现有的计算机系统和人工智能系统只有非常有限的学习能力，因而不能满足科技和生产提出的新要求。但由于专家系统对机器学习需求的增加，使之过去几年的发展引起了人工智能及认知心理学界的极大兴趣，现在其已进入了一个发展新时期。

第一节　机器学习的基本概念

一、什么是机器学习

1. 学习

机器学习的核心是学习，关于学习至今还没有一个精确的、能被公认的定义。目前，对学习这一概念研究的观点主要有以下几种。

（1）按照人工智能大师西蒙的观点

学习就是系统在不断重复的工作中对本身能力增强或改进，使得系统在下一次执行同样任务或类似任务时，会比现在做得更好或效率更高。

（2）从事专家系统研究人们的观点

学习就是获取知识的过程。由于知识获取一直是专家系统建造中的主要问题之一，因此科研人员希望通过对机器学习的研究，实现对知识的自动获取。

（3）心理学家对于学习活动有不同的见解

目前，心理学家大致分为三派：一派主张学习是条件反射作用；一派主张学习是刺激与反应的联结；一派提出"领悟说"，认为学习是重新组织已有的知觉、经验，掌握与领悟情景中各因素间的新关系，从而使问题解决。

（4）工程控制专家蔡普金的观点

学习是一种过程，是通过对系统重复输入各种信号，并从外部校正该系统，从而使系统对特定的输入作用具有特定响应；自学习就是不具外来校正的学习,即不具奖罚的学习,它不给系统响应正确与否的任何附加信息。

综合上述观点我们可以认为学习是一个有特定目的的知识获取过程,其内在行为是获取知识、积累经验直至发现规律;其外部表现是改进性能、适应环境和实现系统的自我完善。

2. 机器学习

机器学习是研究如何使用计算机来模拟人类学习活动的一门学科。稍严格的提法是机器学习是一门研究计算机获取新知识和新技能并识别现有知识的方法。

机器学习的研究工作主要从以下三个方面进行:学习机理的研究,即通过对人类获取知识技能和抽象概念能力的研究,将从根本上解决机器学习中存在的种种问题;学习方面的研究,即通过对人类的学习过程、各种可能的学习方法的探索研究,建立起独立于具体应用领域的学习算法;面向任务的研究,通过对特定任务要求的研究,建立起相应的学习系统。

二、学习系统

所谓学习系统是指能在一定程度上实现机器学习的系统。1973年萨里斯的定义是学习系统是一个能够学习有关过程的未知信息,并用所学信息作为进一步决策和控制的经验,从而逐步改善系统的性能。类似的定义是若一个系统能够学习某一过程或环境的未知特征固有信息,并用所得经验进行估计、分类、决策或控制,使得全系统的品质得到改善,则称该系统为学习系统。不难理解,一个学习系统应具有如下的条件和能力。

(1)适当的学习环境

这里所说的环境是指学习系统进行学习时的信息来源,若学习系统不具有适当的环境,则其就失去了学习和应用的基础,不能实现机器学习。对不同的学习系统及不同的应用,其环境一般是不相同的。

(2)具有一定的学习能力

除了上述的学习环境,学习系统还必须有合适的学习方法及一定的学习能力。学习过程是系统与环境相互作用的过程,是边学习、边实践,然后再学习、再实践的过程。学习系统也是通过与环境相互作用逐步学到有关知识的,而且在学习过程中要通过实践验证、评价所学知识的正确性。

(3)能应用学到的知识求解问题

学习系统应能把学到的信息用于未来的估计、分类、决策或控制,做到学以致用。

（4）能提高系统的性能

学习系统通过学习应能增长知识，提高技能，改善系统的性能，使它能完成原来不能完成的任务，或比原来做得更好。

三、机器学习策略类型

学习是一项复杂的智能活动，学习过程与推理过程二者紧密相连，学习中使用的推理方法称为学习策略。学习系统中的推理过程实际上就是一种变换过程，它将系统外部提供的信息变换为符合系统内部表达的形式，以便对信息进行存储和使用。这种变换的性质决定了学习策略的类型为机械学习、通过传授学习、类比学习和通过事例学习。

（1）机械学习

机械学习就是记忆，是最简单的学习策略。这种学习策略不需任何推理过程；外界输入的知识表示方式与系统内部表示方式完全一致，不需要任何处理与转换。虽然机械学习在方法上看似简单，但由于计算机的存储容量相当大，检索速度又相当快，且记忆精度无丝毫误差，所以也会产生难以预料的效果。

（2）通过传授学习

对于使用该种策略的系统来说，外界输入知识的表达方式与内部表达方式不完全一致，系统接受外部知识时需要一点推理、翻译和转化的工作。

（3）类比学习

该系统只能得到完成类似任务的有关知识，即在遇到新的问题时，可学习以前解决过的相类似问题的解决办法，来解决当前的问题。因此，寻求与当前问题相似的已知问题就很重要，并且必须要能够发现当前任务与已知任务的相似之处，由此制定出完成当前任务的方案。因此，它比上述两种学习策略需要更多推理。

（4）通过实例学习

系统事先完全没有完成任务的任何规律性信息，所得到的只是一些具体的工作例子及工作经验。系统需要对这些例子及经验进行分析、总结和推广，得到完成任务的一般性规律，并在进一步工作中验证或修改规律，因此它需要的推理是最多的。

四、机器学习系统设计的影响因素

机器学习系统设计影响因素主要有以下几个。

（1）环境

环境是指系统获取知识和信息的来源及执行对象等。例如，医疗专家系统的病员、病历档案、医生、诊断书等；模式识别系统的文字、图像、景物；博弈系统的对手、棋局；智能控制系统的被控对象和生产过程等。总之，环境就是为学习系统提供获取知识所需的相关对象素材或信息，如何构造高质量、高水平的信息，将对学习系统获取知识的能力产生很大影响。一般高水平的信息比较抽象，适用于更广泛的问题；低水平的信息比较具体，仅适用于个别问题。若环境提供的是高水平的信息，与一般原则的差别就比较小，则学习环节就比较容易处理，只需补充一些与该对象相关的细节即可。若环境提供的是指导执行具体动作的杂乱无章的低水平信息，则学习环节需要在获得足够数据之后，删除不必要的细节，进行总结推广，形成指导动作的一般原则，放入知识库，这样学习环节的任务就比较繁重，设计起来也较为困难。

（2）学习环节

该环节通过对环境的搜索获得外部信息，并将这些信息与执行环节所反馈回来的信息进行比较。一般情况下，环境提供的信息水平与执行环节所需的信息水平之间往往有差距，经分析、综合、类比和归类等思维过程，学习环节就要从这些差距中获取相关对象的知识，并将这些知识存入知识库中。

（3）知识库

知识库是影响机器学习系统设计的重要因素。知识库中常用的知识表示法有谓词逻辑法、产生式规则法、语义网络法和框架法等。这些表示方法各有特点，在选择表示方法时要考虑以下四个方面。

①所选择的知识表示方法是否能够准确表达有关知识。

所选择的知识表示方法要能很容易且较准确地表达有关的知识，不同的表示方法适用于不同的知识对象。例如，框架表示法适用于表达结构性知识，它能够把知识的内部结构关系及知识间的联系表示出来；谓词逻辑表示法则适用于表示具有二值逻辑的精确性知识，并能保证经演绎推理所得结论的精确性。

②推理难易程度。

在具有较强表达能力的基础上，为了使学习系统的计算代价比较低，人们总希望知识表示方法能使推理较为容易。例如，要表示"教职员工"和"教师"间的类属关系，并通过这种类属关系推理求解具有某些特性的教师，利用框架法就比较容易实现这种推理，而用谓词逻辑法实现这种推理就比较困难。

③知识库修改的难易。

学习系统本身要求其能不断修改自己的知识库,当推理得出一般的执行规则后,就要把它加到知识库中;当发现某些规则不适用时要能将其删除。因此,学习系统的知识表示,一般都采用明确、统一的方式,以利于知识库的修改。显示知识表示方法,如谓词逻辑、产生式规则等就易于实现知识库的修改;隐式知识表示方法,如过程表示、语义网络等就难于修改。从理论上看,知识库的修改是个较为困难的课题,因为新增加的知识可能与知识库中原有的知识相矛盾,所以有必要对整个知识库做全面调整;由于删除某一知识也可能使许多其他的知识无效,因此需要做进一步全面检查。

④知识是否易于扩展。

随着系统学习能力的提高,单一的知识表示法已不能满足需要,一个系统有时同时使用几种知识表示方法,以便于学习更复杂的知识;有时还要求系统自己能构造出新的表示方法,以适应外界信息不断变化的需要。

(4) 执行环节

执行环节是整个学习系统的核心,用于处理系统面临的现实问题,即应用知识库中所学到的知识求解问题,并对执行的效果进行评价,将评价的结果反馈回学习环节,以便系统进一步学习。

①任务的复杂性。

解决复杂的任务比解决简单的任务需要更多的知识。例如,二分分类是最简单的任务,仅需要一条规则;稍复杂的玩扑克牌的任务需要大约 20 条规则;复杂的医疗诊断专家系统 MYCIN 则需要使用几百条规则。

②反馈信息。

当执行环节解决当前问题后,根据执行的效果,系统要给学习环节一些反馈信息,以便改善学习环节的性能。所有的学习系统必须以某种方式评价执行环节的效果,一种评价方法是用独立的知识库专门从事这种评价,然而另一种最常用的方法是以外部环境作为客观的评价标准,系统判定执行环节是否按这个预期的标准工作,并由此反馈信息来评价学习环节所学到的知识。

③执行过程的透明度。

其要求从系统执行部分的动作效果可以很容易对知识库的规则进行评价。例如,下完一盘棋之后从输赢总的效果判断所走每一步的优劣则比较困难,但若记录了每一步之后的局势,从局势判断优劣则比较直观和容易。

第二节　机械学习概述

一、机械学习的模式

机械学习是最简单的机器学习方法。机械学习就是记忆，即把新的知识储存起来，供需要时检索调用，而不需要计算和推理。机械学习又是最基本的学习过程。任何学习系统都必须记住它们所获取的知识。在机械学习系统中，知识的获取是以较为稳定和直接的方式进行的，不需要系统进行过多的加工。而对于其他学习系统，则需要系统对各种建议和训练实例等信息进行加工处理后，才能存储起来。

当机械学习系统的执行元件解决完问题之后，系统就记住该问题及其解。假设要设计一个汽车修理成本估算保险程序，它的输入信息是有关待修理汽车的描述，包括制造厂家、出厂日期、车型、汽车损坏的部位以及车的损坏程度，输出则是该汽车的修理成本。为了进行估算，系统必须在其知识库中查找同一厂家、同一出厂日期、同一车型、同样损坏情况的汽车，然后把知识库中对应的数据作为修理成本的估算数据输出给用户。若在系统的知识库中没有找到这样的汽车，则系统会使用保险公司公布的赔偿规则估算出一个修理费用，并得到确认，然后把该车的描述与估算出的费用存储到知识库中，以便将来查找使用。

机械式学习实质上就是用存储空间来换取处理时间，因此在机械学习中要全面权衡时间与空间的关系，这样才能取得较好效果。

二、机械学习的主要问题

（1）存储结构

只有检索一个项目的时间比重新计算一个项目的时间短时，机械学习才有意义，检索得越快，其意义也就越大，因此采用适当的存储结构，使检索速度尽可能快，是机械学习中的重要问题。在数据结构与数据库领域，为提高检索速度，人们研究了许多卓有成效的数据存储方式，如索引、排序、杂凑等，在机械学习中可充分利用这些成果。

（2）环境的稳定性和存储信息的适用性

使用机械学习时，系统总是认为保存的知识或信息以后仍然有效，但若环境急剧变化，保存的知识和信息就会失效而不能再使用。例如，知识库存储的是 20 世纪 90 年代计算机的配置及价格，就不能用它来估计 21 世纪当前的计算机配置及价格，因为计算机发展迅速，它的配置和价格目前都已发生了很大的变化，而解决这一问题的办法就是随时监视环境的变化，不断更新知识库中保存的信息或知识。

（3）存储与计算间的权衡

因为机械学习的根本目的是改进系统的执行能力，因此对机械学习来说很重要的一点就是它不能降低系统的效率。这种存储与计算之间的权衡问题有两种解决方法：一种方法是估算一下存储信息所要花费的存储空间及检索信息时所花费的时间，然后将其代价与重新计算所花的代价进行比较，再决定是否存储信息；另一种方法是把信息先存储起来，但为了保证有足够的检索速度，从而限制了存储信息的量，系统只保留那些最常使用的信息，"忘记"那些不常使用的信息，这种方法也叫"选择忘却"技术。

第三节　指导学习

指导学习又称嘱咐学习或教授学习，在这种学习方式下，由外部环境向系统提供一般性的指示或建议，系统把它们具体转化为细节知识并送入知识库中。在学习过程中系统要反复对形成的知识进行评价，使其不断完善。一般说来，指导学习的过程大体由下列步骤组成。

第一，征询指导者的指示或建议。

其征询方式可以是简单的，也可以是复杂的；既可以是主动的，又可以是被动的。所谓简单征询是指由指导者给出一般性的意见，系统将其具体化；所谓复杂征询是指系统不仅要求指导者给出一般性的建议，而且还要具体地鉴别知识库中可能存在的问题，并给出修改意见。所谓被动征询是指系统只是被动地等待指导者提供意见；所谓主动征询是指系统不只是被动地接受指示而且还能主动地提出询问，把指导者的注意力集中在特定的问题上。

理论上讲，为了实现征询，系统应具有识别、理解自然语言的能力，这样才能使系统直接与指导者进行对话。但由于目前技术水平还不能完全实现这一要求，因而目前征询通常是使用某种约定的语言进行。

第二，把征询意见转换为可执行的内部形式。

征询意见的目的是为了获得知识，以便用这些知识求解问题。因此，学习系统应具有把用约定形式表示的征询意见转化为计算机内部可执行形式的能力，并且能在转化过程中进行语法检查及适当的语义分析。

第三，并入知识库。

经转化后的知识就可并入知识库，在并入过程中要对知识进行一致性检查，以防止出现矛盾、冗余、环路等问题。

第四,评价。

为了检验新并入知识的正确性,系统需要对它进行评价。最简单也是最常用的评价方法是对新知识进行经验测试,即执行一些标准例子,然后检查执行情况是否与已知情况一致。若出现不一致,则表示新知识中存在某些问题,此时可把有关信息反馈给指导者,请他给出另外的指导意见。

指导学习是一种比较实用的学习方法,可用于专家系统的知识获取。它既可以避免由系统自己进行分析、归纳从而产生新知识所带来的困难,又不需要领域专家了解系统内部的知识表示和组织的细节,因此目前应用较多。

第四节 类比学习

类比是人类认识世界的一种重要方法,也是诱导人们学习新事物,进行创造性思维的重要手段。类比学习就是通过类比,即通过对相似事物进行比较所进行的学习。类比学习的基础是类比推理,近年来由于对机器学习需求的增加,类比推理越来越受到人工智能、认知科学的重视,科研人员希望通过对它的研究帮助科研人员探讨人类求解问题及学习新知识的机制。

一、类比推理

所谓类比推理是指由于新情况与记忆中的已知情况在某些方面相似,从而推出它们在其他相关方面也相似。例如,有人说张三是个"活雷锋",别人立刻就可知道张三是个乐于助人的人。原因是人们把张三的行为和雷锋的行为进行了类比,这时张三是个什么样的人已在头脑中形成。显然,类比推理是在两个相似域之间进行的,即一个是已经认识的域,称为源域 S,它包括过去曾经解决过相类似的问题及相关的知识;另一个是当前尚未完全认识的域,称为目标域 T,它是遇到的新问题。类比推理的目的是从 S 中选出与当前问题最近似的问题及其求解方法来求解当前问题,或者建立起目标域中已有命题间的联系,形成新知识。

类比推理的过程可分为以下四步。

(1) 回忆与联想

在遇到新情况或新问题时,系统首先通过"回忆"与"联想"在 S 域中找到与当前相似的情况,这些情况是过去已经处理过的,有现成的解决方法及相关的知识。但找出的相似情况可能不止一个,因此可依其相似度从高到低进行排序。

（2）选择

从上一步找出的相似情况中选出与当前情况最相似的情况及有关知识。在选择时，相似度越高越好，这有利于提高推理的可靠性。

（3）建立对应关系

这一步的任务是在 S 与 T 的相似情况之间建立相似元素的对应关系，并建立起相应的映射。

（4）转换

这一步的任务是在上一步建立的映射下，把 S 中的有关知识引到 T 中来，从而建立起求解当前问题的方法或者学习到关于 T 的新知识。

以上每一步都有一些具体的问题需要解决，下面就结合两种具体的类比学习方法对其进行讨论。

二、属性类比学习

属性类比学习是根据两个相似事物的属性实现类比学习。该系统中源域和目标域都是用框架表示的，框架的槽用于表示事物的属性，其学习过程是把源框架中的某些槽值传递到目标框架的相应槽中去，此种传递分为以下两步。

①利用源框架产生推荐槽，这些槽的值可传送到目标框架。

②利用目标框架中已有的信息来筛选由第一步推荐的相似性。

在"肖锋像辆消防车"这个例子中，考虑肖锋与消防车之间的相似。关于肖锋与消防车的框架如下。

肖锋	是一个（ISA）	人
	性别	男
	活动级	
	音量	
	进取心	中等
消防车	是一辆（ISA）	车辆
	颜色	红
	活动级	快
	音量	极高
	燃烧效率	中等
	梯高	异常（长，短）
进取心	是一种（ISA）	个人品德

其中，消防车是源框架，肖锋是目标框架，其目的是用消防车的信息来扩充肖锋的内容。因此，先得推荐一组槽，它们的值可以传送，为此可用如下启发式规则。

①选择那些用极值填写的槽。

②选择那些已知为重要的槽。

③选择那些与源框架没有密切关系的槽。

④选择那些填充值与源框架没有密切关系的槽。

⑤使用源框架中的一切槽。

这组规则用来寻找一种好的传递，对上述例题，将有下面一些结果。

一是活动级槽和音量级槽填有极值，因此它们首先入选。

二是若上述不存在，则根据规则②选择那些标记为特别重要的槽。本例无此情况。

三是下一规则将选择梯高槽，因为该槽不出现在其他类型的车辆中。

四是下一规则将选颜色槽，因为其他车辆都不是红色。

五是最后一条规则，若用它，则消防车的所有槽均为可能相似。

在从源框架被选择的槽中建立一组可能的传递框架之后，就必须用目标框架的知识来筛选它们。这些知识体现在下面一组筛选启发规则中。

一是在目标框架中选择那些尚未填写的槽。

二是选择那些在目标框架中为"典型"实例的槽。

三是若上一步无可选槽，则选那些与目标有密切关系的槽。

四是若仍无什么可选，则选那些与目标中的槽相似的槽。

五是若仍无什么可选，则选那些与目标有密切关系的槽相似的槽。

在本例中，应用上述规则如下。

第一，规则①将不消除任何推荐的槽。

第二，规则②选了活动级槽和音量槽，因为它们典型的出现在关于人的框架中。如本例所示，尽管没有值，它们还是放在了肖锋的框架中。

第三，若那些槽未被推荐，后面的规则将选择那些出现在其他关于人的框架中的槽。

第四，若活动级和音量槽未清楚地标明为典型人的一部分，它们仍会被这规则选上。因存在进取心槽，而进取心表示个人品德这一事实是众所周知的。其他个人品德也该选上。

第五，若进取心对肖锋是未知的，而对其他人是已知的，则别的个性槽将被选上。

处理结束时，关于肖锋的描述框架如下。

肖锋	是一个（ISA）	人
	性别	男
	活动级	
	音量	
	进取心	中等

正如已研究过的其他学习过程一样，此过程也依靠以下几方面实现。

①知识表示。

知识表示就是用框架来表示要比较的对象，ISA 分层结构，以便找出被比较对象的密切关系。

②问题求解。

问题求解采用生成测试法，首先生成可能类似物，再挑最佳物。

因为类比是问题求解和学习的有效形式，所以它正引起人们的足够注意。

三、转换类比学习

转换类比学习方法又称为"中间－结局分析"法，是纽厄尔等人在其完成的通用求解程序 GPS 中提出的一种问题求解模型，它求解问题的基本过程如下。

①把问题的当前状态与目标状态进行比较，找出它们之间的差异。根据差异找出一个可减小差异的算符。

②若该算符可用于当前状态，则用该算符把当前状态改变为另一个更接近目标的状态；若该算符不能用于当前状态，即当前状态所具备的条件与算符所要求的条件不一致，则保留当前状态，并生成一个子问题，然后对此子问题再应用此法。

③当子问题被求解后，恢复保留的状态，继续处理原问题。

转换类比学习由外部环境获得与类比有关的信息，学习系统找出和新问题相似的与旧问题有关的知识，并把这些知识进行转换使之适用于新问题，从而获得新的知识。

转换类比学习主要由回忆过程和转换过程组成。

回忆过程用于找出新、旧问题间的差别，具体如下。

①新旧问题初始状态的差别。

②新旧问题目标状态的差别。

③新旧问题路径约束的差别。

④新旧问题求解问题可应用度的差别。

由这些差别就可求出新、旧问题的差别度，其差别度越小，表示两者越相似。

转换过程把旧问题的求解方法经适当变换后，则使之成为求解新问题的求解方法。变换时，其初始状态是与新问题类似的旧问题的解，即一个算符序列，目标状态是新问题的解。变换中要用"中间 - 结局分析"法来减少目标状态与初始状态间的差异，使初始状态逐步过渡到目标状态，即求出新问题的解。

尽管人类表现出具有从任何任务中吸取经验的普遍能力，而且类比学习具有很多优点，但是由于类比学习是一种深层知识的学习行为，所以它需要大量的领域知识，如何表示和检索这些领域知识是一项相当棘手的任务。另外，类比学习不应该作为一种孤立的学习行为而存在，多个类比的结合以及类比和理论知识的结合会更易解决面临的问题，还有类比本身存在着模糊的、不确定的因素，要在形式系统的范畴下解决类比有效性的问题，是相当困难的，因此成功的类别学习系统还不多。

第五节　归纳学习

归纳学习是应用归纳推理进行学习的一类学习方法，按其有无教师指导可分为实例学习和观察与发现学习两种形式。

一、实例学习

实例学习又称示例学习或通过示例学习，它是通过从环境中取得若干与某概念有关的例子（包括正例和反例），经归纳得出一般性概念或规则的学习方法。例如，学习程序要学习"牛"的概念，可以先提供给程序以各种动物，并告知程序哪些动物是"牛"，哪些不是"牛"，系统学习后便概括出"牛"的概念模型或类型定义，利用这个类型定义就可作为动物世界中识别"牛"的分类准则。又如，人们教给一个程序下棋的方法，可以先提供给程序一些具体棋局及相应的正确走法和错误走法，程序总结这些具体走法，发现一般的下棋策略。因此，实例学习就是要从这些特殊知识中归纳出适用于更大范围的一般性知识，它将覆盖所有的正例并排除所有的反例。

1. 实例学习的学习模型

其学习过程是首先从实例空间（环境）中选择合适的训练实例，然后经解释归纳出一般性的知识，最后再从实例空间中选择更多的示例对其进行验证，直到得到可实用的知识为止。

所谓实例空间是所有可对系统进行训练的实例集合。与实例空间有关的主要问题是示例的质量、数量以及它们在示例空间中的组织,其质量和数量将直接影响到学习的水平,而示例的组织方式将影响到学习的效率。搜索的作用是从实例空间中查找所需的实例。为了提高搜索的效率,就需要设计合适的搜索算法,并把它与实例空间的组织进行统筹考虑。解释是从搜索到的示例中抽象出所需的有关信息供形成知识使用。当实例空间中的示例与知识的表示形式有很大差别时,则需要将其转换为某种适合形成知识的过渡形式。形成知识是指把经解释得到的有关信息通过综合、归纳,然后形成一般性的知识。验证的作用是检验所形成知识的正确性,为此需从实例空间中选择大量的示例。若系统通过验证发现形成的知识不正确,则需进一步获得实例,对刚才形成的知识进行修正,重复这一过程,直到形成正确的知识为止。

2. 实例学习的学习过程

下面使用温斯顿提出的结构化概念学习程序的例子作为模型来说明实例学习的过程。该程序工作在简单的积木世界领域,其目的是构造积木领域中概念定义的表达。

程序从积木世界结构的线条画开始,并构造表示物体结构性描述的语义网络,这种结构性描述可用做学习程序的输入。

(1) 概念形成问题的基本方法

温斯顿的程序考虑概念形成问题的基本方法可简单描述如下。

①从一已知概念之实例的结构性描述开始,称该描述为概念定义。

②检查该概念的其他已知实例描述。推广①中的定义,使之包含这些实例。

③检查近似物概念的描述,限制定义使之排除这些近似物。

②步和③步可交替进行。

这一过程中的②、③两步在很大程度上就依赖于比较,根据比较才能找出结构的相似和差别。这种比较与别的匹配处理方法在很多方面是相同的,如决定一产生式规则是否能应用于具体的状态。因为必须找出相似和差别,所以这个过程不仅必须执行严格匹配,也要执行近似匹配。比较过程的输出是一个骨架结构,它描述了两个输入结构之间的共性。骨架结构可用一组比较点来注释,而这些比较点则描述了在输入之间的具体相似和差别。

(2) 各种学习程序的差别

上面讨论的实例学习方法目前已为各种学习程序所使用。尽管这些程序不完全相同，但却具有共同的重要特性，即它们依赖环境给予的输入作为实例学习的事例。但是它们也可能在几个重要方面具有差别。

①某些程序依赖一个由教师提供，且经过仔细挑选的训练过的事例序列，而另外一些程序则对它们遇到的事例的顺序不敏感。

②某些程序，如温斯顿程序，特别依赖近似物，而另一些则只依靠正面实例。虽不使用近似物的学习程序已建立，但若推广过头就不能检测和纠正自己的错误。

3. 实例学习的学习技术

利用实例学习的方法有多种形成概念和获得规则的技术，具体如下。

①变量代换常量，这是枚举归纳常用的方法。

②舍弃条件，舍弃条件是指把实例中的某些无关的子条件舍去。

③增加操作，系统有时需要通过增加操作来形成知识，常用的技术有前件析取法和内部析取法。

④合取变析取，其是通过把实例中条件的合取关系变为析取关系来形成一般性知识的。

⑤归结归纳。利用归结原理，系统可得到更加成熟的学习方法。

二、观察与发现学习

观察与发现学习是一种无教师指导的归纳学习。观察学习用于对实例进行概念聚类，形成概念描述；发现学习则用于发现规律，产生定律或规则。

1. 观察学习

观察学习中包含一种概念聚类。人类观察周围的事物，对比各种物理的特性，把它们划分为动物、植物和非生物，并给出每一类的定义。这种把观察的事物按一定方式和标准进行分组，使不同的组代表不同概念，并对每组进行特征概括，得到相应概念的语义符号，这个过程就是概念聚类。

例如，对如下的一些事物。

喜鹊、麻雀、布谷鸟、乌鸦、鸡、鸭、鹅、啄木鸟…

通过观察，根据它们是否家养分成如下两类。

鸟 ={ 喜鹊、麻雀、布谷鸟、乌鸦、啄木鸟…}

家禽 ={ 鸡、鸭、鹅…}

这里，"鸟"和"家禽"就是由分类而得到的新概念，并且根据相应的动物特征还可得知如下信息。

"鸟有羽毛、有翅膀、会飞、会叫、野生"

"家禽有羽毛、有翅膀、会飞、会叫、家养"

若把它们的共同特征抽取出来,就可进一步形成"鸟类"的概念。

2. 发现学习

发现学习是系统直接从(数据)环境中归纳总结出规律性知识的一种学习,即是指机器获取知识无须外部拥有该知识的实体帮助,甚至蕴涵在客观规律中的这类知识至今尚未被人所知。因此,发现学习也是一种高级的学习过程,它要求系统具有复杂的问题求解能力,可分为经验发现和知识发现两种。

在目前人工智能的研究中,一个典型的发现学习系统是 AM,该数学发现学习系统从集合论的几个基本概念出发,经过学习可以发现标准数论的一些概念和定理,甚至有一些数学家未提出的概念。另一个是发现物理学中经验性定律的学习系统 BACON.3,若给程序提供一系列气体体积随温度、压力变化的实验数据,则系统经过学习概括和归纳推理,就可以得出理想气体的波义耳定律;若提供的是电路的电阻、电流和电压的实验数据,则可以发现欧姆定律;这个系统还能归纳出开普勒、伽利略和库仑等物理学基本定律;在 BACON.3 的基础上开发的 BACON.4 不仅可发现欧姆定律、阿基米德定律等物理学定律,还能发现一些早期化学家发现的定律,如普罗斯特定律、盖吕萨克定律、康尼查罗测定法以及普罗斯特的假设等。

第六节 解释学习

解释学习是近年来出现的一种机器学习方法。这种方法是通过运用相关的领域知识,然后对当前提供的实例进行分析,构造解释结构,然后对解释进行推广得到相应知识的一般性描述。

一、解释学习的概念

解释学习与类比学习和归纳学习不同,它是通过运用相关的领域知识及一个训练实例来对某一目标概念进行学习,并最终生成这个概念一般描述的可形式化表示框架。

解释学习的一般框架如下。

给定:领域知识、目标概念、训练实例、操作性准则。

找出:满足操作性准则的关于目标概念的充分条件。

其中,领域知识是相关领域的事实和规则,在学习系统中作为背景知识,用于证明训练实例为什么可作为目标概念的一个实例,从而形成相应的解释；目标概念是要学习的概念；训练实例是为学习系统提供的一个例子，在学习过程中起着重要的作用，它应能充分地说明目标概念；操作性准则用于指导学习系统对描述目标的概念进行取舍，使得通过学习产生的关于目标概念的一般性描述成为可用的一般性知识。

由上述描述可以看出，在基于解释的学习中，为了对某一目标概念进行学习，得到相应的知识，就必须为学习系统提供完善的领域知识及能说明目标概念的训练实例。系统进行学习时，应首先运用领域知识找到训练实例为什么是目标概念之实例的解释，然后根据操作性准则对解释进行推广，从而得到关于目标概念的一个一般性描述，即一个可供以后使用的形式化表示的一般性知识。

二、解释学习的过程

解释学习的学习过程一般分为以下两个步骤进行。

1. 构造解释结构

这一步的任务是要解释提供给系统的实例为什么是满足目标概念的一个实例，其解释的过程是通过领域知识进行演绎推理而实现的，解释的结果是得到一个解释结构。

用户输入实例后，系统首先会进行问题求解，若由目标引导反向推理，则要从领域知识库中寻找有关规则，使其后件与目标匹配。找到这样的规则后，就把目标作为后件，该规则作为前件，并记录这一因果关系，然后以规则的前件作为子目标，进一步分解推理，如此反复，沿着因果链，直到求解结束。一旦得到解，便解释了该例的目标是可以满足的，并最后获得了解释的因果解释结构。

构造解释结构通常有两种方式：一种是将问题求解的每一步推理所用的算子汇集，构成动作序列作为解释结构；另一种是采用自顶向下的方法对解释树的结构进行遍历。前者比较概括，略去了关于实例的某些事实描述；后者比较细致，每个事实都出现在解释树中。解释的构造即可以在问题求解时进行，也可以在问题求解结束后沿着解的路径进行，因此形成了边解边学和解完再学的两种不同方法。

2. 获取一般性的知识

这一步的任务是对上一步得到的解释结构进行一般化处理，从而得到关于目标概念的一般性知识。其处理的方法通常是将常量转化为变量，即把例子中的某些不重要的信息只保留求解所必需的那些关键信息，经过某种方式的组合，形成产生式规则，从而获得以后可应用的一般性知识。

当以后求解类似问题时，可直接利用这个知识求解，这就提高了系统求解问题的效率。

三、解释学习的例子

为了具体了解解释学习的学习过程，可先举一个简单的例子。假设要学习的目标概念是年轻人总比年纪大的人更充满活力，并已知如下事实。

①一个实例，小甲比他的父亲更充满活力。

②一组论域知识。

假设这一组论域知识能解释给出的实例就是目标概念的例子。

解释学习时，系统首先利用论域知识，找到所提供的实例的解释，即小甲之所以比他父亲更充满活力，是由于他比他的父亲年纪轻；然后对此解释进行一般化推广，即任何一个儿子都比父亲年纪轻；由此可得出结论：任何一个儿子都比他的父亲更充满活力。这就是解释学习所要学习的最终描述。

四、领域知识的完善性

在基于解释的学习系统中，系统通过运用领域知识逐步进行演绎，最终构造出训练实例满足目标概念的解释。在这一过程中，领域知识的完善性对产生正确的学习描述起着重要的作用，但若领域知识不完善，则有可能导致以下两种极端情况。

第一，构造不出解释。这一般是由于系统中缺少某些相关的领域知识，或者是领域知识中包含了矛盾等错误引起的。

第二，构造出了多种解释。这是由于领域知识不健全，已有的知识不足以把不同的解释区分开来造成的。

解决上述问题最根本的办法就是提供完善的领域知识，另外系统也应具有测试和修正不完善知识的能力，使问题尽早发现、尽快解决。

第七节　知识发现与数据挖掘

知识发现与数据挖掘现已成为人工智能和信息科学领域的一个热门方向。知识发现的全称是从数据库中发现知识（KDD）；数据挖掘有时也称数据开采、数据采掘等（DM）；其实二者的本质含义是一样的，只是知识发现主要流行于人工智能和机器学习领域，而数据挖掘主要流行于统计、数据分布、数据库和管理信息系统等领域。因此，现有文献中一般都把二者同时列出。

知识发现和数据挖掘的目的就是从数据集中抽取和精简一般规律或模式,其所涉及的数据形态包括数值、文字、符号、图形、图像、声音甚至视频和Web网页等,数据组织方式可以是有结构的、半结构的或非结构的。

一、知识发现

1. 知识发现的一般过程

知识发现的过程一般可粗略划分为数据准备、数据挖掘、结果解释和评估这三步。

（1）数据准备

数据准备又可分为以下三个子步骤。

①数据选取。

它是根据用户的需要从原始数据库中抽取得的一组目标数据,即操作对象。

②数据预处理。

它一般包括消除噪声、推导计算缺值数据、消除重复记录、完成数据类型转换等。

③数据交换。

它主要的目的是消减数据维数,即从初始特征中找出真正有用的特征以减少数据挖掘时要考虑的特征或变量的个数。

（2）数据挖掘

在该阶段首先要确定挖掘的任务,然后决定采用的挖掘算法。选择挖掘算法主要考虑以下两个因素。

①针对具有不同特点的数据,采用相关的算法。

②是获取描述型的容易理解的知识,还是获取预测准确度尽可能高的预测性知识,这取决于用户或实际运行系统的要求。

（3）结果解释和评价

数据挖掘阶段发现出来的知识模型中可能存在冗余或无关的情况,因此还要经过用户或机器的评价。若发现所得模型不满足要求,则需退回发现阶段之前,重新选取数据,或采用新的数据变换方法,或设定新的数据挖掘参数值,甚至换一种挖掘算法。另外,还要对发现的模式进行可视化或转换为易懂形式的处理。

2. 知识发现的任务

知识发现的任务就是知识发现所要得到的具体结果。

(1) 数据总结

它的目的是对数据进行浓缩，给出它的紧凑描述，例如计算出数据库各个字段上的求和值、平均值、方差值等，或用直方图、饼状图等图形方式表示。数据挖掘主要从数据泛化的角度来讨论数据总结。数据泛化是一种把数据库中的有关数据从低层次抽象到高层次的过程。

(2) 概念描述

①特征描述。

其是从与学习任务相关的一组数据中提取出关于这些数据的特征式，这些特征式表达了该数据集的总体特征。

②判断描述。

其描述了两个或多个类之间的差异。

(3) 分类

其是数据挖掘中非常重要的任务，分类的目的是提出一个分类函数或分类模型，该模型能把数据库中的数据项映射到给定类别中。

(4) 聚类

聚类是根据数据的不同特征，将其划分为不同的类，其目的是使属于同类的个体间的距离尽可能的小，而不同类的个体间距离尽可能的大。聚类方法包括统计、机器学习、神经网络和面向数据库等方法。

(5) 相关性分析

相关性分析目的是发现特征之间或数据之间的相互依赖关系。数据相关性关系代表一类重要的可发现知识。若从元素 A 的值可推出元素 B 的值，则称 B 依赖于 A。这里的元素可以是字段，也可以是字段间的关系。

(6) 偏差分析

偏差分析的基本思想是寻找观察结果与参照量之间的有意义差别。通过发现异常，可以引起系统对特殊情况的加倍注意。

(7) 建模

建模就是通过数据挖掘，构造出能描述一种活动、状态或现象的数学模型。

3. 知识发现的对象

(1) 数据库

当前研究比较多的是关系数据库的知识发现，其主要研究课题有超大数据量、动态数据、噪声、数据不完整性、冗余信息和数据稀疏等。

（2）数据仓库

数据仓库是一种新的数据处理技术，能从大量的事物型数据库中抽取数据，将其清理转换为新的存储格式，即为决策目标，继而把数据聚合在一种特殊的格式之中，这种支持决策的、特殊的数据存储即被称之为数据仓库。

①数据仓库的定义。

其定义有很多，公认的数据仓库之父因蒙特将其定义为"数据仓库是面向主题的、集成的、不同时间的、不可更新的，以支持管理决策处理过程的数据集合。"具体来讲，数据仓库收集不同数据源中的数据，用户从数据仓库中进行查询和数据分析；数据仓库中的数据应是良好定义的、一致的、不变的，数据量也应足够支持数据分析、查询、报表生成以及可与长期积累的历史数据相对比；数据仓库是一个决策支持环境，通过数据的组织给决策支持者提供了分布的、跨平台的数据，使用过程中可忽略其中许多技术细节。

②数据仓库的特征。

其有四个特征：数据仓库的数据是面向主题的（例如顾客、产品、销售商等）；数据仓库的数据是集成的，可以有不同的方法，如相容变量名的转换、对变量采用一致的度量单位，对数据采用相同的数据类型和结构等；数据仓库的数据是稳定的，库中对数据只有加载数据和存储数据两种操作，没有更新数据的功能；数据仓库的数据是随时间不断变化的。以上特征使得数据仓库的环境与传统数据库完全不同。

（3）Web 信息

随着 Web 的迅速发展，分布在互联网上的 Web 网页已构成了一个巨大的蕴藏着丰富知识的信息空间，因此它理所当然地成为一个知识发现对象。

①内容发现是指从 Web 文档的内容中提取知识，它又分为对文本文档（包括 text、HTML 等格式）和多媒体文档（包括 image、audio、video 等类型）的知识发现。

②结构发现是指从 Web 文档的结构信息中推导知识，包括文档之间的超链接结构、文档内部的结构、文档 URL 中的目录路径结构等。

（4）图像和视频数据

图像和视频数据中也存在着需要挖掘的有用信息，例如地球资源卫星每天都要拍摄大量的图像或录像，白天和夜晚的图像、可能发生洪水时和正常情况下的图像都不一样，通过分析这些图像的变化，可以推测天气的变化，从而可以对自然灾害进行预报。这类问题在通常的处理中需要通过人工来分析这些变化规律，从而不可避免地漏掉了许多有用的信息。

二、数据挖掘概述

随着信息管理系统的广泛应用和数据量激增,人们希望系统能够提供更高层次的数据分析功能,从而更好地对决策或科研工作提供支持。正是为了满足从大量数据中提取出其中有用信息的这种需求,才使得机器学习应用于大型数据库的数据挖掘技术得到了长足发展。

1. 数据挖掘的概念

数据挖掘就是从大量的、不完全的、有噪声的、模糊的和随机的数据中,提取隐含在其中的、人们事先不知道的、但又是潜在有用的信息和知识的过程。数据挖掘是一门广义的交叉学科,它汇聚了不同领域的研究者,尤其是数据库、人工智能、数理统计、可视化和并行计算等方面的学者与工程技术人员。

数据挖掘技术从一开始就是面向应用的,它不仅是面向特定数据库的简单检索查询调用,而且要对这些数据进行微观及至宏观的统计、分析、综合和推理,用以指导实际问题的求解,力图发现事件间的相互关联,甚至可利用已有的数据对未来的活动进行预测。例如,美国著名的 NBA 篮球教练,利用某公司提供的数据挖掘技术,临场决定替换队员,一度在数据库界被传为佳话。这预示着人们对数据的应用,已从低层次的末端查询操作,提高到为各级经营决策者提供决策支持。这种需求的动力,比数据库查询更为强大。

2. 数据挖掘的必要性

随着数据挖掘研究逐步走向深入,人们愈发清醒地认识到,数据库、人工智能和数理统计是数据挖掘的三个主要技术支柱。

数据库技术在经历了 20 世纪 80 年代的辉煌之后,很多数据库学者已转向了数据仓库和数据挖掘研究,从对演绎数据库地研究转向对归纳数据库研究。数据挖掘往往依赖于经过良好组织和预处理的数据源,数据的好坏直接影响了数据挖掘的效果,因此数据的前期准备是数据挖掘过程中一个非常重要的阶段;而数据仓库具有从各种数据源中抽取数据的能力,具有对数据进行清洗、聚集和转移等处理的能力,这些恰好为数据挖掘提供了良好的工作环境。因此,数据仓库和数据挖掘技术的结合就成为一种必然的趋势。目前,许多数据挖掘工具都采用了数据仓库的技术。

专家系统曾经是人工智能研究工作者的骄傲。在研究一个专家系统时,知识工作者首先要从领域专家那里获取知识,但知识获取是专家系统研究中公认的瓶颈问题,而且在整理、表达从领域专家那里获取的知识时,知识表示又成为一大难题,除此以外,即使某个领域的知识通过一定方式获取并表达了，但这样做成的专家系统对常识和百科知识却出奇的贫乏。以上这三大难题大大限制了专家系统的应用，使专家系统目前还停留在发动机故障诊断一类的水平上。人工智能学者，尤其是从事机器学习的科学工作者开始正视现实生活中大量的、不完全的、有噪音的、模糊的、随机的大数据样本，也开始进行数据挖掘地研究。

数理统计是应用数学中最重要、最活跃的学科之一，然而它和数据库技术结合得并不算快，但一旦有了从数据查询到知识发现、从数据演绎到数据归纳的要求，则数理统计就会获得新的生命力，在与数据挖掘的结合上便会呈现出一片繁荣景象。

当前，数据挖掘研究和应用受到了学术界与实业界越来越多的重视。进行数据挖掘的开发并不需要太多的积累，同时在互联网上可以免费获取关于数据挖掘的一些研究成果，可以相信数据挖掘技术势必可以得到更加广泛的应用和更加迅速的发展。

三、数据挖掘技术简介

数据挖掘涉及的学科领域和方法很多，本节将以挖掘任务为主线，讨论数据挖掘中的机器学习方法，并对现阶段研究热点可视化挖掘和神经网络挖掘技术做简要介绍。

1. 分类

分类在数据挖掘中是一项非常重要的任务，分类的目的是学会一个分类函数或分类点，该分类函数能把数据库中的数据项映射到给定类别中。分类和回归都一样可用于预测，预测的目的是从历史数据记录中自动推导出对给定数据的推广描述，从而能对未来数据进行预测。

要构造分类器，则需要有一个训练样本数据集作为输入。训练集由一组数据库记录或元组构成，每个元组都是由有关字段（又称属性或特征）值组成的特征向量，此外，训练样本还有一个类别标记。

分类器的构造方法有机器学习方法、神经网络方法、统计方法等。在机器学习方法中包括决策树法和规则归纳法，前者对应为决策树或判断树，后者则一般为产生式规则。下面介绍基于决策树的分类算法。

（1）基于决策树的分类

基于决策树的分类是以实例为基础的归纳学习算法，其着眼于从一组无次序、无规则的事例推理中推理出决策树表示形式的分类规则。所谓决策树就是一个类似于流程图的树结构，其中每个内部结点表示在一个属性上的测试，每个分支代表一个测试输出，而每个树叶结点代表类或类分布，树的最顶层结点是根结点。当经过一批训练实例集的训练而产生一棵决策树后,决策树就可以根据属性的取值对一个未知实例进行分类。使用决策树对实例进行分类时,可由树根开始逐步测试每个对象的属性值,并且顺着分支向下走,直至到达某个叶结点,此叶结点代表的类即为该对象所处的类。

(2) 简化决策树

当创建决策树时,除去分类的正确性应放在第一位考虑外,决策树的复杂程度是其另一个需要考虑的重要因素。通常由于数据中包括了噪声和孤立点,决策树无法区分,使之对正确或错误的数据均能建模,加之正确数据本身的规律性又会被噪声所淹没,因此决策树将会随着噪声的存在而变大。另外,由于选取的描述语言不当,使其无法简洁表示有关概念,也会导致决策树过大。因此,为简化决策树常采用预剪枝和后剪枝两种方法。

① 预剪枝。

在决策树基本算法中,系统要求以每个叶结点的训练实例都属于同一类作为算法的停止条件,在此条件下,决策树对所有训练实例分类的错误率为0。预剪枝算法通过改变算法的停止标准,从而提前停止树的构造以实现对决策树的剪枝。其停止标准一是控制决策树的扩展高度;二是计算每次扩展对系统的增益,若该增益小于某个阈值则不进行扩展。实际上,选取一个适当的阈值是相当困难的,一般情况下作为判断是否停止扩展决策树的增益选择标准,可与每次扩展时选择测试属性的标准相同。

② 后剪枝。

其基本思想是以某种给定的标准,对完成扩展的树剪掉分支,从而实现决策树的简化。常用的剪枝标准是代价复杂性。在代价复杂性剪枝算法中,最下面未被剪枝的结点称为树叶结点,并用其先前分支中最频繁的类标记。对于树中每个非树叶结点,算法可用来计算该结点上的子树被剪枝可能出现的期望错误率,然后使用每个分支的错误率,同时考虑沿每个分支观察的评估权重,计算不对该结点剪枝的期望错误率。若剪去该结点会导致较高的期望错误率,则保留该子树;否则剪去该子树。这样,在产生一组逐渐被剪枝的树之后,使用一个独立的测试集评估每棵树的准确率,就能得到具有最小期望错误率的决策树。

除此之外,还可以交叉使用预剪枝和后剪枝,形成组合式方法。值得注意的一点是后剪枝所需的计算比预剪枝多,但产生的决策树更可靠。

2. 关联规则挖掘

关联规则挖掘是应用最为广泛的一种数据挖掘方法，其主要目的是为了发现大量数据中的相关联系。

（1）关联规则挖掘概述

关联规则是描述在一个事件中不同的项之间同时出现规律的知识模式，具体针对一个事物数据库来说，关联规则就是通过量化的数据描述某种物品的出现对另一种物品的出现会有多大影响。

目前，关联规则的挖掘研究具有以下发展趋势。

①从单一概念层次关联规则的发现发展到多概念层次的关联规则的发现，即在很多具体应用中，挖掘规则可以作用到数据库的不同层面上。

②提高算法效率，其思路有三种，一种是减少数据库扫描次数；另一种是利用采样技术，对要挖掘的数据集合进行选择；最后一种是采用并行数据挖掘。

③此外，对获取的关联规则总规模的控制，如何选择和进一步处理所获得的关联规则、模糊关联规则的获取和发现等也是关联规则所要研究的关键性课题。

（2）布尔关联规则挖掘

布尔关联规则挖掘是关联挖掘中最简单的形式，其挖掘的关联规则是单维的、单层的，其中最经典的挖掘算法是 Apriori 算法。

3. 可视化挖掘技术

正如科学计算可视化一样，可视化技术就是为人们参与知识挖掘的过程提供方便，它采用一些较为直观的方法帮助人们理解数据库中通过挖掘后产生的数据，这样可使人机协同工作提高效率。现有的适于进行大型数据库可视化采集的技术有以下几种。

（1）像素定位法

其将每个数据的值映射为一个彩色像素点，将每个属性的对应值显示在不同的窗口中。像素定位技术主要有独立于查询的像素定位技术和依赖于查询的像素定位技术。

（2）几何投影技术

该技术的目的在于寻找多维数据集的投影，几何投影技术包括勘查统计技术中的重要元素分析、权值分析、多维标度及平行坐标可视化技术。

（3）基于图标的技术

其主旨是将每个数据项表示为图标。

4. 基于神经网络的挖掘

神经网络发展到现在,已在很多领域中获得了成功,从而为减少数据挖掘的计算复杂度提供了前提条件。神经网络不仅在常规规则的发现方面有所应用,而且对难以用关系逻辑、符号处理和解析方法表达的规律有很好的挖掘效果。模式的发现通常是采用统计相关分析、逻辑推理及模糊判断等方法,但这些常规方法在识别混沌模式上具有一定困难,而神经网络能较好地解决这些困难,感兴趣的读者可参阅相关文献。

四、数据挖掘过程概述

数据挖掘是一个完整的过程,该过程从大型数据库中挖掘先前未知的、有效的、可实用的信息,并使用这些信息做出决策并获得丰富的知识。

1. 数据挖掘过程的工作量

在数据挖掘中被研究的业务对象是整个过程的基础,它驱动了整个数据挖掘过程,也是检验最后结果和指引分析人员完成数据挖掘的依据和顾问。各步骤是按一定顺序完成的,当然整个过程中还会存在步骤间的反馈。数据挖掘的过程并不是自动的,绝大多数的工作需要人工完成。在整个数据挖掘过程中,有60%的时间用在了数据准备工作上,这说明了数据挖掘对数据的严格要求,而后挖掘工作量仅占总工作量的10%。数据挖掘过程的步骤如下。

逻辑数据库→被选择的数据→预处理后的数据→被转换的数据→被抽取的信息→被同化思维知识

2. 数据挖掘的过程

过程中各步骤的大体内容如下。

(1) 确定业务对象

清晰地定义出业务问题,认清数据挖掘的目的是数据挖掘的重要一步。挖掘的最后结构是不可预测的,但要探索的问题应是有预见的,为了数据挖掘而数据挖掘则带有盲目性,是不会成功的。

(2) 数据准备

①数据的选择。

搜索所有与业务对象有关的内部和外部数据信息,并从中选择出适用于数据挖掘应用的数据。

②数据的预处理。

研究数据的质量,为进一步的分析做准备,并确定将要进行的挖掘操作的类型。

③数据的转换。

将数据转换成一个分析模型。这个分析模型是针对挖掘算法建立的。建立一个真正适合挖掘算法的分析模型是数据挖掘成功的关键。

(3) 数据挖掘

数据挖掘就是对所得到的经过转换的数据进行挖掘。除了选择和完善合适的挖掘算法外，其余一切工作都能自动完成。

(4) 结果分析

结果分析通常是解释并评估结果。其使用的分析方法一般应依数据挖掘操作而定，通常会用到可视化技术。

(5) 知识的同化

将分析所得到的知识集成到业务信息系统的组织结构中去就是知识的同化。

3. 数据挖掘需要的人员

数据挖掘过程是分步实现的，不同的阶段会需要是有不同专长的人员，他们大体可以分为三类。

(1) 业务分析人员

要求其精通业务，能够解释业务对象，并根据各业务对象确定出用于数据定义和挖掘算法的业务需求。

(2) 数据分析人员

数据分析人员要精通数据分析技术，并对统计学有较熟练的掌握，有能力把业务需求转化为数据挖掘的各步操作，并为每步操作选择合适的技术。

(3) 数据管理人员

数据管理人员要精通数据管理技术，并从数据库或数据仓库中收集数据。

五、分布式数据挖掘

1. 分布式数据挖掘简介

随着计算技术与网络的飞速发展，大量的分布式环境如互联网、内网、无线网络等逐渐出现。在这些环境中拥有不同的分布式数据和多个计算节点，分析与监视这些环境中的数据就需要数据挖掘技术。

传统的数据挖掘技术建立在集成式的数据仓库基础之上，这种方法需要将大量的数据集成到数据仓库中，但这在实际应用中有许多缺点：数据集成本身存在着许多问题；响应时间过长，不适合实时的数据挖掘；需要有高速的网络连接，没有充分地利用计算资源等。同时在有些情况下出于法律上或商业上的考虑而不能将数据集成到一起。显然，传统的、基于集中式处理的数据挖掘方法不适用于分布式环境。

传统的基于数据仓库的数据挖掘结构如下。

数据源→抽取数据↘

数据源→抽取数据→数据转换及数据集成→数据仓库→数据挖掘

数据源→抽取数据↗

分布式数据挖掘（DDM）可以解决上述传统数据挖掘中存在的不足之处。DDM 的目标是在分布式、异构的资源上进行数据挖掘工作。

典型的 DDM 结构如下。

数据源→挖掘算法→局部模型↘

数据源→挖掘算法→局部模型→局部模型合并→最终模型

数据源→挖掘算法→局部模型↗

如同传统的数据挖掘方法一样，DDM 也可以分为确定数据分布、预处理、数据挖掘等步骤。由于大多数 DDM 算法是基于关系数据库而不是数据仓库，而关系数据库中数据库模式存储了关系信息，数据库模式决定了数据表之间的依赖关系，并会影响到 DDM 算法的选择。因此，DDM 的第一步工作是确定数据如何分布。数据分布有两种形式：一种为同构分布，即不同的数据站点有相同的属性集，这样的分布式数据通常属于同一个企业；另外一种为异构分布，即各个站点的数据之间有不同的属性集。在异构分布情况下，各个数据表需要通过共享的主键连接起来。

2. 分布式数据挖掘系统

一个分布式数据挖掘系统（DDMS）是一个复杂的软件实体。它由许多部件构成，如挖掘算法、通信子系统、资源管理、任务计划、用户界面等。DDMS 应该有效利用计算资源，监视整个数据挖掘过程，以适当的方式将结果呈现给用户。一个成功的 DDMS 应该有足够的柔性来适应变化，它应该在给定资源的状态下动态地调整挖掘策略。因此，DDMS 设计中最重要的是架构和通信问题。

在许多组织中拥有高性能的计算集群，它们可以用来进行大规模的分布式数据挖掘，然而美国学者指出，CPU、网络、I/O 的竞争会严重影响到 DDMS 的性能，因此提出了应该逐步分配资源，使应用符合资源的约束。三层结构是一个有效地利用资源的方法，Kensington（肯辛通）系统就属于这种类型，该系统分为客户端、应用服务器、第三层服务端用来创建挖掘任务、将结果可视化；应用服务器提供用户认证、任务协调客户数据管理；第三层则提供高性能的数据挖掘服务。

在 DDMS 中通常要求有高效的数据通信。格罗斯曼等人在研究 Papyrus（纸莎草）系统时指出，通信的方法有三种：移动结果、移动模型和移动数据。移动结果指在本地处理数据，然后将产生的结果移动到另外的站点上等待进一步处理；移动模型指的是本地处理数据，然后将产生的模型移动到另外一个节点上；而移动数据指的是将数据移动到另外的站点上处理。纸莎草系统是一个用来在高速网络条件下进行最优化数据挖掘的系统。

由于 DDMS 是一个异常复杂的系统，要求高度的可扩展性、柔性和可靠性，传统的软件开发技术很难适应。大多数系统使用了 Agent 技术，将 Agent 技术应用到分布式数据挖掘中可以结合 Agent 系统的优点。首先，基于 Agent 技术为 DDM 提供了并行机制，Agent 系统的分布式特征允许并行执行数据挖掘任务，可以提高速度、效率和可靠性。并行机制还意味着可以在局部挖掘中使用已有的算法，因为本地操作不需要了解其他站点的信息。其次，Agent 技术可以提供用户在挖掘过程中检索信息和知识的能力。例如，用户可以在知识合并之前观察一个局部 Agent 所挖掘的知识。最后，应用 Agent 原理有助于分布式数据挖掘系统的设计，使用 Agent 封装了数据挖掘对象后，设计者可以在以后复用该 Agent。

在基于 Agent 分布式数据挖掘的系统中，Agent 是一个软件实体，它具有如下功能：与其他 Agent 进行互操作；接受和收集原始数据；处理收集到的数据并从中学习；与其他 Agent 协作产生相关的、有用的知识和信息。在基于 Agent 分布式数据挖掘系统中，Agent 方面的研究主要集中在 Agent 如何操作数据及 Agent 如何从分布式的数据源中抽取信息。

基于 Agent 的数据挖掘方法有两种：①各个 Agent 独立地处理和挖掘本地数据，然后将各个站点的模型合并；②在 Agent 的学习过程中交换信息。第一种方法可以利用已有的数据挖掘算法，且通信量较少，第二种方法要求研究新的数据挖掘算法，并且通信量比较大。

Agent 的知识合并有两种方法，即理论修正和知识集成。两种方法都使用本地学习，但发现知识的方法不同。理论修正采用增量式的学习，各个 Agent 将自己所发展的理论传递给其他 Agent 并进行进一步修正。而知识集成可用所有的训练数据集来测试模型或理论，最后选择最适合的理论或模型。

3. 分布式数据挖掘策略

一个分布式算法的效率主要受到通信成本、数据存取、计算资源三个因素的影响，因此一个高效的算法要权衡此三者之间的关系。分布式算法主要有三种策略：独立搜索、串行算法的并行化和串行算法复制化。

在独立搜索类型的算法中，每个处理器都可以存取整个数据集，但每个处理器的搜索范围不相同。独立搜索类型的算法比较适合寻找最优解问题，一般不适合数据挖掘问题。

串行算法并行化是将已有的串行算法进行适当的修改，使其适应分布式的环境。这类算法可分为两类：每个处理器生成全局模型，但每个处理器处理的数据集范围不同；每个处理器独立生成局部模型，对整个数据集的部分字段进行存取。前者可以视为将数据集进行水平划分，后者则是将数据集进行垂直划分。串行算法并行化试图减少通信量和计算成本，但是在这两方面都没有成功。

串行算法复制化则是首先通过每个处理器处理部分数据集得到局部模型，然后将局部模型合并得到全局模型。研究表明串行算法复制化比较适合分布式数据挖掘，大多数分布式数据挖掘算法都是基于这种策略。

因此，一般的分布式数据挖掘算法在每个站点上采用相同的算法，产生局部模型，然后将各个站点上的局部模型合并成最终的全局模型。大多数DDM算法的可靠性依赖于局部模型的合并过程。由于每个局部模型只体现了与局部信息一致的模式，缺乏与全局一致的知识，因此许多DDM算法要求将一部分局部数据集中到一个站点上来弥补上述缺点。

近年来DDM得到了飞速的发展，研究人员提出了许多DDM算法，这些DDM算法主要有分布式关联规则、分布式分类、组合数据挖掘、分布式聚类等几类方法。

第八节 学习控制系统

学习控制系统是一个能在其运行过程中逐步获得受控过程及环境的非预知信息，积累控制经验，并在一定的评价标准下进行估值、分类、决策和不断改善系统品质的自动控制系统。

学习控制具有四个主要功能：搜索、识别、记忆和推理。在学习控制系统的研制初期，人们对搜索和识别的研究较多，而对记忆和推理的研究比较薄弱。学习控制系统一般分为两类，即在线学习控制系统和离线学习控制系统。

离线学习控制系统应用较广，而在线学习控制系统则主要用于比较复杂的随机环境。但在线学习比离线学习需要更长的时间。在很多情况下都是两种方法结合使用，先用离线方法尽可能获取先验信息，然后再进行在线学习控制。

一、基于模式识别的学习控制

学习控制系统的控制器中含有一个模式（特征）识别单元和一个学习（学习与适应）单元。模式识别单元实现对输入信息的提取与处理，提供控制决策和学习适应的依据，这包括提取动态过程的特征信息和识别特征信息。换句话说，模式识别单元对学习控制系统起到了重要作用。学习与适应单元的作用是根据在线信息来增加与修改知识库的内容，改善系统性能。

二、反复学习控制

反复学习控制是一种学习控制策略，它能够反复应用先前实验得到的信息（而不是系统参数模型），以获得能够产生期望输出轨迹的控制输入，改善控制质量。

反复学习控制的任务是，给出系统的当前输入和当前输出，确定下一个期望输入使得系统的实际输出收敛于期望值。因此，在可能存在参数不确定性的情况下，系统可通过实际运行的输入输出数据获得存储好的控制信号。

第五章 群集智能

第一节 群集智能概述

人们在很早的时候就对自然界中存在的群集行为颇感兴趣，如大雁在飞行时自动排成人字形，蝙蝠在洞穴中快速飞行时却可以不发生相互碰撞的事故等。人们对于这些和谐现象的一种合理解释是，群体中的每个个体都遵守一定的行为准则，当它们按照这些准则相互作用时就会表现出上述的复杂行为。基于这一思想，克雷格·雷诺兹在1986年提出一个仿真生物群体行为的模型BOID。这是一个人工鸟系统，其中每只人工鸟被称为一个BOID，它有三种行为：分离、列队及聚集，并且能够感知周围一定范围内其他BOID的飞行信息。BOID可根据该信息，结合其自身当前的飞行状态，并在那三条简单行为规则的指导下做出下一步的飞行决策。雷诺兹用计算机动画的形式展现了该系统的行为，每个BOID能够在即将相撞时立即自动分开，在遇到障碍物分开后又会重新合拢。实际上，尽管这种群集智能模型在1986年就出现了，但直到1999年以后，在博纳博和多里戈等人编写的一本专著《群集智能：从自然到人工系统》中才正式提出群集智能概念。

所谓群集智能指的是由众多无智能的简单个体所组成的群体，通过相互间的简单合作就能够表现出整体智能行为的特性。在自然界中，动物、昆虫常以集体的力量进行觅食和生存，生物的这种特性是在漫长的进化过程中逐渐形成的，对它们的生存和进化有着十分重要的影响，在这些群体中单个个体所表现出来的是既简单又缺乏智能的行为，而且各个个体之间的行为是相同的，但由个体组成的群体却表现出了一种既有效又复杂的智能行为。群集智能可以在适当的进化机制引导下通过个体交互以某种突现形式发挥作用，这是个体及可能的个体智能难以做到的。目前，人们对群集智能的研究尚处于初级阶段，但是它越来越受到国际智能计算研究领域学者的关注，并逐渐成为一个新的重要的研究方向。

群集智能以群体为主要载体，通过它们个体之间的间接或直接通信进行并行式问题求解。博纳博等人认为群集智能是任何受群居性昆虫群体和其他动物群体的集体行为启发而设计的算法和分布式问题解决装置的总称。群集智能的特点是最小智能但自治的个体利用个体与个体和个体与环境的交互作用实现完全分布式控制，并具有自主性、反应性、学习性和自适应性。

目前研究群集智能的方法多是从多 Agent 系统的观点来进行的。该观点假定多 Agent 系统中的每个个体能够感知环境，包括自身和其他 Agent 对环境的改变，Agent 间能通过环境变化来彼此间接通信。而且在一些研究中将人类社会中的一些性能移植到群集智能中去，比如假定每个 Agent 都具有"意志""信念"，各 Agent 之间既有合作又有竞争，而且遵守各种协议等。国内外许多学者从多 Agent 系统的观点研究讨论了群集智能的性能特点，认为群集智能是由一组可相互通信，互相影响的主动和可移动的 Agent 组成，每个 Agent 只能存取局部信息，而没有中心控制和具有全局观点的个体，是一种分布式的计算环境。

最近国内学者从进化观点的角度探讨了群集智能的现象并采用一种特殊的人工神经网络为群集智能建立了数学模型。该观点将群体看作成"离散的脑袋"，采用离散的人工神经网络来模拟该"离散的脑袋"，建立了随机（连接）神经网络的群集智能模型。具体地说，（以蚂蚁筑巢为例）就是将每只昆虫看成是一个神经元，它们之间的通信联络看成是各神经元之间的连接，但是这个连接是随机的而不是固定的。即用一个随机连接的神经网络来描述一个群体，这种神经网络所具有的性质就是群集智能。

在群集智能的研究与发展的基础上，研究者先后提出了多种群集智能优化算法，当前最典型的有遗传算法、蚁群算法、粒子群算法及鱼群算法，其为解决优化问题提供了新思维。

一、群集智能的基本概念

群集智能这个概念来自人们对自然界中的一些如蚂蚁、蜜蜂等昆虫的观察。单只昆虫的智能并不高，几只昆虫凑到一起，就可以一起往巢穴搬运路上遇到的食物。如果是一群昆虫，它们就能协同工作，建立起坚固、漂亮的居所，一起抵御危险，抚养后代。这种群居性生物的整体智能充分体现出的是一种群集智能行为。米洛纳斯在 1994 年提出群集智能应该遵循以下五条基本原则。

（1）邻近原则

群体能够进行简单的空间和时间计算。

（2）品质原则

群体能够响应环境中的品质因子。

（3）多样性反应原则

群体的行动范围不应该太窄。

（4）稳定性原则

群体不应在每次环境变化时都改变自身的行为。

（5）适应性原则

在所需代价不太高的情况下，群体能够在适当的时候改变自身的行为。

这些原则说明实现群集智能的智能主体必须能够在环境中表现出自主性、反应性、学习性和自适应性等智能特性。但是，这并不代表群体中的每个个体都相当复杂，而事实恰恰与此相反。就像单只昆虫智能不高一样，组成群体的每个个体可能都只具有简单的智能，它们通过相互之间的合作表现出复杂的智能行为。因此，群集智能的核心是由众多简单个体组成的群体能够通过相互之间的简单合作来实现某一功能，完成某一任务。其中，简单个体是指单个个体只具有简单的能力或智能，而简单合作是指个体和与其邻近的个体进行某种简单的直接通信或通过改变环境间接与其他个体通信，从而可以相互影响、协同动作。

群体智能具有如下特点。

①控制是分布式的，不存在中心控制。因而它更能够适应当前网络环境下的工作状态，并具有较强的鲁棒性，即不会由于某一个或某几个个体出现故障而影响群体对整个问题的求解。

②群体中的每个个体都能够改变环境，这是个体之间间接通信的一种方式，这种方式被称为"激发工作"。由于群集智能可以通过非直接通信的方式进行信息的传输与合作，因而随着个体数目的增加，通信开销的增幅较小，因此它具有较好的可扩充性。

③群体中每个个体的能力或遵循的行为规则非常简单，因而群体智能的实现比较方便，具有简单性的特点。

④群体表现出来的复杂行为是通过简单个体的交互过程突现出来的智能，因此群体具有自组织性。

为了进一步理解群集智能概念，可从不同的角度进行说明。

1. 从人工智能角度

人工智能学科正式诞生于1956年，但关于智能至今仍没有一个公认的定义。由于人们对智能本质有不同的理解，所以在人工智能长期的研究过程中形成了多种不同的研究途径和方法。其中主要包括符号主义、连接主义和行为主义。符号主义认为，人类智能的基本单元是符号，智能来自谓词逻辑与符号推理，其代表性成果是机器定理证明和各种专家系统。连接主义认为，智能产生于大脑神经元之间的相互作用及信息往来的过程中，因此它通过模拟大脑神经系统结构来实现智能行为,其典型代表为神经网络。行为主义模拟了人在控制过程中的智能活动和行为特性,如自寻优、自适应、自学习、自组织等,强调智能主体与环境的交互作用。行为主义与符号主义、连接主义的最大区别在于它把对智能的研究建立在可观测的具体行为活动的基础上。在行为主义人工智能系统中,每个智能体都是在逻辑上或物理上分离的个体,它们都是某一任务的执行者,而且都具有"开放的"接口,可以与其他智能体进行信息的交换。这些智能体能够自主适应客观环境,而不依赖于设计者制定的规则或数学模型,这种适应的实质就是该复杂系统的各要素(智能体和周围环境)之间存在精确的联系。也就是说,在行为主义人工智能系统中必然存在一些协调机制,这些协调机制可以使智能主体与外界环境相适应,使智能主体的内部状态(即智能主体所具有的几个行为,如避障、探索等)相互配合,并在多个智能主体之间产生协作。显然,协调机制的好坏直接影响着智能系统的性能,因而寻找合理的协调机制成了行为主义人工智能的主要研究方向。群集智能是行为主义人工智能的一种代表性方法,设计行为主义人工智能系统的三条基本原则同样适用于群集智能系统的设计。这三条原则是简单性原则、无状态原则和高冗余性原则。这里,简单性原则是指群体中每个个体的行为应尽量简单,以使系统便于实现,而且更加可靠;无状态原则是指系统设计时应该使系统的内部状态与外在环境保持同步,要求所保留的状态不能在系统中长时间起作用,这就使得系统对于环境的变化和其他失误有更强的适应能力;高冗余性原则是指系统设计时应该使系统能够与不确定因素共存,而不是消除不确定因素,这样可使智能系统的学习和进化过程保持多样性。

2. 从复杂性科学角度

复杂性科学是研究复杂系统行为与性质的科学,其目标是解答一切常规科学范畴无法解答的问题。圣塔菲研究所的乔治·考恩认为,复杂性往往是指一些特殊系统所具有的一些现象,这些系统由很多子系统组成,子系统之间相互作用,通过某种目前尚不清楚的自组织过程使得整个系统变得更加有序。考恩对复杂性的认识有如下两个关键点:一是复杂性属于某个系统的内禀性质或特征;二是这个性质是突现的,即它是不能通过子系统的性质来预测的,是自组织过程的结果。具有此类性质的系统被称为复杂适应系统(CAS)。在 CAS 中,复杂的事物是由小而简单的事物发展而来,这种现象被称为复杂系统的涌现现象,涌现的本质就是由小生大,由简入繁。我国学者用"开放的复杂巨系统"的概念来描述具有同样一些性质的系统，这类系统包括错综复杂的社会系统、人体系统、生态环境系统等，对这些系统关键信息特征或功能特征的研究就是复杂性研究的内容，其中包括进化和共同进化特性、适应性、自组织过程、自催化过程、临界性、多层次特性、相变及混沌的边缘等，最重要的就是宏观整体的涌现性质。与笛卡儿哲学不同，复杂系统的涌现特性代表着另一种看待世界的哲学观念。以笛卡儿哲学为基础的近现代科学及文化传统强调从上到下的还原与分析方法，强调有一个中心控制单元的结构，是一种机械的观点。而复杂性研究则强调从下到上的集成方法，强调突现，这是非笛卡儿的观点。群集智能是对自然界中简单生物群体涌现现象的具体研究，因而它从属于复杂性研究，并且遵从非笛卡儿的哲学观念。在研究群集智能时应该采取自下而上的研究策略。

二、群集智能研究方法的主要优缺点

1. 群集智能的主要优点

群集智能具有的优点如下。

①群体中相互合作的智能体是分布的，这样更能够适应当前网络环境下的工作状态。

②没有中心控制与数据，这使系统更具有鲁棒性，不会因为某一个或者某几个智能体的故障而影响整个问题的求解。

③可以不通过智能体间直接通信，而采用非直接通信进行合作，使系统具有更好的可扩充性。

④系统中每个智能体的能力非常简单，执行时间较短且实现也较容易，具有简单性。

⑤智能体相互作用能突现出整体的行为，系统所有上层智能行为都是通过智能体的基本规则相互作用产生的，因此在多任务情况下，系统对于每一子任务可以分别编制、调试、学习。

⑥群集智能系统的强大并行性大大地提高了系统的运算速度及能力。

⑦人工生命中的一个重要原则就是整体大于部分和的思想，由于群集智能的整体行为是由智能体行为突现而产生的，智能体在相互作用中的负关系将会因智能体自身的相互用规则而消减，正关系将得以增强，对于智能体之间的冲突和任务协调等问题，由底层智能体相互作用的规则解决，减少上层对智能体之间的协作、协调控制，避免了上层控制干预下层动作的情况，使得每一层次的控制任务都非常清晰，增加了系统协作协调的效率。

2. 群集智能系统的主要缺点

群集智能的研究还处于萌芽阶段，还存在很多不足，主要缺点如下。

①群集智能的思想是根据人们对生物群体观察得来的，是概率算法，从数学上对于它们的正确性与可靠性的证明仍比较困难。

②这些算法都是专用算法，一种算法只能解决某一类问题，各种算法之间的相似性很差。

③系统高层次的行为需要通过低层次智能体间的简单行为交互突现产生。单一个体控制的简单并不意味着整个系统设计的简单。

④系统设计时也要保证多个智能体简单行为交互能够突现出人们所希望看到的高层次复杂行为，这可以说是群集智能中一个极为困难的问题。

三、群集智能的底层机制

1. 自组织

自组织是一种动态机制，是由底层单元的交互而呈现出系统的全局性的结构。交互仅仅依赖于局部信息，而不依赖于全局的模式。自组织是系统自身涌现出的一种性质，系统中没有一个中心控制模块，也不存在一个部分控制另一部分的情况。自组织的特点就是通过利用同一种介质或者媒体创建时间或空间上的结构，比如蚂蚁筑的巢、寻找食物时的路径等。正反馈群体中的每个具有简单能力的个体表现出某种行为，其会遵循已有的结构或者信息指引自己的行动，并且释放自身的信息素，这种不断的反馈能够使得某种行为得到加强。尽管一开始都是一些随机的行为，但当大量个体遵循正反馈的结果，却呈现出一种自组织结构，自然界通过系统的自组织来解决问题。人们只要理解了大自然中如何使生物系统自组织，就可以模仿该策略使系统自组织。

2. 间接通信

群体系统中个体之间如何进行交互在研究中十分关键。自然个体之间有直接的交流，如触角的碰触、食物的交换和视觉接触等，但个体之间的间接接触更加微妙，有研究者这样来描述这种机制：个体感知环境，对此作出反应，又作用于环境。个体行为影响着环境，又因此而影响着其他个体的行为。个体之间通过作用于环境并对环境的变化作出反应来进行合作。总而言之，环境是个体之间交流、交互的媒介。从蚂蚁觅食到蚂蚁聚集到蚂蚁搬运、筑巢，个体之间的通信机制总是离不开该机制，个体对于环境的作用，通常由各种各样的信息素来体现。

3. 涌现

群集智能中的智能就是大量个体在无中心控制的情况下体现出来的宏观有序的行为，这种大量个体表现出来的宏观有序行为被称为涌现现象。没有涌现现象，就无法体现出智能。因此，涌现是群集智能系统的本质特征。遗传算法之父约翰·霍兰在文献中对涌现现象进行了较为深入的探索，他认为涌现现象的本质是"由小生大，由简入繁"，并且把细胞组成生命体、走棋规则衍生出复杂的棋局等现象都视为涌现现象。他认为神经网络、元胞自动机等都可以算作涌现现象的模型。群体智能的涌现现象与系统论、复杂系统中阐述的涌现本质上是相同的，它是基于主体的涌现。1979年霍夫施塔特对基于主体的涌现进行了描述，即整个系统的灵活行为依赖于相对较少的规则支配的大量主体行为。研究群集智能系统，要弄清涌现现象的普遍原理，建立由简单规则控制的模型来描述涌现现象的规律。

四、群集智能不同算法的比较

自20世纪90年代以来，群集智能算法的研究引起了许多学者极大的兴趣，并出现了蚁群算法、粒子群优化算法、人工鱼群算法等一批典型的群集智能优化算法。群集智能不同优化算法的异同如下。

1. 相同点

（1）都是一类不确定的算法

不确定性体现了自然界生物的生理机制，并且在求解某些特定问题方面优于确定性算法。群集智能优化算法的不确定性是伴随其随机性而来的，其主要步骤含有随机因素，从而在算法的迭代过程中，事件发生与否带有很大的不确定性。

（2）都不依赖于优化问题本身的严格数学性质

这一特性体现在其连续性、可导性等方面。

（3）都是基于多个智能体的优化算法

群集智能优化算法中的各个智能体之间通过相互协作来适应环境，从而表现出与环境交互的能力。

（4）都具有本质并行性

本质并行性表现在两个方面：一是群集智能优化算法的内在并行性，即群集智能优化算法本身非常适合大规模并行；二是群集智能优化算法的内含并行性，这使得群集智能优化算法能以较小的计算获得较大的收益。

（5）都具有突现性

群集智能优化算法总目标的完成是在多个智能个体行为的运动过程中突现出来的。

（6）都具有自组织性和进化性

在不确定的复杂环境中，群集智能优化算法可通过自学习不断提高算法中个体的适应性。

（7）都具有鲁棒性

群集智能优化算法的鲁棒性是指在不同条件和环境下算法的适应性和有效性。由于群集智能优化算法不依赖问题本身的严格数学性质和所求问题本身的结构特征，因此用群集智能优化算法求解许多不同问题时，只需要设计相应的评价函数，而不需要修改算法的其他部分。

2. 不同点

虽然目前流行的蚁群算法、粒子群优化算法、人工鱼群算法等都属于群集智能优化算法，但是它们在算法机理、实现形式等方面仍存在许多不同之处，具体如下。

（1）蚁群算法

蚁群算法采用了正反馈机制，这是其不同于其他群集智能优化算法最为显著的一个特点。基本蚁群算法一般需要较长的搜索时间，且很容易陷入局部最优或出现停滞现象。基本蚁群算法主要用于离散空间的优化问题。蚁群算法的参数设置尚无严格的理论依据，因此更多依赖经验与实验。蚁群算法的收敛性能对初始化参数的设置比较敏感。

（2）粒子群优化算法

粒子群优化算法是一种原理相当简单的启发式算法。粒子群优化算法受所求问题维数的影响较小。粒子群优化算法也存在着一些难以解决的问题，如精度较低、易发散等。基本粒子群优化算法主要用于连续空间函数的优化问题。粒子群优化算法的数学基础比较薄弱，目前还缺乏具有普遍意义的理论分析。

（3）人工鱼群算法

人工鱼群算法具有快速跟踪极值点漂移的能力，而且也具有较强的跳出局部极值点，获得全局极值的能力。人工鱼群算法具有对初值与参数选择不敏感、鲁棒性强、简单、易于实现等诸多特点。人工鱼群算法获取的是系统的满意解域，但对于精确解的获取，还需对其进行改进。基本人工鱼群算法主要用于连续空间函数的优化问题。当人工鱼个体数目较少时，人工鱼群算法便不能体现其快速有效的群体优势。人工鱼群算法的数学基础比较薄弱，并且目前还缺乏具有普遍意义的理论分析。

研究群集智能系统的特性与规律，是一个具有理论和应用两个方面重要意义的课程。它的研究与发展，为人工智能领域带来了新的活力，提供了解决问题的全新角度和方法，同时由于其具有广阔的市场前景，并与人类社会经济发展密切相关，其现实意义非常明显。

3. 存在问题

经过十几年的发展，群集智能凭借其简单的算法结构和突出的问题求解能力，吸引了众多研究者的关注，并取得了一些令人瞩目的研究成果，但目前还没有形成系统的理论，还存在以下几个方面的问题。

（1）群集智能算法的理论依据源于对群居生物社会系统的模拟

由于其这一特性，从数学上对它们正确性与可靠性的证明比较困难，所能做的工作也比较少，还缺乏具备普遍意义的理论性分析，算法中涉及的各种参数设置还没有确切的理论依据，通常是按照经验型方法确定，对具体问题和应用环境的依赖性比较大。

（2）同其他的自适应问题处理方法一样

群集智能也不具备绝对的可信性，当处理突发事件时，系统的反应可能是不可测的，这在一定程度上增加了其应用的风险。

（3）群集智能与其他各种智能方法和先进技术的有机融合仍有不足

研究群集智能算法的机理，分析应用中出现的问题，改进、完善现有算法，同时结合目前突飞猛进的计算机技术，提出普适、有效的群集智能算法新方法，必将为人工智能领域带来新的活力。提供解决问题的全新角度和方法，这对群集智能方法广泛用于解决人工智能问题具有重要意义。

第二节　蚁群算法

一、蚁群算法的生物原型

博纳博等人在其作品中描述了生物蚂蚁群体的一些行为，如觅食、劳动分工、尸体聚集、巢穴构造、合作运输等，并分别对其建模，然后采用仿生隐喻的手段设计了一系列算法、多主体和机器人团队。该作品集中介绍了社会性昆虫（主要是蚁群）的行为建模和蚁群优化算法及其性能。

1. 蚁群觅食

自然界蚂蚁的食物源总是随机分布在其巢穴周围。人们观察发现，蚁群觅食时都存在"信息激素遗留"和"信息激素跟踪"两种行为，即蚂蚁一方面会在其行走经过的路径上留下信息激素，另一方面也会按照一定的概率沿着信息激素较强的路径去寻找食物。除去激素的挥发外,路径越短的路径上积累的信息激素越多;经过一段时间后,蚂蚁总是沿着一条从巢穴到食物源的最短路径行走。当觅食过程中出现了障碍物时,蚁群也能迅速做出反应,最终沿着一条从巢穴到食物源的最短路径去搬运食物。研究人员深入观察发现,虽然自然界的蚂蚁经常更换巢穴的位置,并且是在不同的地点找到食物,但是从巢穴到食物源的路径始终是最短的。生物学家高斯和德纳堡在对真实的阿根廷蚁群的觅食行为所进行的实验中也同样观察到了这个奇妙的现象。

2. 蚁群墓地构造

观察和实验表明,蚁群需要而且能够构造墓地。克雷蒂安对黑毛蚂蚁的墓地构造做了许多细致的实验,德纳堡则对苍白大头蚂蚁的墓地构造进行了实验。从这些实验中人们可以发现,工蚁会将死去的蚂蚁尸体聚集在一起,最初死去的蚂蚁的尸体是随机分布的,而几个小时以后工蚁会将这些尸体逐步聚集成一系列较小的簇,这些簇周围的信息激素浓度相对较高,从而吸引蚂蚁在其周围堆积更多的尸体,最终聚集形成少数几个簇。如果实验场所是非空旷的,或者其中包括几种不同种群的蚂蚁,那么相应的簇就会沿着区域的边界或者种群的边界而形成。

3. 蚁群劳动分工

很多昆虫群体中存在着劳动分工现象,蚁群的劳动分工具有层次结构。第一层次的划分一般可分为从事繁殖的个体和从事日常工作的个体。对从事日常工作的个体又可以进行下一层次的划分,如可分为寻找食物的蚂蚁和建筑巢穴的蚂蚁等。蚁群劳动分工的显著特点就是由个体行为柔性产生的群体分工可塑性,即执行各项任务蚂蚁的比率在内部繁衍生息的压力和外部侵略挑战的作用下是可以变化的。令人惊奇的是,蚂蚁是在并不知晓任何关于群体需求的全局信息的情况下,自动实现群体内个体的分工,并达到一个相对平衡的。其结果不仅使得每个蚂蚁都在忙碌地工作,而且工作的分工又恰好符合群体对各项工作的要求。

生物学中一个有趣的实验也确认了这一事实。实验内容是先将一只蚂蚱切成3块,第2块比第1块大一倍,第3块又比第2块大一倍,然后放到蚂蚁洞附近。一段时间以后人们发现各块蚂蚱周围的蚂蚁数分别为28只、44只和89只,基本也是各增加一倍。

二、基本蚁群算法的原理

随着近代仿生学的发展，人们越来越关注自然界中一些看似微不足道的生物行为。蚁群算法是一种较新型的寻优策略。与其他的智能算法相比较，有相关的计算实例表明，该算法具有良好的收敛速度，且得到的最优解更接近理论最优解。20 世纪 90 年代初期，意大利学者通过模拟自然界中蚂蚁集体寻径的行为而提出了蚁群算法（ACO），这是一种基于种群的启发式仿生进化算法。该算法最早成功应用于解决著名的旅行商问题（TSP）。其采用分布式并行计算机制，易于与其他方法结合，具有较强的鲁棒性。

蚂蚁属于群居昆虫，个体行为极其简单，但它们可以通过相互协调、分工合作完成不论工蚁还是蚁后都不可能有足够能力来指挥完成的筑巢、觅食、迁徙、清扫蚁穴的复杂行为，比如蚂蚁在觅食过程中能够通过相互协作找到食物源和巢穴之间的最短路径，而单个蚂蚁则不能。此外，蚂蚁还能够适应环境的变化，如在蚁群的运动路线上突然出现障碍物时，它们能够很快重新找到最优路径。人们通过大量研究发现，蚂蚁个体之间是通过在其所经过的路上留下一种被称为"信息素"的物质来进行信息传递的。随后的蚂蚁遇到信息素时，不仅能检测出该物质的存在及量的多少，而且还可根据信息素的浓度来指导自己对前进方向的选择。同时，该物质随着时间的推移会逐渐挥发，于是路径的长短及该路径上通过的蚂蚁的多少就会对残余的信息素的强度产生影响，反过来信息素的强弱又指导着其他蚂蚁的行动方向。因此，某一路径上走过的蚂蚁越多，则后来者选择该路径的概率就越大，这就构成了蚂蚁群体行为表现出的正反馈现象。蚂蚁个体之间就是通过这种信息交流来达到最快搜索到食物源的目的的。

蚁群算法是一种基于模拟蚂蚁群行为的随机搜索优化算法。蚂蚁在路径上前进时会根据前边走过的蚂蚁所留下的分泌物选择它要走的路径。它选择一条路径的概率与该路径上分泌物的强度成正比。因此，由大量蚂蚁组成的群体的集体行为实际上构成了一种学习信息的正反馈现象：某一条路径走过的蚂蚁越多，后面的蚂蚁选择该路径的可能性就越大。蚂蚁个体间通过这种信息的交流寻求通向食物的最短路径。蚁群算法就是根据这一特点，通过模仿蚂蚁的行为，从而实现寻优的。这种优化过程的本质如下。

（1）选择机制

分泌物越多的路径，被选择的概率越大。

(2) 更新机制

路径上面的分泌物会随蚂蚁的经过而增长，而且同时也随时间的推移逐渐挥发消失。

(3) 协调机制

蚂蚁间实际上是通过分泌物来互相通信、协同工作的。蚁群算法正是充分利用了这样的优化机制，即通过个体之间的信息交流与相互协作最终找到最优解，使它具有很强的发现较优解的能力。

三、蚁群优化算法的特点

从大量的实验结果和分析来看，蚁群优化系统具有如下几个特点。

(1) 较强的鲁棒性

对基本的蚁群优化算法模型稍加修改，便可以应用于其他问题，并且参数的选择也比较固定。随着问题的复杂性增强，实验表明不用修改系统参数也能够得到很好的实验结果。

(2) 分布式计算

蚁群算法是一种基于种群演化计算的算法，具有本质上的分布性和并行性，易于分布和并行实现。

(3) 多解性

由于蚁群算法采用种群的方式进行演化计算，当种群完成一次求解后，都能提供多个近似解，这对多目标搜索或需要多个近似解作为参照的情况非常有用。

(4) 易于与其他方法结合

蚁群算法很容易与其他的启发式算法（例如，神经网络、贪婪算法等）和局部搜索算法结合，以改善算法的性能。

(5) 实验结果优

选择较好的实验参数，蚁群优化算法往往能够得到好的实验结果。在大多数情况下，其能够得到比遗传算法及其他算法要好的实验结果。

(6) 速度快

该算法能够利用正反馈的特性很快找到较好的实验结果。

四、基本蚁群算法的基本阶段

蚁群算法包含两个基本阶段：适应阶段和协作阶段。在适应阶段，各候选解根据积累的信息不断调整自身结构，路径上经过的蚂蚁越多，信息素数量越大，则该路径越容易被选择，时间越长，信息素数量越小；在协作阶段，候选解之间通过信息交流，以期望产生性能更好的解。

五、蚁群算法的进化过程

蚁群算法是一种随机搜索算法,与其他模型进化算法一样,其通过候选解组成群体的进化过程来寻求最优解,该过程包含两个阶段:适应阶段和协作阶段。在适应阶段,各候选解根据积累的信息不断调整自身结构;在协作阶段,候选解之间通过信息交流,以期望产生性能更好的解。蚁群算法不需要任何先验知识,最初只是随机地选择搜索路径,随着系统对解空间的"了解",搜索变得有规律,并最终达到全局最优解。

六、改进的蚁群算法

虽然蚁群算法有诸多的优点,但是它也存在一些不足之处。同其他方法相比较,该算法一般需要较长的搜索时间,这可以从其算法复杂度看出。虽然计算机计算速度的提高和蚁群算法的本质并行性在一定程度上可以缓解这一问题,但是对于大规模优化问题,这还是一个很大的障碍。另外,该算法易出现停滞现象,即搜索进行到一定程度后,所有个体所发现的解趋于一致,不能对解空间进一步进行搜索,不利于发现更好的解。在该算法中,"蚂蚁"总是依赖于其他"蚂蚁"的反馈信息来强化学习,而不去考虑自身的经验积累,这样的盲从行为,容易导致早熟、停滞现象,从而使算法的收敛速度变慢。基于蚁群算法收敛速度变慢,易导致系统陷入局部极小值的问题,对此人们分别提出了对其的改进算法,如具有变异特征的蚁群算法,排序加权的蚁群算法等。

1. 变异蚁群算法

虽然,蚁群算法具有很强的求解能力,不容易陷入局部最优,但是由于蚁群中各个体的运动是随机的,当群体规模较大时,也很难在较短的时间内从大量杂乱无章的路径中找出一条较好的路径。为了克服计算时间较长的缺陷,受到遗传算法中的变异算子的作用的启发,人们找出了一种新的蚁群进化算法——具有变异特征的蚁群算法。该算法汲取了前两种算法的优点,在时间效率上优于蚁群算法,在求精解效率上优于遗传算法,是时间效率和求解效率都比较好的一种新的启发式方法。

由于变异的次数是随机的,这一过程所涉及的运算比蚁群算法中的循环过程要简单得多,因此变异蚁群算法只需较短的时间便可完成相同次数的运算。另一方面,经过这种变异算子作用后,这一代解的性能会有明显改善,从而也能改善整个群体的性能,减少计算时间。

变异算子的引入，经过较少的进化代数就可以找到相同的较好解，大大节省了计算时间，这对于求解大规模优化问题将是十分有利的。

2. 排序加权的蚁群算法

（1）基本思想

基于排序加权的蚁群算法的基本思想为，对于每只"蚂蚁"把一次循环结束后生成的路径按照长短排序，每只"蚂蚁"对信息素更新的贡献视其在循环中生成路径的长短而定，路径越短其贡献越大，即在蚁周模型基础上对第n只最好"蚂蚁"的信息素更新规则加权系数，这样使得每只"蚂蚁"在全局更新策略中都做出贡献，并且依照其表现优劣而使贡献各不相同。与精英"蚂蚁"策略相比，该算法削弱了精英"蚂蚁"在信息素更新过程中起到的作用，避免了精英策略中使搜索很快集中在极优解附近，从而导致早熟收敛的问题。除此之外，该算法又使得每一只"蚂蚁"都参与到信息素更新过程中，与一般的蚁群算法相比，又提高了收敛速度，而且每只"蚂蚁"对信息素更新的贡献中所取权值为加权系数，该数列为一个等比数列，使得各个"蚂蚁"表现的优劣在更新过程中差异较大，提高了算法对较优"蚂蚁"的重视程度，而削弱对较差"蚂蚁"的重视程度，因此在一定程度上可以看作是一种较好的改进算法。

（2）排序加权的蚁群算法对BP神经网络的优化

蚁群算法优化BP神经网络基本思想：针对BP算法容易陷入局部极小的不足，人们提出了蚁群BP神经网络训练方法。神经网络训练过程可看作一个最优化问题，即找到一组最优的实数权值和阈值组合，使得在此权值和阈值下的输出结果与期望结果之间的误差最小，蚁群算法成为寻找这一最优权值组合的较好选择。

排序加权蚁群算法是一种全局优化的算法，它采用了全局更新思想，并引入加权系数。因此，用它来训练神经网络的权值和阈值，可避免BP算法的一些缺陷。

该算法实现的步骤如下。

①先初始化BP网络结构，设定网络的输入层、隐含层、输出层的神经元个数。

②初始化信息素浓度、个体最优、全局最优。

③用确定的优化函数计算每只蚂蚁的转移概率。

④根据每只"蚂蚁"的转移概率得出本次最优路径（这里改进型蚁群神经网络中"蚂蚁"走过的路径为神经网络的输出误差，简称最优值），与其最优值比较，若更优，则更新最优值。

⑤将每只"蚂蚁"的最优值与整个蚁群的最优值相比较,若更优则称为整个蚁群新的最优值,从而对所有路径进行排序选出最优路径。

⑥更新每只"蚂蚁"的信息素浓度。

⑦比较次数是否达到最大迭代次数或预设的精度。若满足预设精度,算法收敛,最后一次迭代的全局最优值中每一维的权值和阈值就是人们所求的;否则返回步骤③,算法继续迭代。

第三节 粒子群优化算法

粒子群优化(PSO)算法是基于群体智能理论的优化算法,是一种新兴的随机全局优化技术,由埃伯哈特和克兰尼于1995年提出。它的基本概念源于人们对人工生命和鸟群捕食行为的研究,是基于种群的全局搜索策略。其通过种群中粒子间的合作与竞争产生群体智能指导优化搜索。

一、粒子群优化算法的生物原型

克兰尼等人通过观察鸟群觅食的协同运动,开创了粒子群优化这一新型群集智能方法的研究领域,并以此为基础提出了以下基本观点。

①人类智能的产生源于社会交往。

②文化和认知是人类社交的结果。

假设一个场景:鸟群在某个区域随机搜索食物,并且这个区域里只有一块食物;所有的鸟都不知道食物的摆放之处,但知道当前位置离食物还有多远。显然,寻找该食物的最简单有效的策略就是搜索当前离食物最近的鸟的周围区域。而在这一搜索过程中,每个鸟都是根据下面3个量的"矢量和"来确定自己飞行的速率和方向。

①当前的速率和方向;②全局最优位置;③该鸟自身经历过的最优位置。基于上述场景中的搜索寻优过程所抽象形成的一类优化算法即为粒子群优化算法PSO。

PSO作为一个新兴的智能算法,不可避免的仍存在着不足。比如,虽然PSO在实际应用中证明是有效的,但是并没有给出收敛性和收敛速度估计方面的数学证明,其理论和数学基础的研究目前还不够;PSO有时候会陷入局部最优解的问题,尤其是惯性权重对算法性能具有很大的影响。因此应该加大PSO和其他算法之间的结合来更好地解决这个问题。

二、改进粒子群优化算法

1. 引导位置更新法

引导位置更改法的基本原理：基本粒子群算法存在易陷入局部最优导致的收敛速度慢、精度低等问题。影响收敛速度的一个重要原因在于其随机性较强，使寻优过程沦为"半盲目"状态，从而减缓了收敛速度。针对此问题，研究人员提出了一种引导型粒子群算法，利用数学中的外推技巧给出了两个新的粒子位置更新公式，对粒子位置更新加以引导，试图减少算法随机性以提高搜索效率。仿真结果表明，新算法在稳定性和收敛性上比基本粒子群算法有明显改进。

外推技巧：首先利用只有一个变量的函数 $f(x)$ 来说明外推技巧。设 x_1，x_2 的函数值为 $f(x_1)$，$f(x_2)$ 且 $f(x_1) < f(x_2)$，但不是极值点，则

$$x_3 = x_1 + k(x_1 - x_2)$$

①如果 $x_1 > x_2$，对于适当小的正数 k，则可以期望由式子得到 $x_1 > x_2$ 满足

$$f(x_3) < f(x_2)$$

②如果 $x_1 < x_2$，对于适当小的正数 k，则可以期望由式子得到满足

$$f(x_3) < f(x_2)$$

2. 权重线性调整法

在粒子群算法优化过程中，无论是早熟收敛还是全局收敛，粒子群中的粒子都会出现"聚集"现象。当某个粒子处在"最优位置"时，其余粒子会迅速地飞向该位置，可能造成所有粒子聚集在某一特定位置，或者聚集在某几个特定位置的结果。一般，位置取决于粒子群算法本身的特性及适应度函数的选择。

三、改进粒子群算法对 BP 神经网络的优化

1. 优化步骤

改进 PSO 作为一种新兴的进化算法，其收敛速度快、鲁棒性高、全局搜索能力强，且不需要借助问题本身的特征信息（如梯度）。将改进 PSO 与神经网络结合，用改进 PSO 算法来优化神经网络的连接权值，可以较好地克服 BP 神经网络的问题，这样其不仅能发挥神经网络的泛化能力，而且还能够提高神经网络的收敛速度和学习能力。

与遗传算法和其他智能算法比较，改进 PSO 保留了基于种群的全局搜索策略，但是其采用的速度－位移模型操作简单，避免了复杂的遗传操作如编码、交叉和变异，而是依据粒子在解空间所处的情况进行搜索，整个

算法简单且易于实现，具有更快的收敛速度，是一类有着潜在竞争力的神经网络学习算法。实验表明，与遗传算法做比较，粒子群优化算法不仅使训练的收敛速度大大提高，而且其训练的神经网络的性能也显著增强。

2. 仿真结果与分析

一般而言，前向 BP 网络的隐含层结点个数 m 的取值按照经验公式来确定，即 $m=2n+1$，n 为输入层结点个数。实验中隐含层结点个数按经验公式确定初值，学习到一定次数后，如果达不到规定误差则其在初值基础上会增减隐含层结点的数目，经实验最终确定隐含层结点数 $m=13$。粒子的维数是神经网络所有权值、阈值的总和，由于神经网络转速辨识器为 4 个输入 1 个输出，故粒子的维数 $d=4×13+13+13+1=79$，同理可得神经网络磁链观测器的粒子维数为 93。初始设定粒子群的粒子数为 30，w_{max} 为 0.9，w_{min} 为 0.4。

在 Matlab/Simulink 环境下建立直接转矩控制系统仿真平台，系统采样周期设定 $T=0.1ms$，三相异步电动机的各参数为，额定功率 $P_N=15kW$，额定电压 $V_N=380V$，额定频率 $f_N=50Hz$，定子电阻 $R_s=0.435\Omega$，转子电阻尺 $R_r=0.816\Omega$，定子电感 $L_s=0.002H$，转子电感 $L_r=0.002H$，定转子互感 $L_m=0.0693H$，极对数 $P_n=2$，转动惯量 $J=0.0918kg·m^2$。设定电动机转速 $\omega=20rad/s$ 时，从仿真模型取 1000 组数据作为训练样本，最大训练次数设定为 1000 次，数据归一化后最小容许误差设定为 0.01。本文采用权重线性调整 PSO-BP 神经网络对样本进行训练，并和当前比较常见的两种基于梯度下降的改进方法：附加动量法优化的 BP 网络（GDM-BP）与变步长附加动量法优化的 BP 网络（AGDM-BP）进行了比较。

4 层 GDM-BP 网络和 4 层 AGDM-BP 网络的收敛速度稍快于 3 层同类网络的收敛速度，但是在训练达到 1000 步的时候都没有达到系统的最小容许误差 0.01。相比较之下权重线性调整 PSO-BP 网络即改进 PSO-BP 网络具有非常快的收敛速度，在第 129 步就达到了系统的最小允许误差要求。

第四节　人工鱼群算法

人工鱼群算法（AFSA）是计算智能领域的一种新型的群体智能优化算法，它简单、易于实现，具有广阔的应用前景。从算法的数学本质来说，人工鱼群算法的特点可以归纳为并行性、跟踪性、随机性、简单性。从算法的设计思想来说，人工鱼群算法主要来源于两个方面：一个是进化计算；一个是人工生命（AL）。从优化的角度来看，人工鱼群算法是用来解决全局优化问题的一种计算工具，这种方法模仿自然界鱼群觅食行为，采用了自下而上的寻优模式，通过鱼群中各个体的局部寻优，达到全局最优值在群体中突现出来的目的。

一、人工鱼群算法的来源

1. 进化计算

在几十亿年的自然进化过程中，生物体已经形成了一种优化自身结构的内在机制，它们能够不断从环境中学习，以适应不断变化的环境。科学家们正是受到这种自然界进化过程的启发，从模拟生物进化过程入手，从基因的层次探寻人类某些智能行为发展和进化的规律，解决智能系统如何从环境中学习的问题，并最终形成了具有鲜明特色的优化方法，即进化计算。进化计算的理论基础是达尔文的进化论和孟德尔的遗传学说，它是计算机科学和生物遗传学相互结合渗透而形成的一类新的计算方法，即以进化原理为仿真数据，在计算机上实现的具有进化机制的算法。

进化计算最初具有三个分支：遗传算法、进化规划和进化策略。这三种模拟进化的优化计算方法是彼此独立发展起来的，它们的侧重点和生物进化背景不同，但它们有一个共同点，那就是它们都是借助生物进化的思想和原理来分析、解决实际问题，这种鲁棒性较强的计算算法适用面较广。近年来经过相关领域专家学者的交流和共同努力，研究领域逐渐拓宽，除了上述三种代表性的方法以外，进化计算方法还包括其他分支，遗传编程、蚁群算法、粒子群优化算法、人工鱼群算法等。

进化计算是一种基于自然选择机制下的全局性随机搜索算法。它有以下主要特点。

（1）群体搜索策略

进化算法的操作对象是由多个个体所组成的一个集合群体，群体搜索使算法得以突破邻域搜索的限制，实现整个解空间上的分布式信息探索、采集和继承。

（2）有指导搜索

指导进化计算搜索方向的主要依据就是每个群体个体的适应值的大小。在适应值的指导下，个体随着进化代数的增加而逐步逼近目标值。

（3）自适应搜索

进化算法在搜索的过程中，无须任何外在信息，仅需通过进化算子的作用，就可逐步改进群体的性能，从而使得整个算法具有自适应环境的能力。

（4）渐近式寻优

进化计算从随机产生的初始解出发，一代代反复迭代，而每代进化的结果都优于上一代，如此逐代进化，直到得出最优结果或最符合要求的结果为止。

（5）并行式搜索

进化计算的每代都是对一组群体个体同时进行的，因此是一种多点并行搜索的方法，从而大大提高了搜索的速度，并且有效扩大了搜索的范围，适宜在当代或未来以分布和并行为特征的智能计算机上发挥潜能。

（6）黑箱式结构

进化计算的进化过程中的每步进化操作都是以固定方式进行的，进化计算所要研究的只是输入和输出的问题。

（7）全局最优解

进化算法采用了多点并行搜索的方式，通过产生新个体来扩大搜索的范围，因此搜索是在整个搜索区域的各个部分同时进行的，如此就避免了陷入局部最优解的可能，使得算法搜索出的是全局最优解或全局近似最优解。

（8）通用性

进化计算中，只是采用简单的编码技术表达问题，然后根据适应值来区分各个个体的优劣，而不需要对问题有一个固定的数学表达式。因此，进化计算是一种框架算法，最适合解决那些很难用表达式表达出来的问题。

这些特点使得进化计算能够解决那些用传统方法难以解决或根本就无法解决的复杂系统优化问题，且这种优化算法不依赖待求解问题的具体领域，不要求目标函数有明确的解析表达，对各种不同问题都有很强的鲁棒性，具有广泛的应用性。目前进化计算的理论研究正在进一步完善，应用日趋广泛，进化计算正在从单一的模拟进化算法发展成为集生命科学、统计学、人工智能和计算机科学于一体的交叉学科，其研究从原理上彻底认识了算法的内部机制，为算法的改进和应用提供了理论依据，扩展了进化算法的应用领域。

2. 人工生命

人类自诞生以来，就从未停止过对自身及所在宇宙的思考，而对生命本质的探索更是锲而不舍。1987年，美国圣塔菲研究所的科学家兰顿首次提出了人工生命的概念，他认为"人工生命是研究能够演示出自然生命系统行为特征的人造系统"，即用计算机、精密机械等人工媒体构造出能够再现自然生命系统行为特征的仿真系统。现代人工生命研究是生物科学、信息科学和计算机科学等交融的学科，它的诞生和发展得益于这些学科，同时它的每一项研究成果也对这些领域产生了深远的影响。

人工生命的精髓是适者生存和自然选择，其特点是自组织、自适应、自复制、进化及突现性。人工生命系统由若干具有一些简单行为的自主体组成，通过所有自主体在底层的相互作用来生成类似生命现象的复杂行为，即突现性行为。突现性行为是一些行为在交互过程中所显现的全局性质，而该性质不受某一单独的成分控制，而是通过由下而上的综合的方法来显现出来的。进化特性表现为能适应动态变化的环境，即当无法预测的事件发生时，人工生命系统能像自然生态系统一样通过进化而适应新的环境。自复制体现在个体不断自我繁殖和进化上，而适应性是通过各子系统的相互作用及子系统与环境的相互作用表现出来的。人工生命研究的对象是行为，但不在于行为的物理特性，而主要来研究行为是如何变得智能的，行为是怎样自适应的及复杂的行为是如何出现突现性的。自组织体现在生命系统个体之间的相互局部联系上，是生命系统重要的正反馈机制，这种联系可以通过环境，也可直接交流，该行为使得系统在环境中自我生存和目标最大化。

人工生命的研究在于揭示构成生命所需的最本质特征及生命演化的最基本规律，而且通过某种易于创建和精确控制的生命形式，加快生命本身的过程。按照人工生命的生成机构，可将此分为生物体的内部系统如脑、神经系统、免疫系统、遗传系统等。除此之外，还有由在生物体和它的群体表现的外部系统如环境适应系统和遗传进化系统等。从生物体的内部和外部系统的各种信息出发，可得到人工生命的两种不同研究方法。

（1）模型法

该方法中系统根据内部和外部所表现的生命行为构造其计算机模型并在计算机上模拟实现。

（2）工作原理法

生命行为是一种表现出自律分散和非线性的行为，它的工作原理是混沌和分形。

近年来，人工生命的研究发展非常快，在某些方面的研究已与传统的生物科学形成了互补。人工生命的研究主要包括以下两方面的内容。

①如何利用计算技术研究生物现象。

②研究如何利用生物技术优化计算问题。

目前国际上关于人工生命的研究内容主要包括数字生命、数字社会、数字生态环境、人工脑、进化机器人、虚拟生物、进化计算等。

随着研究的进一步深入，人们从方法学的角度，总结了人工生命模型具有以下突出特征。

①由下而上的建模策略，属于数据驱动策略；
②局部的控制机制表现出并行操作特性；
③简单的低层次表达单元适于计算机仿真；
④突现性的行为过程反映了进化仿真的特点；
⑤群体的动态仿真算法。

由于这些特点，人工生命理论和方法才有别于传统的人工智能或神经网络方法。人们通过将生命现象所体现的机理在计算机中加以仿真，从而可以对涉及非线性对象的系统进行更加贴切的动态描述和动力学性能考察。

人工生命以生命现象为研究对象，以生命过程的机理及其工程实现技术为主要研究内容，以扩展人的生命功能为主要研究目标，其研究的重要意义如下。

①有助于创作、研制、设计和制造新的工程技术系统；
②可为自然生命的研究探索提供新模型、新工具、新环境；
③可扩展自然生命、人工进化和优生优育，可发展自然生命的新品种、新种群；
④可为复杂系统的研究提供新思路与新方法；
⑤会进一步激发和促进生命科学、信息科学、系统科学等学科向更深入的方向发展。

人工生命研究的重要内容和关键问题是生命信息获取、传递、变换、处理和利用过程的机理与方法，如基因信息的控制与调节过程，这正是信息科学面临的新课题，也是信息科学发展的新机遇。

二、基本人工鱼群算法

1. 基本思想

在动物的进化过程中，经过漫长的自然界优胜劣汰，形成了形形色色的觅食和生存方式，这些方式为人类解决问题的思路带来了不少启发。动物一般不具有人类所具有的复杂逻辑推理能力和综合判断能力的高级智能，它们的目的是由个体的简单行为或群体的简单行为而达到或突现出来的。动物行为具有以下几个特性。

①其具有物化机制，具备感官和形体的结构等。
②它是置身于环境的，直接与环境进行交互，既能感知环境，也能改变环境。

③它的行为是自适应的,通过与环境的交互作用,能够自主作出反应。

④能在复杂的环境中执行多任务。

⑤具备多种行为,并且能够并行分布执行。

⑥当它们被组合在一起的时候,高级智能行为往往能在其中个体的简单行为中突现出来。

在一片水域中,生活在水中的鱼在觅食过程中会根据各区域的食物多少、其他鱼的位置等信息来进行移动。这样一般情况下水域中营养物质最多的地方会聚集较多的鱼,而营养物质较少的地方,鱼会越来越少。鱼的这种智能行为使人们联想到多峰函数的求极值问题。因此,可以构造一定数量的人工鱼,使它们执行类似实际鱼觅食的过程,经过一段时间后,人工鱼会在函数极值点处聚集,并且全局极值处会聚集较多的人工鱼,最后根据各点处人工鱼群聚集的情况来确定多峰函数的极值。根据鱼的这一特性,中国学者李晓磊等人通过构造人工鱼来模仿鱼群的觅食、聚群及追尾行为,以期完成寻优目的。人工鱼是真实鱼个体的一个虚拟实体,通常用来进行问题的分析和说明,它采用动物自治体的概念来构造。动物自治体通常指自主机器人或动物模拟实体,它主要是用来展示动物在复杂多变的环境里面能够自主产生自适应的智能行为的一种方式,人工鱼中封装了其自身数据信息和一系列行为,它可以通过感官来接收环境的刺激信息,并通过控制尾鳍来作出相应的应激活动,它采用的是基于行为的多并行通路结构。

鱼的几种典型行为可描述如下。

(1)觅食行为

该行为是鱼通过味觉、视觉来判断食物的位置和浓度,从而接近食物的行为。一般情况下,鱼在水中随机游动,当发现食物时,则会向着食物逐渐增多的方向快速游去。

(2)聚群行为

聚群行为是鱼在游动过程中聚集在一起来寻觅食物、躲避危害的行为。鱼聚群时所遵守的规则有3条。

①分隔规则。

尽量避免与邻近伙伴过于拥挤。

②对准规则。

尽量与邻近伙伴的平均方向一致。

③内聚规则。

尽量向邻近伙伴的中心移动。

（3）追尾行为

当一条或几条鱼找到食物时，附近的鱼就会尾随而至，使远处的鱼也向食物源集中的行为称为追尾行为。

（4）随机行为

在未找到食物之前，各条鱼的游动是随机的，从而加大了找到食物的可能性。随机行为实际上是觅食行为的一种缺省。

每条人工鱼通过对环境的感知，在每次移动中经过尝试后，执行其中的一种行为。人工鱼群算法就是利用这几种典型行为从构造单条鱼底层行为做起，通过鱼群中各个体的局部寻优达到全局最优值在群体中突现出来的目的。该算法的进行就是人工鱼个体的自适应活动过程，整个过程包括觅食、聚群以及追尾三种行为，最优解将在该过程中突现出来。其中觅食行为是人工鱼根据当前自身的适应值随机游动的行为，是一种个体极值寻优过程，属于自学习的过程；而聚群和追尾行为则是人工鱼与周围环境交互的过程。这两种过程是个体在保证不与伙伴过于拥挤，且与邻近伙伴的平均移动方向一致的情况下向群体极值（中心）移动。由此可见，人工鱼群算法也是一类基于群体智能的优化方法。人工鱼整个寻优过程中可充分利用自身信息和环境信息来调整自身的搜索方向，从而最终达到"食物"浓度最高的地方，即全局极值。

2. 人工鱼群算法描述

在人工鱼群算法中，每个备选解被称为一条人工鱼，算法中多条人工鱼共存，合作寻优（类似鱼群寻找食物）。

人工鱼群算法首先要初始化为一群人工鱼（随机解），然后通过迭代搜寻最优解，在每次迭代过程中，人工鱼通过觅食、聚群及追尾等行为来更新自己，从而实现寻优。也就是说算法的进行是人工鱼个体的自适应行为活动，即每条人工鱼根据周围的情况进行游动，人工鱼的每次游动就是算法的一次迭代。人工鱼群算法的表达形式如下。

（1）行为选择

算法根据所要解决问题的性质，对人工鱼当前所处的环境进行评价，从觅食、聚群和追尾行为中选取一种合适的行为。常用的方法有两种。

①先进行追尾行为，若没有进步则进行聚群行为，若依然没有进步则进行觅食行为。该过程就是选择较优行为前进，即任选一种行为，只要能向优的方向前进即可。

②试探执行各种行为。此过程中算法选择各行为中向最优方向前进最快的行为，即模拟执行聚群、追尾等行为，然后选择行动后状态较优的动作来实际执行，缺省的行为方式为觅食行为，也就是选择各行为中使得人工鱼的下一个状态最优的行为，如果没有能使下一状态优于当前状态的行为，则采取随机行为。对于此种方法，同样的迭代步数下，寻优效果更好，但计算量会增大。

（2）设立公告板

在人工鱼群算法中要设置一个公告板，用以记录当前搜索到的最优人工鱼状态及对应的适应值，各条人工鱼在每次行动后需要将自身当前状态的适应值与公告板中的适应值进行比较，如果当前状态的适应值优于公告板中的适应值，则用当前状态及其适应值取代公告板中的相应值，以使公告板能够记录搜索到当前的最优状态及该状态的适应值，即算法结束时，公告板的最终值就是系统的最优解。

人工鱼群算法通过这些行为的选择形成了一种高效的寻优策略。最终，人工鱼集结在几个局部极值的周围，且值较优的极值区域周围一般能集结较多人工鱼。

综上所述，人工鱼群算法采用了自下而上的设计思路，从实现人工鱼的个体行为出发，在个体自主的行为过程中，随着群体效应的逐步形成，而使得最终结果突现出来；算法中仅使用了目标问题的适应值，对搜索空间有一定的自适应能力；多条人工鱼个体并行的进行搜索，具有较高的寻优效率；随着工作状况或其他因素的变更造成了极值点的漂移，本算法具有较快跟踪变化的能力。总的来说，算法中对各参数的取值范围可以很宽，并且对算法的初值也基本无要求。

人工鱼群算法中，使人工鱼逃逸局部极值点达到全局寻优处的因素主要有以下几点。

①觅食行为中 try_number 的次数较少时，为人工鱼提供了随机游动的机会，从而能跳出局部极值的邻域。

②随机步长的采用，有可能使人工鱼在前往局部极值的途中转而游向全局极值，当然也有可能在人工鱼去往全局极值的途中转而游向局部极值，一个人工鱼个体当然不好判定该极值的好坏，但对于一个群体来说，好的极值往往会具有更大的被选择概率。

③拥挤度因子的引入限制了聚群的规模，只有在较优处才能聚集更多的人工鱼，使得人工鱼能够在更广的范围内寻优。

④聚群行为能够促使少数陷于局部极值的人工鱼向多数趋向全局极值的人工鱼方向聚集，从而逃离局部极值。

⑤追尾行为加快了人工鱼向更优状态的游动，同时也能促使陷于局部极值的人工鱼追随趋向于全局极值的更优人工鱼，从而逃离局部极值域。

3. 各参数对收敛性能的影响

由于算法存在一定的随机性，在相同参数下，收敛过程和结果存在着一定的差异。寻优过程由于初值等原因往往不能 100% 找到全局最优解，只能快速找到全局最优解的邻域，并且存在收敛速度等方面的问题。

（1）视野和步长

在觅食行为中，人工鱼的个体总是尝试向更优的方向前进，这就奠定了算法收敛的基础。

人工鱼随机的巡视在其视野范围中某点的状态 x_1，若发现比当前状态 x 更好，则它就向状态 x_1 的方向前进一步并到达状态 x_{next}；若状态 x_1，并不比状态 x 好，则它继续随机巡视视野范围内的其他状态；若巡视次数达到一定的次数后，仍旧没有找到更优的状态，则它就进行随机游动。

由于人工鱼每次巡视的视点都是随机的，所以不能保证每一次觅食行为都是向着更优的方向前进的，这在一定程度上减缓了收敛的速度，但是从另一方面看，这又有助于人工鱼摆脱局部极值的诱惑，从而去寻找全局极值。分析结果表明，try_number 的次数越多，人工鱼摆脱局部极值的能力就会越弱，当然对于局部极值不是很突出的优化问题，增加 try_numbcr 的次数可以减少人工鱼的随机游动而提高收敛的效率。

由于视野对算法中各行为都有较大的影响，因此视野的变化对收敛性能的影响也是比较复杂的。当视野范围较小时，人工鱼的觅食行为和随机游动则比较突出；视野范围较大时，人工鱼的追尾行为和聚群行为将变得比较突出。总体来看，视野越大，越容易使人工鱼发现全局极值并收敛。

随着步长增加，对于固定步长，其收敛速度会得到一定加强，但超过一定范围后会使收敛速度减缓，步长过大时，有时会出现振荡现象而影响收敛速度；对于随机步长，有时可在一定程度上防止振荡现象发生，但会降低其对该参数的敏感度。相比较而言，收敛速度最快的还是最优固定步长法。因此，对于特定的优化问题，可以考虑采用合适的固定步长或变尺度方法来提高算法的收敛速度。

（2）拥挤度因子

拥挤度因子用来限制人工鱼群聚集的规模。算法中在较优状态的邻域内希望聚集较多的人工鱼，而次优状态的邻域内希望聚集较少的人工鱼或不聚集人工鱼。

以极大值为例（极小值情况与极大值情况相反），拥挤度因子越大，则表明允许的拥挤程度越小，人工鱼摆脱局部极值的能力越强，但是收敛的速度会有所减缓，这主要因为人工鱼在逼近极值的同时，会因避免过分拥挤而随机走开或者受其他人工鱼的排斥作用，不能精确逼近极值点。由此可见，拥挤度因子的引入，一方面避免了人工鱼过度拥挤，但却有可能陷入局部极值；另一方面位于极值点附近的人工鱼，相互之间存在排斥的影响，导致它们难以向极值点精确逼近。因此，对于某些局部极值不是很严重的具体问题，可以忽略拥挤的因素，从而在简化算法的同时也加快算法的收敛速度并提高结果的精确程度。

（3）人工鱼的个体数目

人工鱼群算法是群集智能的一个应用，其中最具备特色的应该是群体概念。因此，合理选择人工鱼的个体数目对提高算法效率至关重要。在人工鱼群算法中，由一条人工鱼个体单独迭代100次和10条鱼一起迭代10次的效果是迥然不同的。不难理解，人工鱼的数目越多，跳出局部极值的能力越强，收敛的速度越快（从迭代次数来看），算法每次迭代的计算量也越大。因此，使用该算法过程中，在满足稳定收敛的前提下，应尽可能地减少人工鱼个体的数目。

三、改进人工鱼群算法

1. 基本人工鱼群算法的不足

人工鱼群算法虽然在一系列优化问题上取得了比较满意的效果，但还有许多需要进一步改进的地方。经过研究人员反复研究与实验发现，基本人工鱼群算法在解决实际问题时还有一些不足。

（1）步长参数对算法的收敛速度和收敛精度影响很大

采用较小的步长参数时，算法的爬坡速度很慢。采用较大的步长参数时，可能会降低算法在最优解区域内的局部搜索能力，有时会发生振荡现象，难以找出精确的最优解。

（2）难以搜索精确解

当人工鱼视野范围较小时，寻优速度慢；视野范围较大时，鱼群逐渐聚集，视野内的数目增加，但是拥挤度因子限制了人工鱼进一步聚集，人工鱼游动在满意解域内，难以进一步搜索精确解。

（3）无法充分利用有利信息

当人工鱼个体没有找到较优状态时，则会随机选择一个新的状态，产生一个新的人工鱼，跳到一个全新的区域而重新搜索，但其并没有充分利用前面已经得到的有利信息，从而导致算法计算量增加和收敛速度较慢。

2. 改进人工鱼群算法

对人工鱼群算法的改进主要有以下几个方面。

（1）变尺度步长

本文采用了变步长方式，即人工鱼根据当前的环境恶劣程度调整移动的步长，视野范围内最高浓度与人工鱼当前位置浓度差别越大，移动的步长也越大。

（2）视野自适应

视野对搜索全局最优值有着重要的作用，它决定了一条鱼周围伙伴的数目。为自动适应鱼群的聚集现象，视野随迭代次数的增加会逐渐变小。

（3）改进觅食行为

人工鱼在觅食行为中，若找不到较优方向则需要进行随机移动。这种随机移动可能远离最优值，由比较好的状态变成低劣状态，造成资源浪费。改进觅食行为具体是，随机移动若干次，如果有改善则向更好的方向游去，否则按照概率 P 向全局最优值移动一步，按照概率随机选择下一个状态。概率 P 可随机选择，也可以根据当前环境设定。这种方式既保持了全局搜索的能力，又提高了寻优效率。

（4）最优值不变

最优人工鱼在觅食行为中会随机移动若干次，如果某个方向情况有改善则向其移动一步，若是在有限次的尝试中均没有改善，则保持不变，这样既可以保持有用信息，又不降低全局搜索的能力。

四、改进人工鱼群算法优化 BP 神经网络

改进人工鱼群对于神经网络的训练过程是离线训练，训练完成后就得到一组权值和阈值，此组权值和阈值就是改进鱼群算法优化后的神经网络权值和阈值，用其构建新的神经网络，可形成神经网络速度辨识器，再嵌入到实际控制系统的仿真平台中，对转速进行辨识和控制。

1. 速度辨识器的构造

异步电动机无速度传感器直接转矩控制（DTC）是交流传动的发展方向之一。有的速度辨识方法会利用 BP 神经网络模型，但由于 BP 算法本身的局限性，还存在着一些不足。

①学习算法的收敛速度慢。
②局部极小值问题。
③泛化能力差。

因此，可采用改进人工鱼群算法（IAFSA）取代梯度下降法，用以优化神经网络的连接权值和阈值，提高神经网络的收敛速度和学习能力，最后实现对异步电动机转速的准确辨识。仿真实验表明：IAFSA+BP 可以很快得到更好的权值和阈值，因此采用 IAFSA+BP 神经网络转速辨识器取代 DTC 系统的速度传感器的方案是可行的。

2.BP 神经网络

BP 神经网络具有数层相连的处理单元，可连接从一层中的每个神经元到下一层的所有神经元，且网络中不存在反馈环，是常用的一种人工神经网络模型。

3. 优化过程的描述

人工鱼可以对当前网络误差进行评价，模拟执行追尾、聚群行为，选择一种能使误差降低较快的行为执行，也可以按顺序执行行为，比如先执行追尾行为，若误差变大则执行聚群行为，缺省行为是觅食行为。

4. 优化过程的验证

（1）异步电动机的参数设置

在 Matlab/Simulink 环境下建立直接转矩控制系统仿真平台，异步电动机的各参数为，额定功率 P_N=15kW，额定电压 V_n=380V，额定频率 f_n=50Hz，定子电阻 R_S=0.4358Ω，转子电阻 R_r=0.368Ω，定子电感 L_s=0.002H，转子电感 L_R=0.002H，定转子互感 L_m=0.06931H，极对数 P=2，转动惯量 J=0.198kg·m^2。

（2）数据采集

为完成神经网络的离线训练，可在直接转矩实验系统中进行数据采集得到训练的样本数据。

第六章 自动规划

自动规划是一种重要的问题求解技术，与一般问题求解相比，自动规划更注重于问题的求解过程，而不是求解结果。此外，规划要解决的问题，如机器人世界问题，往往是真实世界问题，而不是比较抽象的数学模型问题。自动规划系统与专家系统均属高级求解系统与技术。由于自动规划系统具有上述特点，而且具有广泛的应用场合和应用前景，因而引起了人工智能界的浓厚研究兴趣，并取得许多研究成果。

在研究自动规划时，往往以机器人规划与问题求解作为典型例子加以讨论。这不仅是因为机器人规划是自动规划最主要的研究对象之一，更因为机器人规划能够得到形象的和直觉的检验。有鉴于此，人们常常把自动规划称为机器人规划。机器人规划的原理、方法和技术，可以推广应用至其他规划对象或系统。自动规划或机器人规划是继专家系统和机器学习之后人工智能的一个重要应用领域，也是机器人学的一个重要研究领域，是人工智能与机器人学一个令人感兴趣的结合点。有些研究者又把自动规划叫作智能规划。

第一节 自动规划概述

早在人工智能出现之前，就存在一种基于运筹学和应用数学的规划方法，即动态规划理论和技术。本章所讨论的自动规划有别于动态规划，是一种基于人工智能理论和技术的自动规划系统。

我们首先引入规划的概念和定义，说明问题分解途径，然后讨论自动规划系统的任务。

一、规划的概念和作用

在自动规划研究中，有的人把重点放在消解原理证明机器上，它们应用通用搜索启发技术，以逻辑演算表示期望目标。这种系统把世界模型表示为一阶谓词演算公式的任意集合，采用消解反演来求解具体模型的问题，并采用中间结局分析策略来引导求解系统达到要求的目标。另一种规划系统采用管理式学习来加速规划过程，改善问题求解能力。PULP-I 就是一种具有学习能力的规划系统，它是建立在类比基础上的。PULP-I 系统采用语义网络来表示知识，比用一阶谓词公式前进了一步。20 世纪 80 年代以来，人们又开发出了其他一些规划系统，包括非线性规划系统、应用归纳的规划系统、分层规划系统和专家规划系统等。随着人工神经网络、多 Agent 系统、遗传算法等研究的深入，近年来研究人员又提出了基于人工神经网络的规划、基于多 Agent 的规划、进化规划等。

1. 规划的概念

从某个特定的问题状态出发，寻求一系列行为动作，并建立一个操作序列，直到求得目标状态为止，这个求解过程就被称为规划。

规划是关于动作的推理。它是一种抽象和清晰的深思熟虑过程，该过程通过预期动作的期望效果，选择和组织一组动作，其目的是尽可能好地实现一个预先给定的目标。

规划是对某个待求解问题给出求解过程的步骤。规划涉及如何将问题分解为若干个相应的子问题，还有如何记录和处理问题求解过程中发现的子问题间的关系。

规划具有层次结构。在规划的任务 - 子任务层次结构中，位于底层的子任务，其动作必须是个基本动作，就是无须再规划即可执行的动作。

在日常生活中，规划意味着人们在行动之前决定的行动进程，或者说，规划一词指的是在执行一个问题求解程序中任何一步之前，计算该步骤之后几步的过程。一个规划是一个行动过程的描述。它可以是像百货清单一样没有次序的目标表列。但是一般来说，规划具有某个规划目标的蕴涵排序。例如，对于大多数人来说，吃早饭之前要先洗脸和刷牙或漱口。又如，一个机器人要搬动某工件，必须先移动到该工件附近，再抓住该工件，然后带着工件移动。许多规划所包含的步骤是模糊的，而且需要进一步说明。例如，一个工作日规划中有吃午饭这个目标，但是有关细节，如在哪里吃、吃什么、什么时间去吃等，都没有说明。与吃午饭有关的详细规划是全日规划的一个子规划。大多数规划具有很大的子规划结构，规划中的每个目标都可以被能达到此目标的比较详细的子规划所代替。尽管最终得到的规划可能是某个问题求解算符的线性或分部排序，但是由算符来实现的目标常常具有分层结构。

应用状态空间搜索技术可以把规划问题表示为状态或节点，把规划动作（或称为事件）表示为算符或链接符，通过状态空间搜索求解得到一个算符

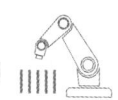

序列，即规划的动作序列，也就是规划的结果。除此之外，人们也可以采用其他方法，如谓词逻辑、语义网络、框架、本体、规则演绎系统、专家系统、多 Agent 系统和遗传算法等技术，进行自动规划。如同决策与搜索一样，规划与搜索同样密不可分。

在我们周围，存在各种大大小小的规划，大到国家长期科学技术发展纲要、国民经济和社会发展五年规划、国家发展战略规划、国家财政预算，小到个人的人生规划、工作规划、学习计划、家庭收支规划等。当然，这些规划的编制可能采用传统的数学和运筹学的方法，也可能采用人工智能的自动规划方法，还可能采用传统与人工智能相结合的方法。

例如，战略规划就是组织制定长期目标并将其付诸实施。对于一个国家，其战略规划一般涉及 20～50 年内的重大目标。对于一些大型企业，其战略规划大约是 50 年内要实现的事情。制定战略规划主要分为 2 个阶段，第一个阶段是确定目标，即在未来的发展过程中，应对各种变化所要达到的目标；第二阶段是要制定这个规划，当目标确定了以后，人们考虑使用什么手段、什么措施、什么方法来达到这个目标，这就是战略规划。

又如，城市规划是指城市人民政府为了实现一定时期内城市经济社会发展目标，确定城市性质、规模和发展方向，合理利用城市土地，协调城市空间布局和各项建设所作的综合部署和具体安排。

再如，所谓人生规划就是根据社会发展的需要和个人发展的志向，人们对自己未来的发展道路做出一种预先的策划和设计。人生规划包括：健康规划；事业规划（包含职业规划与学习规划）；情感规划（爱情、亲情、友情）；晚景规划。

2. 规划的作用

在科学发展观的指导下，对于国民经济和社会的重大问题，还有科学技术、工程和民生的重要问题，都需要进行科学规划和决策。然后，人们按照制定的规划，逐步实现规定目标。决策的优劣将决定行动的成败。智能决策系统和自动规划系统是科学决策的重要手段，它们同专家系统一样将成为人类 21 世纪智能管理与决策的重要工具。国家和地区国民经济及社会发展计划、财政预算、三峡工程、南水北调工程、大飞机制造项目、财政与金融调控等，都属于重大或重点规划。

例如，中华人民共和国国民经济和社会发展第十三个五年（2016—2020 年）规划纲要，其主要作用是阐明国家战略意图，明确政府工作重点，引导市场主体行为，是未来五年我国经济社会发展的宏伟蓝图，是全国各族人民共同的行动纲领,是政府履行经济调节、市场监管、社会管理和公共服务职责的重要依据。"十三五"时期我国要坚持全面建成小康社会、全面深化改革、全面依法治国、全面从严治党的战略布局,坚持发展是第一要务,以提高发展质量和效益为中心,加快形成引领经济发展新常态的体制机制和发展方式,保持战略定力,坚持稳中求进,统筹推进经济建设、政治建设、文化建设、社会建设、生态文明建设和党的建设,确保如期全面建成小康社会,为实现第二个百年奋斗目标、实现中华民族伟大复兴的中国梦奠定更加坚实的基础。

企业人力资源规划是为了实施企业的发展战略,完成企业的生产经营目标,根据企业内部环境和条件的变化,然后运用科学的方法对企业人力资源需求和供给进行预测,制定相应的政策和措施,从而使企业人力资源供给和需求达到平衡。

城市规划的根本作用是作为建设城市和管理城市的基本依据,是保证城市合理建设和城市土地合理开发利用及正常经营活动的前提和基础,是实现城市社会经济发展目标的综合手段。

人生规划使人们在规划人生的同时可以更理性思考自己的未来,初步尝试性地选择未来适合自己从事的事业和生活,尽早开始培养自己综合能力和综合素质。

从以上例子可以看出,规划对各项事业和工作的重要指导作用。如果缺乏规划,那么就可能导致人们得出的结果不是问题最佳的解甚至是错误的解。例如,有人由于缺乏规划,为了借一本书和还一本书而跑了两次图书馆。此外,如果目标不是独立的,那么动作前缺乏规划就可能在实际上排除了该问题的某个解答。

规划可用来监控问题求解过程,并能够在造成较大的危害之前发现差错。规划的好处可归纳为简化搜索、解决目标矛盾及为差错补偿提供基础。

无数正面经验和负面教训告诉我们,科学规划方法不仅对国家和社会贡献很大,而且对于个人学习和工作也极为有益。

二、规划的分类和问题分解途径

1. 规划的分类

按照规划内容、规划方法和规划实质的不同,可对规划进行如下分类。

(1) 按规划内容分

规划内容五花八门,但比较重要和普遍进行的规划包括国家长远战略目标规划、国民经济和社会的重大问题规划或计划、国家和地方各级政府国民经济和社会发展五年计划和年度计划及财政预算、重大项目（如三峡工程、南水北调工程、大飞机制造项目等）论证规划、国家财政与金融调控战略及规划、人才战略与规划、企业车间作业调度及水陆空交通运行调度、城市规划和环境规划等。

每个规划一般包含若干个子规划。例如，城市规划包括中心城规划、郊区规划、产业空间布局规划、专业系统规划和重点地区规划等子规划。又如，环境规划涉及流域环境经济系统规划、城市环境经济系统规划、开发区环境经济系统规划、区域土地可持续利用规划、城市固体废物管理规划等。

（2）按规划方法分

规划方法也是多种多样的，采用较多和效果较好的方法有非递阶（非分层）规划与递阶（分层）规划，线性规划与非线性规划，同步规划和异步规划，基于脚本、框架和本体的规划，基于专家系统的规划，基于竞争机制的规划，基于消解原理的规划，基于规则演绎的规划，应用归纳的规划，具有学习能力的规划，基于计算智能的规划，偏序规划，基于人工神经网络的规划、基于多真体的规划、进化规划、多目标规划及不确定性动态规划等。

在一个规划系统中，人们可能同时采用两种或多种方法，对同一问题进行综合求解，以求得到更佳的规划结果。

（3）按规划实质分

按规划实质分类，就是淡化规划内容，只考虑规划的实质，如目标、任务、途径、代价等，进行比较抽象的规划。按照规划的实质，其分类如下。

任务规划对求解问题的目标和任务等进行规划，又可称为高层规划。

路径规划对求解问题的途径、路径、代价等进行规划，又可称为中层规划。

轨迹规划对求解问题的空间几何轨迹及其生成进行规划，又可称为底层规划。

2. 问题分解途径

把某些比较复杂的问题分解为一些比较小的子问题的想法使应用规划方法求解问题在现实中成为可能。有两条能够实现这种分解的重要途径。

第一条重要途径是，系统当从一个问题状态移动到下一个状态时，无须计算整个新的状态，而只要考虑状态中可能变化了的那些部分。例如，一个机器人从一个房间走动到另一个房间，这并不改变两个房间内门窗的位置。当问题状态的复杂程度提高时，框架（画面）问题就变得越来越重要。

从一个状态移动到另一个状态的规则可以被简单地描述为整盘棋如何从一种位置变换为另一种位置,不过如果我们考虑引导一个机器人围绕着房子移动的问题,那么情况就要复杂得多。

第二条重要途径是,把单一的困难问题分割为几个有希望较为容易解决的子问题,这种分解能够使困难问题的求解变得容易。虽然这样做有时是可能的,但往往是不可能的。可用的替代办法是,可以把许多问题看作是可分解的问题,即它们可以被分割为只有少量互相作用的子问题。

曾经有人提出过几种可以进行这两类分解的方法。这些方法主要包括把原问题分解为适当的子问题的方法及在问题求解过程中发现子问题时记录和处理子问题间的互相作用,这些方法就是规划的方法。

3. 域的预测和规划的修正

然而,以上方法的成功取决于问题论域的另一特性:问题的论域是否是可预测的。如果人们通过实际执行某个操作序列来寻找问题的解答,那么在这个过程中的任何一步都能确信该步的结果。但对于不可预测的论域,如果只是通过计算机来模拟求解过程,那么人们就无法知道求解步骤的结果。人们最好能考虑可能结果的集合,这些结果很可能按照它们出现的可能性以某个次序排列,然后产生一个规划,并试图去执行这个规划。人们必须对可能出现的下列情况有所准备,即实际结果人们并非所期望的。如果规划包括每一步的所有可能结果的路径,那么系统就可以通过那些合适的路径得到结果,但是往往可能有很多结果,其中多数是极不相同的。在这种情况下,要对所有可能产生的结果列出规划,那将是极其费力的。替代的办法是系统要产生一个有希望的、成功的规划。不过,如果这个规划失败了,又将怎么办呢?其中一种可能性是,抛弃该规划的其余部分,而应用现有状态作为新的初始状态,再次开始新的规划过程。有时,这样做是合理的。

不过,非期望的结果往往并不会使该规划的整个余下部分失效有时只要稍加变化一下,例如附加一步就有可能使规划的余下部分变为有用的。如果最后的规划是由许多用于求解一套子问题的较小规划组成的,然后规划中若有一步失败了,那么规划中受到影响的部分只是规划中用于求解那个子问题的有关部分,规划中所有其余部分与这一步无关。如果问题只是部分可分解的,那么任何与受影响子问题具有互相作用的子问题也会受到影响。因此,与在规划过程中留意所出现的互相作用一样重要的是,与最后规划一起记下互相作用的信息,这样当人们执行中出现某些非期望事件而需要重新规划时,就能够考虑到这些互相作用。

对真实世界的任何方面进行完全预测几乎是做不到的。因此,人们必须随时准备面对规划的失败。但是,如果在进行规划时把问题分解为尽可能多的独立(或近乎独立)子问题,那么某一个规划步骤的失败对规划的影响是十分局部的。这样,我们就更有理由把问题分解方法用于问题求解与规划。

三、执行规划系统任务的方法

在规划系统中,必须具有执行下列各项任务的方法。
①根据最有效的启发信息,选择应用于下一步的最好规则。
②应用所选取的规则来计算由于应用该规则而生成的新状态。
③对所求得的解答进行检验。
④检验空端,以便舍弃它们,使系统的求解工作向着更有效的方向进行。
⑤检验殆正确的解答,并应用具体的技术使之完全正确。
下面讨论能够执行上述 5 项任务的方法。

1. 选择和应用规则

人们在选择合适应用规则时最广泛采用的技术是,首先要查出期望目标状态与现有状态之间的差别集合,然后辨别出那些与减少这些差别有关的规则。如果找到几种规则,则可以运用各种启发信息,对这些规则加以挑选。

对于简单系统,应用规则是比较容易的,因为每条规则都规定了它所导致的问题状态。然而,系统必须能够处理只规定整个问题状态一小部分的规则。有各种方法可以做到这一点。

一种方法是对每个动作都叙述其所引起的状态表示的每一个变化,此外需要用某些语句来描述所有其他仍然维持不变的事物。

这种方法的优点是只需要一个单一的机理——消解就能够执行状态描述所需要的所有操作运算。但是,要是该问题状态描述较为复杂的话,就需要很多的公理条数。例如,人们不仅对积木世界的积木的位置感兴趣,而且也对其颜色感兴趣,那么对于每一个操作,就需要更多的公理。

应用框架公理能够大大减少系统必须提供给每个操作符的信息。系统在计算完全的状态描述时,怎样才能达到应用框架公理的效果呢?首先,对于复杂的描述来说,在每个操作之后,大多数状态保持不变,但是如果把状态表示为每个谓词的某种显式部分,那么对于每个状态都必须重新推演所有的信息。为了避免这种情况,系统可以丢弃单独的谓词显式状态表示而简单修正单一谓词数据库使它总是描述现有的世界状态。

系统按照某个给定的操作符序列的方法，简单修正某个单一的状态表示能够工作得很好。但是，在搜索正确的操作符序列过程中又发生了些什么呢？如果有个不正确的序列被搜索到，那么系统可以返回到原始状态，以便测试另一个不同的序列，即使总数据库描述搜索图上现有节点的问题状态，这也是可能做到的。

2. 检验解答与空端

当规划系统找到一个能够把初始问题状态变换为目标状态的操作符序列时，此系统就成功求得了问题的一个解答。不过，系统又如何知道求得了一个解答呢？对于简单的问题求解系统，这个问题可以很容易由状态描述的直接匹配来回答。但是，如果整个状态不是由显式表示而是由一个相关特性集合来描述的，那么这个问题就变得复杂得多。系统解决问题的方法取决于状态的表示方法。所有的表示方案，必须有可能用表示进行推理，以便发现一个状态表示是否与另一个表示相匹配。

原则上，问题的任何表示方法及其某些组合方法都可用来描述规划系统的问题状态。假定部分目标由谓词 P（X）来表示。人们要想知道 P（X）是否满足初始状态，就要看是否能够证明 P（X）给出了描述初始状态的断言和规定世界模型的公理（诸如这种事实：如果机械手抓住某个物体，那么它就不是空手的），如果能够构成这样的证明，那么此问题求解过程就终止；如果不能构成这种证明，那么系统就必须提出一个可能解决问题的操作符序列，然后用检验初始状态同样的方法来检验这个序列。

当一个规划系统正在为某个具体问题寻求一个操作符序列时，人们必须注意探索一条绝不可能（至少是显得不可能）导致解答的路径的情况。同样的推理方法可以用来检验空端。所谓空端（或死端）即指无法从它达到目标的端点。

如果搜索过程是从初始状态正向推理的，那么可以删去任何导致某种状态的路径，从这种状态出发是无法达到目标状态的，也可以删去那些看起来会导致一条比从起始位置出发所得到的解释路径还要长的路径。

如果搜索过程是从目标状态逆向推理的，那么当系统确信无法达到初始状态，或者搜索过程进展甚微时，可以终止该路径的搜索。在采用逆向推理时，每个目标被分解为一些子目标，每个子目标又可能导出一个子子目标集。有时，能够很容易检验出一个已知的子目标集无法同时全部得到满足。例如，机械手不可能同时既是空手又抓住积木。任何试图要使这两个目标同时为真的路径都可被删去，因为它们无路可走。譬如说，如果系统在试图满足目标

A 时，程序最终把问题归纳为满足目标 A 和目标 B 及 C，这就没有取得什么进展，并且所生成的问题甚至比原始问题还要困难，因此所以导致此问题的路径应当被舍弃。

3. 修正殆正确解

一个求解殆可分解问题的办法是，当系统执行与所提出的解答相对应的操作符序列时，检查求得的状态，并把它与期望目标加以比较。在多数情况下，所得状态与期望目标间的差别比初始状态和目标间的差别要小。此时可以再次调用问题求解系统，以求找到一种消除这个新差别的途径。第一个状态可与第二个状态结合起来，以形成对初始问题的一个解答。

修正一个殆正确解答的较好办法是注意有关出错的知识，然后加以直接修正。例如，使所提出的解答不适宜的原因是它的一个操作符不能被应用，因为此操作符的先决条件未被满足。如果该操作符有两个先决条件，而且使第二个先决条件为真的操作符序列破坏了第一个先决条件，那么就可能出现这种情况。不过，如果系统试图按相反的次序使先决条件满足，那么也许就不会出现这个问题。

修正一个殆正确解答的更好办法实际上不是对解答进行全面的修正而是不完全确定地让它们保留到最后的可能时刻，然后当有尽可能多的信息可供利用时，系统再用一种不产生矛盾的方法来完成对解答的详细说明，这种方法叫作最少约定策略。它可以通过多种方法加以应用。一种方法是推迟决定操作符的执行顺序。

第二节 任务规划

任务规划包括了积木世界的机器人规划、斯坦福研究所问题术解系统、分层规划、基于专家系统的机器人规划等。

一、积木世界的机器人规划

问题求解是一个寻求某个动作序列以达到目标的过程，机器人问题求解即寻求某个机器人的动作序列（可能包括路径等），这个序列能够使该机器人达到预期的工作目标，完成规定的工作任务。

1. 积木世界的机器人问题

机器人技术的发展为人工智能问题求解开拓了新的应用前景，并形成了一个新的研究领域——机器人学。许多问题求解系统的概念都可以在机器人问题求解上进行试验研究和应用。机器人问题既比较简单，又很直观。在机器人问题的典型表示中，机器人能够执行一套动作。例如，设想有一个积木世界和一个机器人，积木世界是几个有标记的立方体积木（在这里假定为一样大小的），它们或者互相堆叠在一起，或者摆在桌面上；机器人有一个可移动的机械手，它可以抓起积木块并移动积木从一处至另一处。在这个例子中，机器人能够执行的动作举例如下：

unstack（a, b）：把堆放在积木 b 上的积木 a 拾起。在进行这个动作之前，要求机器人的手为空手，而且积木 a 的顶上是空的。

stack（a, b）：把积木 a 堆放在积木 b 上。在进行此动作之前要求机械手必须已抓住积木 a，而且积木 b 顶上必须是空的。

pickup（a）：从桌面上拾起积木 a，并抓住它不放。在动作之前要求机械手为空手，而且积木 a 顶上没有任何东西。

putdown（a）：把积木 a 放置到桌面上。要求动作之前机械手已抓住积木 a。

机器人规划包括许多功能，例如识别机器人周围世界、表述动作规划、监视这些规划的执行。人们所要研究的主要是综合机器人的动作序列问题，即在某个给定初始情况下，经过某个动作序列而达到指定的目标。

采用状态描述作为数据库的产生式系统是一种最简单的问题求解系统。机器人问题的状态描述和目标描述均可用谓词逻辑公式构成。为了指定机器人所执行的操作和执行操作的结果，系统需要应用下列谓词。

ON（a, b）：积木 a 在积木 b 之上。

ONTABLE（a）：积木 a 在桌面上。

CLEAR（a）：积木 a 顶上没有任何东西。

HOLDING（a）：机械手正抓住积木 a。

HANDEMPTY：机械手为空手。

如图 6-1（a）所示为初始布局的机器人问题。这种布局可由下列谓词公式的合取来表示。

CLEAR（B）：积木 B 顶部为空

CLEAR（C）：积木 C 顶部为空

ON（C, A）：积木 C 堆在积木 A 上

ONTABLE（A）：积木 A 置于桌面上

ONTABLE（B）：积木 B 置于桌面上

HANDEMPTY：机械手为空手

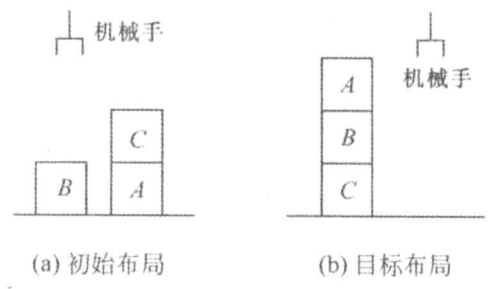

图 6-1 积木世界的机器人问题

目标布局是要建立一个积木堆，其中积木 B 堆在积木 C 上面，积木 A 又堆在积木 B 上面，如图 6-1（b）所示，也可以用谓词逻辑来描述此目标：

ON（E，C）∧ ON（A，B）

2. 用 F 规则求解规划序列

采用 F 规则表示机器人的动作，这是一个叫作 STRIPS 规划系统的规则，它由三部分组成。第一部分是先决条件，即为了使 F 规则能够应用到状态描述中去，这个先决条件公式必须是逻辑上遵循状态描述中事实的谓词演算表达式。在应用 F 规则之前，系统必须确信先决条件是真的。F 规则的第二部分是一个叫作删除表的谓词，即当一条规则被应用于某个状态描述或数据库时，就从该数据库中删去删除表的内容。F 规则的第三部分叫作添加表，即当系统把某条规则应用于某数据库时，就把该添加表的内容添进到该数据库。在堆积木的例子中，move 这个动作可以表示如下。

move（X，Y，Z）：把物体 X 从物体 Y 上面移到物体 Z 上面。

先决条件：CLEAR（X），CLEAR（Z），ON（X，Y）

删除表：ON（X，Y），CLEAR（Z）

添加表：ON（X，Z），CLEAR（Y）

如果 move 为此机器人仅有的操作符或适用动作，那么系统就可以生成如图 6-2 所示的搜索图或搜索树。

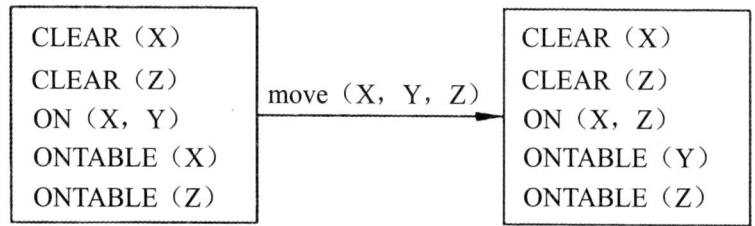

图 6-2 表示 move 动作的搜索树

以图 6-1 中的积木块为例,机器人的 4 个动作(或操作符)可用 STRIPS 形式表示如下:

(1) stack(X, Y)

先决条件和删除表:HOLDING(X)∧CLEAR(Y)

添加表:HANDEMPTY,ON(X, Y)

(2) unstack(X, Y)

先决条件:HANDEMPTY∧ON(X, Y)∧CLEAR(X)

删除表:ON(X, Y),HANDEMPTY

添加表:HOLDING(X),CLEAR(Y)

(3) pickup(X)

先决条件:ONTABLE(X)∧CLEAR(X)∧HANDEMPTY

删除表:ONTABLE(X)∧HANDENPTY

添加表:HOLDING(X)

(4) putdown(X)

先决条件和删除表:HOLDING(X)

添加表:ONTABLE(X),HANDEMPTY

假定目标为如图 6-1(b)所示的状态,即 ON(B, C)∧ON(A, B)。从如图 6-1(a)所示的初始状态描述开始正向操作,只有 unstack(C, A)和 pickup(B)两个动作可以应用 F 规则。

二、斯坦福研究所问题术解系统

STRIPS 系统,即斯坦福研究所问题求解系统,其是从被求解的问题中引出一般性结论而产生规划的。

1.STRIPS 系统的组成

STRIPS 系统是由菲克斯、哈特和尼尔逊 3 人在 1971 年及 1972 年研究成功的,它是夏凯机器人程序控制系统的一个组成部分。这个机器人是一部被设计用于围绕简单环境移动的自推车,它能够按照简单的英语命令进行动作。夏凯包含下列 4 个主要部分。

①车轮及其推进系统。

②传感系统,由电视摄像机和接触杆组成。

③一台不在车体上用来执行程序设计的计算机,它能够分析由车上传感器得到的反馈信息和输入指令,并向车轮发出使其推进系统触发的信号。

④无线电通信系统,用于在计算机和车轮之间进行数据传送。

STRIPS 是决定把哪个指令送至机器人的程序设计系统。该机器人世界包括一些房间、房间之间的门和可移动的箱子,在比较复杂的情况下还有电灯和窗户等。对于 STRIPS 来说,任何时候所存在的具体的、突出的实际世界都由一套谓词演算子句来描述。例如,子句

$$INROOM(ROBOT,R2)$$

其在数据库中为一断言,表明该时刻机器人在 2 号房间内。当实际情况改变时,数据库必须进行及时修正。总的来说,描述任意时刻的世界数据库就叫作世界模型。

控制程序包含许多子程序,当这些子程序被执行时,它们将会使机器人移动通过某个门,推动某个箱子通过一个门,关上某盏电灯或者执行其他实际动作。这些程序本身是很复杂的,但不直接涉及问题求解。对于机器人问题求解来说,这些程序有些类似人类问题求解中走动和拾起物体等动作一样的关系。

整个 STRIPS 系统的组成如下。
① 世界模型,为一阶谓词演算公式。
② 操作符(F 规则),包括先决条件、删除表和添加表。
③ 操作方法,应用状态空间表示和中间 - 结局分析,具体如下。
状态:(M,G),包括初始状态、中间状态和目标状态。
初始状态:(M_0,(G_0))
目标状态:得到一个世界模型,其中不遗留任何未满足的目标。

2. STRIPS 系统规划术解过程

STRIPS 问题的解答通常为某个实现目标的操作符序列,即达到目标的规划。下面就举例说明 STRIPS 系统规划的求解过程。

例如,考虑 STRIPS 系统一个比较简单的情况,即要求机器人到邻室去取回一个箱子。机器人的初始状态和目标状态的世界模型如图 6-3 所示。

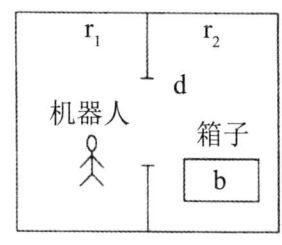
(a)初始世界模型M_0

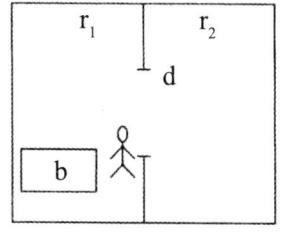
(b)目标世界模型G_0

图 6-3 STRIPS 的一个简化模型

设有两个操作符,即 gothru 和 pushthru("走过"和"推过"),分别描述如下。

① OP1: gothru (d, r_1, r_2)。

机器人通过房间 r_1 和房间 r_2 之间的门 d,即机器人从房间 r_1 走过门 d 而进入房间 r_2。先决条件:INROOM(ROBOT, r_1)∧CONNECTS(d, r_1, r_2);机器人在房间 r_1 内,而且门 d 连接 r_1 和 r_2 两个房间。

删除表:INROOM(ROBOT, S);对于任何 S 值。

添加表:INROOM(ROBOT, r_2)。

② OP2: pushthru (b, d, r_1, r_2)。

机器人把物体 b 从房间 r_2 经过门 d 推到房间 r_1。

先决条件:INROOM(b, r_2)∧INROOM(ROBOT, r_2)∧CONNECTS(d, r_1, r_2)。

删除表:INROOM(ROBOT, S),INROOM(b, S);对于任何 S。

添加表:INROOM(ROBOT, r_1),INROOM(b, r_1)。

假定这个问题的初始状态 M_0 和目标 G_0 如下:

$$M_0 \begin{cases} INROOM(ROBOT, r_1) \\ INROOM(b, r_2) \\ CONNECTS(d, r_1, r_2) \end{cases}$$

G_0: INROOM(ROBOT, r_1) ∧ INROOM(b, r_1) ∧ CONNECTS(d, r_1, r_2)

下面,采用中间-结局分析方法来逐步求解这个机器人规划。

① do GPS 的主循环迭代 until M_0 与 G_0 匹配为止。

② begin。

③ M_0 不能满足 G_0,找出 G_0 与 M_0 的差别。

尽管这个问题不能马上得到解决,但是如果初始数据库含有语句 INROOM(b, r_1),那么这个问题的求解过程就可以得到继续。GPS 找到它们的差别 d_1 为 INROOM(b, r_1),即要把箱子(物体)放到目标房间 r_1 内。

④ 选取操作符。

选择一个与减少差别有关的操作符。根据差别表,STRIPS 选取操作符如下。

OP2: pushthru (b, d, r_1, r_1)

⑤ 消去差别 d_1。

为 OP2 设置先决条件 G_1 如下:

G_1：INROOM（b，r_1）$\wedge$ INROOM（ROBOT，r_1）$\wedge$ CONNECTS（d，r_1，r_1）

这个先决条件被设定为子目标，而且 STRIPS 试图从 M_0 到达 G_1。尽管 G_1 仍然不能得到满足，也不可能马上找到这个问题的直接解答，不过 STRIP 发现：

如果

$$r_1 = r_2$$

当前数据库含有 INROOM（ROBOT，r_1）。

那么此过程能够继续进行。现在新的子目标 G_1 如下。

G_1：INROOM（BOX_1，r_2）$\wedge$ INROOM（ROBOT，r_2）$\wedge$ CONNECTS（d，r_2，r_1）

⑥GPS（p）。重复第（3）步~第（5）步，迭代调用，以求解此问题。

G_1 和 M_0 的差别 d_2 为 INROOM（ROBOT，r_2），即要求机器人移到房间 r_2。

根据差别表，对应于 d_2 的相关操作符为 OP1：gothru（d，r_1，r_2）。

OP1 的先决条件如下。

G_2：INROOM（ROBOT，r_1）$\wedge$ CONNECTS（d，r_1，r_2）。

应用置换式 $r_1 = r_2$，STRIPS 系统能够达到 G_2。

⑦把操作符 gothru（d，r_1，r_2）作用于 M_0，求出中间状态 M_1。

删除表：INROOM（ROBOT，r_1）。

添加表：INROOM（ROBOT，r_2）。

$$M_1 \begin{cases} \text{INROOM(ROBOT, } r_1) \\ \text{INROOM(b, } r_2) \\ \text{CONNECTS(d, } r_1, r_2) \end{cases}$$

把操作符 pushthru 应用中间状态 M_1，

删除表：INROOM（ROBOT，r_2），INROOM（BOX_1，r_2）

添加表：INROOM（ROBOT，r_1），INROOM（BOX_1，r_1）

得到另一中间状态 M_2 如下。

$$M_2 \begin{cases} \text{INROOM(ROBOT, } r_1) \\ \text{INROOM(b, } r_2) \\ \text{CONNECTS(d, } r_1, r_2) \end{cases}$$

$$M_2 = G_0$$

⑧ end。

由于 M_2 与 G_0 匹配，所以我们通过中间-结局分析解答了这个机器人规划问题。在求解过程中，所用到的 STRIPS 规则为操作符 OP1 和 OP2，即

$$\text{gothru}(d, r_1, r_2), \text{pushthru}(b, r_2, r_1)$$

中间状态模型 M_1 和 M_2，即子目标 G_1 和 G_2，如图 6-4 所示。

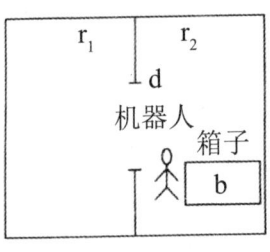
（a）中间目标状态M_1

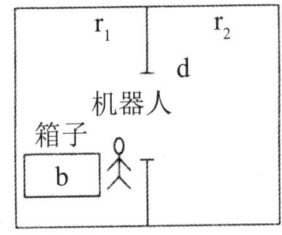
（b）中间目标状态M_2

图 6-4 中间目标状态的世界模型

从图 6-4 可见，M_2 与图 6-3 的目标世界模型 G_0 相同。

因此，得到的最后规划为 {OP1，OP2}，即

$\{\text{gothru}(d, r_1, r_2), \text{pushthru}(b, d, r_2, r_1)\}$

三、分层规划

要求解困难的问题，一个问题求解系统可能不得不产生出冗长的规划。为了对问题进行有效求解，可在求得一个针对问题的主要解答之前，能够暂时删去某些细节，然后设法填入适当的细节。早期的办法涉及宏指令应用，它就是由较小的操作符构成较大的操作符。不过，这种方法并不能从操作符的实际描述中消去任何细节。人们在 ABSTRIPS 系统中，研究出了一种较好的方法。

1. 长度优先搜索

问题求解的 ABSTRIPS 方法是比较简单的。首先，全面求解此问题时，该方法只考虑那些可能具有最高临界值的先决条件，这些临界值反映出满足该先决条件的期望难度。要做到这一点，本方法与 STRIPS 的做法完全一样，只是不考虑比最高临界值低的低层先决条件而已。在完成这一步之后，应用所建立起来的初步规划要作为完整规划的一个轮廓，并考虑下一个临界层的先决条件，用满足那些先决条件的操作符来证明此规划。在选择操作符时，不需要考虑比现在考虑的这一层要低的所有低层先决条件。考虑完一层之后继续考虑越来越低层的临界先决条件，直至全部原始规划

的先决条件均被考虑到为止。因为这个过程探索规划时首先只考虑一层的细节，然后再注意规划中比这一层低一层的细节，所以把它叫作长度优先搜索。

显然，指定适当的临界值对于这个分层规划方法的成功是至关重要的。那些不能被任何操作符满足的先决条件自然是最临界的。例如，如果试图求解一个涉及机器人绕着房子内部移动的问题，而且要考虑操作符PUSHTHRUDOOR，那么存在一个大得足以让机器人通过的门这样一个先决条件是最高临界值，因为在正常情况下，如果这个先决条件不为真，那么后边的一切就无从谈起。如果我们有操作符OPENDOOR，那么打开门这一先决条件就是较低的临界值。要使分层规划系统应用类似STRIPS的规划进行工作，除了规划本身之外，其还必须知道可能出现在某个先决条件中的每项适当的临界值。给出这些临界值之后，系统就能够应用许多非分层规划所采用的方法来求解基本过程。

2. NOAH 规划系统

（1）应用最小约束策略

一个寻找非线性规划而不必考虑操作符序列的所有排列的方法是应用最少约束策略来选择操作符执行次序的问题。其所需要的是某个能够发现那些需要操作符的规划过程及这些操作符之间任何需要的排序（例如，在能够执行某个已知的操作符之前，必须先执行其他一些操作符，以建立该操作符的先决条件）。在应用这种过程之后，才能应用第二种方法来寻求那些能够满足所有要求约束操作符的某个排序。问题求解系统 NOAH 正好能够进行此项工作，它采用一种网络结构来记录它所选取的操作符之间所需要的排序。它也分层进行操作运算，即首先建立起规划的抽象轮廓，然后在后续的各步中，填入越来越多的细节。

（2）检验准则

现在，NOAH 系统应用一套准则来检验规划并查出子规划之间的互相作用。每个准则都是一个小程序，它对系统所提出的规则进行专门观测。准则法已被应用于各种规划生成系统。对于早期的系统，如 HACKER 系统，准则则只用于舍弃不满足的规划。在 NOAH 系统中，准则被用来提出推定的方法以便修正所产生的规划。

四、基于专家系统的机器人规划

虽然具有管理式学习能力的机器人规划系统能够加快规划过程，并改善问题求解能力，但是它仍然存在一些问题。首先，这种表达子句的语义

人工智能技术的发展及应用研究

网络结构过于复杂，因而设计技术较难。其次，与复杂的系统内部数据结构有关的是，PULP-1 系统具有许多子系统，而且需要花费大量时间来编写程序。再次，尽管 PULP-I 系统的执行速度要比 STRIPS 系列快得多，但是它仍然不够快。

10 多年前就已经有人开始研究用专家系统技术来进行不同层次的机器人规划和程序设计。本节将结合作者对机器人规划专家系统的研究，介绍基于专家系统的机器人规划。

1. 系统结构和规划机理

机器人规划专家系统就是用专家系统的结构和技术建立起来的机器人规划系统。大多数成功的专家系统都是以基于规则系统的结构来模仿人类的综合机理的。这里，我们也采用基于规则的专家系统来建立机器人规划系统。

（1）系统结构及规划机理

基于规划的机器人规划专家系统由以下 5 个部分组成。

①知识库。

其用于存储某些特定领域的专家知识和经验，包括机器人工作环境的世界模型、初始状态、物体描述等事实和可行操作或规则等。为了简化结构图，我们把表征系统目前状况的总数据库（综合数据库）看作是知识库的一部分。一般意义上，总数据库（黑板）是专家系统的一个单独组成部分。

②控制策略。

它包含综合机理，用来确定系统应当应用什么规则及采取什么方式去寻找该规则。当使用 PROLOG 语言时，其控制策略为搜索、匹配和回溯。

③推理机。

其用于记忆所采用的规则、控制策略及推理策略。根据知识库的信息，推理机能够使整个机器人规划系统以逻辑方式协调工作，进行推理，作出决策，寻找出理想的机器人操作序列。有时，人们把这一部分叫作规划形成器。

④知识获取。

系统首先获取某特定域的专家知识，然后用程序设计语言把这些知识变换为计算机程序，最后把它们存入知识库待用。

⑤解释与说明。

系统通过用户接口，在专家系统与用户之间进行交互作用（对话），从而使用户能够输入数据、提出问题、知道推理结果和了解推理过程等。

此外，要建立专家系统，还需要有一定的工具，包括计算机系统或网络、操作系统和程序设计语言及其他支援软件和硬件。对于本节所研究的机器人规划系统，我们采用 DUALVAX 11/780 计算机、VM/UNIX 操作系统和 C-PROLOG 编程语言。

当每条规则变动或执行某个操作之后，总数据库就要发生变化。基于规则的专家系统的目标就是要通过逐条执行规则及其有关操作来逐步改变总数据库的状况，直至得到一个可接受的数据库（称为目标数据库）为止。系统把这些相关操作依次集合起来，就形成操作序列，它给出机器人运动所必须遵循的操作及其操作顺序。例如，对于机器人搬运作业，规划序列就给出搬运机器人把某个或某些特定零部件或工件从初始位置搬运至目标位置所需要进行的工艺动作。

（2）任务级机器人规划三要素

任务级机器人规划就是要寻找简化机器人编程的方法，采用任务级编程语言使机器人易于编程，以开拓机器人的通用性和适应性。

任务规划是机器人高层规划最重要的一个方面，它包含下列 3 个要素。

①建立模型。

建立机器人工作环境的世界模型涉及大量的知识表示，其中主要包括任务环境内所有物体及机器人的几何描述（如物体形状尺寸和机器人的机械结构等）、机器人运动特性描述（如关节界限、速度和加速度极限及传感器特性等）及物体固有特性和机械手连杆描述（如物体的质量、惯量和连杆参数等）。

此外，系统还必须为每个新任务提供其他物体的几何、运动和物理模型。

②任务说明。

由机器人工作环境内各物体的相对位置来定义模型状态，并由状态的变换次序来规定任务。这些状态有初始状态、各中间状态及目标状态等。为了说明任务，可以采用计算机辅助设计（CAD）系统以期望姿态来确定物体在模型内的位置；也可以由机器人本身来规定机器人的相对位置和物体特性。不过，这种做法难以解释与修正。比较好的方法是，采用一套维持物体间相对位置所需要的符号空间关系。这样，系统就能够用某个符号操作序列来说明与规定任务，使问题得以简化。

③程序综合。

任务级机器人规划的最后一步是综合机械手的程序。例如，对于抓取规划,要设计出抓住点的程序,这与机械手的姿态及被抓物体的描述特性有关。这个抓取点必须是稳定的。又如,对于运动规划,如果属于自由运动,那么就要综合出避开障碍物的程序;如果是制导和依从运动,那么就要考虑采用传感器的运动方式来进行程序综合。

2. ROPES 机器人规划系统

以下通过举例说明应用专家系统的机器人规划系统。这是一个并不复杂的例子。我们采用基于规则的系统和 C-PROLOG 程序设计语言来建立这一系统,它们被并称为 ROPES 系统,即机器人规划专家系统。

(1) 系统简化框图

要建立一个专家系统,首先必须仔细并准确获取专家知识。本系统的专家知识包括来自专家和个人的经验;教科书、手册、论文及其他参考文献的知识。系统把所获取的专家知识用计算机程序和语句表示后存储在知识库中,推理规则也放在知识库内,这些程序和规则均用 C-PROLOG 语言编制。

本系统的主要控制策略为搜索、匹配和回溯。

在系统终端的程序操作员(用户),输入初始数据,提出问题,并与推理机对话。然后,由推理机器在终端得到答案和推理结果,即规划序列。

(2) 世界模型与假设

ROPES 系统含有几个子系统,它们分别用于进行机器人的任务规划、路径规划、搬运作业规划以及寻找机器人无碰撞路径。这里仅以搬运作业规划系统为例来说明本系统的一些具体问题。

机器人装配流水线经过 6 个工段(工段 1~工段 6),有 6 个门道沟通各有关工段。在装配线旁装设有 10 台装配机器人(机$_1$~机$_{10}$)和 10 个工作台(台$_1$~台$_{10}$)。在流水线所在车间两侧的料架上,放置着 10 种待装配零件。此外,还有 1 台流动搬运机器人和 1 部搬运小车。这台机器人能够把所需零件从料架送到指定的工作台上,供装配机器人用于装配。当所搬运的零配件的尺寸较大或较重时,搬运机器人需要用小搬运车来运送它们。我们称这种零部件为重型零件。

除了装配线模型以外,我们还可以用图 6-5 来表示搬运机器人的可能操作次序。

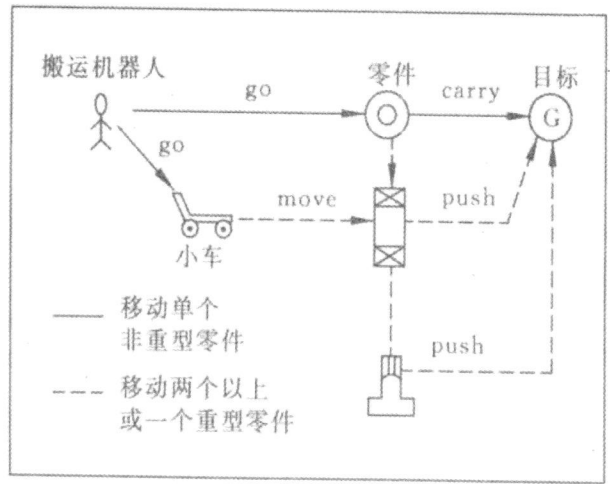

图 6-5 搬运机器人操作流

为了便于表示知识、描述规则和理解规划结果，本系统的一些定义如下：
go（A，B）：搬运机器人从位置 A 走到位置 B。

其中

A=（areaA，Xa，Ya）：工段 A 内位置（Xa，Ya）。

B=（areaB，Xb，Xb）：工段 B 内位置（Xb，Yb）。

Xa，Ya：工段 A 内笛卡儿坐标的水平和垂直坐标米数。

Xb，Yb：工段 B 内的坐标米数。

gothru（A，B）：搬运机器人从位置 A 走过某个门而到达位置 B。

carry（A，B）：搬运机器人抓住物体从位置 A 送至位置 B。

carrythru（A，B）：搬运机器人抓住物体从位置 A 经过某个门而到达位置 B。

move（A，B）：搬运机器人移动小车从位置 A 至位置 B。

movethru（A，B）：搬运机器人移动小车从位置 A 经过某个门而到达位置 B。

push（A，B）：搬运机器人用小车把重型零件从位置 A 推至位置 B。

pushthru（A，B）：搬运机器人用小车把重型零件从位置 A 经过某门推至位置 B。

loadon（M，N）：搬运机器人把某个重型零件 M 装到小车 N 上。

unload（M，N）：搬运机器人把某个重型零件 M 从小车 N 上卸下。

transfer（M，cartl，G）：搬运机器人把重型零件 M 从小车 canl 上卸至目标位置 G 上。

（3）规划与执行结果

前已述及，本规划系统是采用基于规则专家系统和 C-PROLOG 语言来产生规划序列的。本规划系统共使用 15 条规则，每条规则包含两条子规则，因此实际上共使用 30 条规则。把这些规则存入系统的知识库内，将这些规则与 C-PROLOG 的可估价谓词一起使用，能够很快得到推理结果。下面对几个系统的规划性能进行比较。

ROPES 系统是用 C-PROLOG 语言在美国普度大学普度工程计算机网络（PECN）上的 DUAL-VAX 11/780 计算机和 VM/UNIX（4.2BSD）操作系统上实现的。而 PULP-I 系统则是用解释 LISP 在普度大学普度计算机网络（PCN）的 CDC-6500 计算机上执行的。STRIPS 和 ABSTRIPS 各系统是用部分编译 LISP（不包括垃圾收集）在 PDP-10 计算机上进行求解的。据估计，CDC-6500 计算机的实际平均运算速度要比 PDP-10 快 8 倍。但是，由于 PDP-10 所具有的部分编译和清除垃圾堆的能力，其数据处理速度实际上只比 CDC-6500 稍微慢一点。DUAL-VAX 11/780 和 VM/UNIX 系统的运算速度也比 CDC-6500 要慢许多。不过，为了便于比较，在此我们用同样的计算时间单位来处理这 4 个系统，并对它们进行直接比较。

表 6-1 比较了这 4 个系统的复杂性，其中用 PULP-24 系统来代表 ROPES 系统。从表 6-1 中可以清楚地看出，ROPES（PULP-24）系统最为复杂，PULP-1 系统次之，而 STRIPS 和 ABSTRIPS 系统最简单。

表 6-1　各规划系统世界模型的比较

系统名称	物体数目				
	房间	门	箱子	其他	总计
STRIPS	5	4	3	1	13
ABSTRIPS	7	8	3	0	18
PULP-1	6	6	5	12	27
PULP-24	6	7	5	15	33

表 6-2 仔细比较了 PULP-1 和 ROPES 两系统的规划速度。从表 6-2 可见，ROPES 系统的规划速度要比 PULP-1 系统快得多。

表 6-2　规划时间的比较

操作符数目	CPU 规划时间 /s		操作符数目	CPU 规划时间 /s	
	PULP-1	PULP-24		PULP-1	PULP-24
2	1.582	1.581	49	—	2.767
6	2.615	1.717	53	—	2.950
10	4.093	1.850	62	—	3.217
19	6.511	1.967	75	—	3.233
26	6.266	2.150	96	—	3.483
34	12.225	—	117	—	3.517

(4) 结论与讨论

本规划系统是 ROPES 系统的一个子系统，是以 C-PROLOG 为核心语言，于 1985 年在美国普度大学的 DUAL-VAX 11/780 计算机上实现的，并获得了良好的规划结果。与 STRIPS、ABSTRIPS 及 PULP-1 相比，本系统具有更好的规划性能和更快的规划速度。

本系统能够输出某个指定任务的所有可能解答序列，而此前的其他系统只能给出任意一个解。当引入 "cut" 谓词后，本系统也只输出单一解；它不是 "最优" 解，而是一个 "满意" 解。

当涉及某些不确定任务时，规划将变得复杂起来。这时，概率、可信度和（或）模糊理论可用于表示知识和任务，并求解此类问题。

C-PROLOG 语言对许多规划和决策系统是十分合适和有效的，它比 LISP 更加有效而简单。在微型机上建立高效率的规划系统应当是研究的一个方向。

当规划系统的操作符数目增大时，本系统的规划时间增加得很少，而 PULP-1 系统的规划时间却几乎是线性增加的。因此，ROPES 系统特别适用于大规模的规划系统，而 PULP-1 只能用于具有较少操作符数目的系统。

第三节 路径规划

移动智能机器人是一类能够通过传感器感知环境和自身状态，实现在有障碍物的环境中面向目标的自主运动，从而完成一定作业功能的机器人系统。

导航技术是移动机器人技术的核心，而路径规划是导航研究的一个重要环节和课题。所谓路径规划是指移动机器人按照某一性能指标（如距离，时间，能量等）搜索一条从起始状态到达目标状态的最优或次优路径。路径规划主要涉及的问题包括利用获得的移动机器人环境信息建立较为合理的模型，再用某种算法寻找一条从起始状态到达目标状态的最优或近似最优的无碰撞路径；能够处理环境模型中的不确定因素和路径跟踪中出现的误差，使外界物体对机器人的影响降到最小；利用已知的所有信息来引导机器人的动作，从而得到相对更优的行为决策。如何快速有效完成移动机器人在复杂环境中的导航任务仍将是今后研究的主要方向之一。怎样把各种方法的优点融合到一起以达到更好的效果也是一个有待探讨的问题。

人工智能技术的发展及应用研究

一、机器人路径规划的主要方法和发展趋势

1. 移动机器人路径规划的主要方法

（1）基于事例的学习规划方法

基于事例的学习规划方法依靠过去的经验进行学习及问题求解，一个新的事例可以通过修改事例库中与当前情况相似的旧的事例来获得。将其应用于移动机器人的路径规划中可以描述为，首先利用路径规划所用到的或已产生的信息建立一个事例库，库中的任一事例包含每一次规划时的环境信息和路径信息，这些事例可以通过特定的索引取得；然后把由当前规划任务和环境信息产生的事例与事例库中的事例进行匹配，以寻找出一个最优匹配事例。最后对该事例进行修正，并以此作为最后的结果。移动机器人导航需要良好的自适应性和稳定性，而基于事例的方法则能满足这个需求。

（2）基于环境模型的规划方法

基于环境模型的规划方法首先需要建立一个关于机器人运动环境的环境模型。在很多情况下，由于移动机器人的工作环境具有不确定性（包括非结构性、动态性等），使得移动机器人无法建立全局环境模型，而只能根据传感器信息实时建立局部环境模型，因此局部模型的实时性、可靠性成为影响移动机器人是否可以安全、连续和平稳运动的关键因素。环境建模的方法基本上可以分为两类，即网络/图建模方法和基于网格的建模方法。前者主要包括自由空间法、顶点图像法、广义锥法等，它们可得到比较精确的解，但所耗费的计算量相当大，不适合实际的应用。而后者在实现上要简单许多，因此应用比较广泛，其典型代表就是四叉树建模法及其扩展算法等。

基于环境模型的规划方法根据掌握环境信息的完整程度可以细分为环境信息完全已知的全局路径规划和环境信息完全未知或部分未知的局部路径规划。由于环境模型是已知的，全局路径规划的设计标准是尽量使规划的效果达到最优。在此领域已经有了许多成熟的方法，包括可视图法、切线图法、拓扑法、惩罚函数法、栅格法等。

作为当前规划研究的热点问题，局部路径规划得到了深入细致的研究。当机器人面对环境信息完全未知的情况时，机器人没有任何先验信息，因此规划是以提高机器人的避障能力为主，而效果作为其次。已经提出和应用的方法有增量式的 D*Lite 算法和基于滚动窗口的规划方法等。环境部分未知时的规划方法主要有人工势场法、模糊逻辑算法、遗传算法、人工神经网

络、模拟退火算法、蚁群优化算法、粒子群算法和启发式搜索方法等。启发式方法有 A^* 算法、增量式图搜索算法（又称为 Dynamic A^* 算法）、D^* 和 Focussed D^* 等。美国于 1996 年 12 月发射了"火星探路者"探测器，其"索杰纳"火星车所采用路径规划方法就是 D^* 算法，使其能自主判断出前进道路上的障碍物，并通过系统实时规划来给出后面行动的决策。

（3）基于行为的路径规划方法

基于行为的方法由布鲁克斯在他著名的包容式结构中建立，它是从生物系统启发而产生的自主机器人设计技术。它采用类似动物进化的自底向上的原理体系，尝试从简单的智能体来建立一个复杂的系统。将其用于解决移动机器人路径规划问题是一种新的发展趋势，它把导航问题分解为许多相对独立的行为单元，比如跟踪、避碰、目标制导等。这些行为单元是一些由传感器和执行器组成的完整运动控制单元，具有相应的导航功能，各行为单元所采用的行为方式各不相同，因此这些单元通过相互协调工作来完成导航任务。

基于行为的方法大体可以分为反射式行为、慎思行为和反应式行为 3 种类型。其中，反射式行为类似于膝跳反射，是一种瞬间的应激性本能反应，它可以对突发性情况作出迅速反应，如移动机器人在运动中紧急停止等，但该方法不具备智能性，一般是与其他方法结合使用。而慎思行为利用已知的全局环境模型为智能体系统到达某个特定目标提供最优动作序列，适用于复杂静态环境下的规划，移动机器人在运动中的实时重规划就是一种慎思行为，因此在行进过程中机器人可能出现倒退的动作以走出危险区域，但由于慎思规划需要一定的时间去执行，所以它对于环境中不可预知的改变反应较慢。反应式行为和慎思行为可以通过传感器数据、全局知识、反应速度、推理论证能力和计算的复杂性这几方面来加以区分。近年来，在慎思行为的发展中出现了一种类似于人的大脑记忆的陈述性认知行为，应用此种规划不仅仅依靠传感器和已有的先验信息，还取决于所要到达的目标，比如对于距离较远且暂时不可见的目标，有可能存在一个行为分叉点，即有几种行为可供采用，机器人要择优选择，这种决策性行为就是陈述性认知行为。将它用于路径规划中能使移动机器人具有更高的智能，但由于决策的复杂性，该方法难以用于实际之中，因此这方面工作还有待进一步研究。

2. 路径规划的发展趋势

随着移动机器人应用范围的扩大，移动机器人路径规划对规划技术的要求也越来越高，单个规划方法有时不能很好解决某些规划问题，因此新的发展趋向于将多种方法相结合。

（1）基于反应式行为规划与基于慎思行为规划的结合

基于反应式行为的规划方法在能建立静态环境模型的前提下可取得不错的规划效果，但它不适用于环境中存在一些非模型障碍物（如桌子、人等）的情况。为此，一些学者提出了混合控制的结构，即将慎思行为与反应式行为相结合来解决这种类型的问题。

（2）全局路径规划与局部路径规划的结合

全局规划一般是建立在已知环境信息的基础上，适应范围相对有限；局部规划能适用于环境未知的情况，但有时反应速度不快，对规划系统品质的要求较高，因此如果把两者结合就可以达到更好的规划效果。

（3）传统规划方法与新的智能方法之间的结合

一些新的智能技术近年来已被引入路径规划，也促进了各种方法的融合发展，例如人工势场与神经网络、模糊控制的结合等。

二、局部规划方法概述

反应式规划方法的优点在于能够对环境的即时变化做出响应，计算代价小、能够实时运行，可以应用于未知及动态环境。缺点在于其忽视了全局信息的积累，在复杂环境下的局部陷阱内可能形成长期无效的徘徊和震荡。

在基于图式的反应式行为设计中，其采用可视化势场来表征机器人对环境的感知图式。在本设计中，障碍及要躲避的"天敌"会形成排斥力场，而目标会形成吸引力场。机器人行为可以用势场中的基本图式来表示，最终行为图式则由势场中矢量合成来确定。

对于机器人而言，感知区域外未知环境中障碍分布状态可以当作一个随机事件。依赖局部的感知信息进行运动必然具有一定的随机性，其规划也是一个随机决策过程。处于随机漫游状态下的移动机器人如同液态环境中进行布朗运动的粒子。在大多数局部路径规划方法中，其主要考虑了传感器感知信息的约束，但对局部陷阱的约束则考虑不多，而局部陷阱的约束往往对机器人运动影响更为严重。在未知环境下，局部规划应当将有目的性的目标趋向行为与漫游扰动下进行目标搜索的随机性行为相结合，体现目标、局部陷阱及传感器信息对移动机器人局部行为的综合约束。

移动机器人在未知环境下的运动可以看作液体粒子在势场环境中的定向运动与随机布朗运动相结合的过程。机器人的局部规划把向目标方向运动的有向性与通过布朗运动进行可行路径搜索的随机性相结合。机器人首先会按照局部滚动窗口内目标方向优先的搜索原则，确定机器人下一步的运动方向。系统通过监控距离势能的变化判断机器人处于局部陷阱时，对目标方向角施加一个扰动量。目标方向增加了一个偏移量后就意味着机器人将沿附加了扰动噪声的目标方向搜索路径，运用模拟退火（SA）方法来评估该扰动的修正量，通过随机扰动，引导机器人克服局部势能陷阱。当机器人运行到一个新的势能最小值区域时，则意味着其已经脱离原来的势能陷阱区域，此时系统结束扰动状态恢复目标趋向运动。

三、基于免疫进化和示例学习的机器人路径规划

下面将介绍一种能够快速而有效实现导航的路径规划算法——基于示例学习和免疫的进化路径规划。

进化计算的收敛速度较慢，经常要耗费大量的机器时间，并且达不到在线规划和实时导航的要求。如果仅有选择、交叉和变异的标准进化计算用于路径规划，理论上说使用最优保存策略时能以概率1进化出最佳路径，但进化代数将是一个巨大的数字。通常基于进化的路径规划和导航都考虑了机器人导航特点，设计了新的进化算子。针对这种环境前后有一些相似性的情况，系统将过去进化过程中的经验（性能好的个体）通过示例表达并存入示例库，然后在新的进化过程中选取部分示例加入种群，同时将生命科学中的免疫原理和进化算法相结合，构造一类进化算法，从而满足在线规划下的实时性要求。算法中免疫算子是通过接种疫苗和免疫选择两个步骤来完成的，并使用了模拟退火原理的免疫选择算子。

1. 个体的编码方法

一条路径是由从起点到终点、若干线段组成的折线，线段的端点叫节点（用平面坐标(x, y)表示），绕过了障碍物的路径被称为可行路径。一条路径对应进化种群中的一个个体，一个基因用其节点坐标(x, y)和状态量b组成的表来表示，b刻画节点是否在障碍物内和本节点与下一节点组成的线段是否与障碍物相交，并且记录使用绕过障碍物的免疫操作状态（后面详细说明）。个体X可表示如下：

$X = \{(x_1, y_1, b_1), \cdots, (x_n, y_n, b_n)\}$

其中(x_1, y_1)，(x_n, y_n)是固定的，分别表示起止。

群体的大小是预先给定的常数N，按随机方式会产生$(n-2)$个坐标点(x_n, y_n)，…，(x_{n-1}, y_{n-1})。

2. 免疫和进化算子

交叉算子：由选择方式选择两个个体，以两者中较短一个的节点数为取值上限，以1为下限，产生一个服从均匀分布的随机数，以此数为交叉点，

对两个体进行交叉操作，记交叉操作的概率为 p_c。

I 型变异算子：在路径上随机选一个节点（非起点和终点），将此节点的 x 坐标和 y 坐标分别用全问题空间内随机产生的值代之。

II 型变异算子：在路径上随机选一个节点 (x, y)（非起点和终点），将此节点的 x 坐标和 y 坐标用原来的坐标附近的一个随机值取代之。

免疫算子是关键的进化算子。如何设计免疫算子呢？首先要对问题进行分析，路径规划的关键目标是避障，因此绕过障碍物所需要的信息就是重要的特征信息。设计绕过障碍物的免疫算子（或免疫操作），如图 6-6 所示。

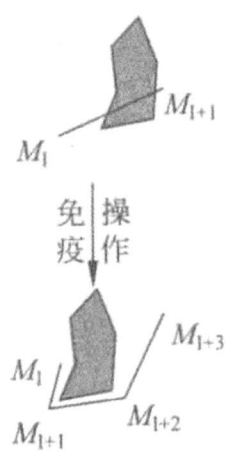

图 6-7　免疫算子

从机器人运动角度分析，直线运行是最理想的，随着环境的复杂化，运行的路线随之复杂化，特别是转角大的点，运动控制难度变大、前进速度变小。为了提高路径光滑度，转角大的点（用曲率来度量）要裁角。绕过障碍物的免疫操作产生的路径上的节点有时前后顺序错位，需要交换某些节点的前后顺序；有时有多余的节点，需要删除。因此，运行中使用了裁角算子、交换算子和删除算子。

3. 算法描述与免疫、进化算子分析

构造的算法如下。

开始

｛

初始化群体；

评价群体的适应度；

若不满足停机条件则循环执行：

｛

从示例库中取出若干个体替换最差个体；
交叉操作；
Ⅰ型变异操作；
Ⅱ型变异操作；
删除操作；
交换操作；
裁角；
免疫操作接种疫苗；
免疫选择；
评价群体的适应度；
淘汰部分个体，保持种群规模；
}
}

在进行免疫操作的接种疫苗后进行免疫选择，就是将免疫操作产生的个体 X′ 与其父本 X 进行比较，如果适应度值改进了，则替代其父本，否则按概率 $p(X)=\exp((fit(X)-fit(X'))/T_k)$ 替代其父本。

如果没有相似环境的示例库，则系统需要通过离线的免疫进化规划，这时系统是在算法中删除"从示例库中取出若干个体替换最差个体"。当满足停机条件时，系统将种群中的个体加入示例库存中。当环境发生变化时，就按上述算法进行，要不断从示例库中取出示例加入当前进化种群，将过去进化过程中取得的经验发挥出来，加快进化速度。

如果环境多次发生变化，每发生一次，示例库中示例的数量就会增加，对此可以考虑按"先进先出"的方式对示例库存储，将部分最早存入的示例删除，因为环境经过多次变化，最早的经验也许已经过时了。

如何在学习经验的同时适应环境的新变化，就是进化算子的任务了，特别是免疫算子。免疫算子的作用如下。从整个免疫进化算法的算子构造来看，免疫算子的主要作用是局部性的，进化算法是起全局作用的，因此构造的算法是全局收敛性能较好地进化算法和局部优化能力较强的免疫算子的结合；从抗体适应度提高能力来分析，绕过障碍物的免疫算子能将不可行路径变换为可行路径，裁角算子能使运动路径变得更光滑，但对不可行路径进行光滑化的免疫操作，其意义小于可行路径进行光滑化，在这种情况下，不可行路径进行光滑化的免疫操作概率应当小于绕过障碍物的免疫操作概率。如果都是可行路径，进行光滑化的免疫操作概率将适当增大。

四、基于蚁群算法的机器人路径规划

很多路径规划方法,如基于进化算法路径规划、基于遗传算法的路径规划算法等,存在计算代价过大、可行解构造困难等问题,在复杂环境中很难设计进化算子和遗传算子。对此可引入蚁群优化算法来克服这些缺点,但用蚁群算法来解决复杂环境中的路径规划问题也存在一些困难。本小节首先介绍蚁群优化(ACO)算法,然后介绍一种基于蚁群算法的移动机器人路径规划方法。

1. 蚁群优化算法的简介

生物学家们发现自然界中的蚂蚁群在觅食过程中具有一些显著自组织行为的特征,例如:

①蚂蚁在移动过程中会释放一种称为信息素的物质;
②释放的信息素会随着时间的推移而逐步减少;
③蚂蚁能在一个特定的范围内觉察出是否有同类的信息素轨迹存在;
④蚂蚁会沿着信息素轨迹多的路径移动等。

正是基于这些基本特征,蚂蚁能找到一条从蚁巢到食物源的最短路径。此外,蚁群还有极强的适应环境的能力,在蚁群经过的路线上突然出现障碍物时,蚁群能够很快重新找到新的最优路径。

这种蚁群的觅食行为激发了广大科学工作者的灵感,从而产生了蚁群优化算法(ACO)。蚁群算法是对真实蚁群协作过程的模拟。每只"蚂蚁"在候选解的空间中独立对解进行搜索,并在所寻得的解上留下一定的信息量。解的性能越好,"蚂蚁"留在其上的信息量越大,而信息量越大的解被再次选择的可能性也越大。在算法的初级阶段所有解上的信息量是相同的,随着算法的推进较优解上的信息量逐渐增加,算法最终将收敛到最优解或近似最优解。

2. 基于蚁群算法的路径规划

机器人的路径规划问题非常类似于蚂蚁的觅食行为,机器人的路径规划问题可以看成从蚂蚁巢穴出发绕过一些障碍物寻找食物的过程,只要在巢穴有足够多的蚂蚁,这些蚂蚁一定能避开障碍物找到一条从巢穴到达食物的最短路径,大多数国外文献的研究集中在多机器人系统中模拟蚁群通信与协作方式。一些学者研究了基于 ACO 的机器人路径规划问题。现实中为了使蚂蚁能找到食物(目标点),就要在食物附近建立一个气味区,蚂蚁只要进入气味区,就会沿着气味的方向找到食物。在障碍区,由于障碍物能阻隔食物的气味,蚂蚁闻不到食物气味,所以只能根据启发式信息素或随机选择行走路径。因此，根据其规划出的完整机器人行走路径由三部分组成：机器人的起始位置到蚂蚁初始位置的路径、蚂蚁初始位置到蚂蚁进入气味区位置的路径和蚂蚁进入气味区位置到终点位置的路径。

（1）环境建模

设机器人在二维平面上的有限运动区域（环境地图）上行走，其内部分布着有限多个凸型静态障碍物。为简单起见，系统将机器人模型化为点状机器人，同时行走区域中的静态障碍物根据机器人的实际尺寸及其安全性要求进行了相应"膨化"处理，并使得"膨化"后的障碍物边界为安全区域，且各障碍物之间及障碍物与区域边界不相交。

环境信息的描述要考虑三个重要因素：①如何将环境信息存入计算机；②便于使用；③问题求解的效率较高。系统采用二维笛卡儿矩形栅格表示环境，每个矩形栅格有一个概率，概率为1时表示存在障碍物，为0时不存在障碍物，机器人能自由通过。栅格大小的选取直接影响着算法的性能，栅格选得小，环境分辨率高，但抗干扰能力弱，环境信息存储量大，决策速度慢；栅格选得大，抗干扰能力强，环境信息存储量小，决策速度快，但分辨率下降，在密集障碍物环境中发现路径的能力减弱。

（2）邻近区的建立

一般来说，蚂蚁在巢穴附近活动，在巢穴附近没有任何障碍物，蚂蚁可以在这片区域自由行走，这样就在这巢穴建立了一个邻近区，将蚂蚁随机放入这一区域后，其可自由地穿过障碍区向着食物方向觅食。邻近区可以是一个扇区或三角区。邻近区的建立方法是，找到从起点朝终点方向到障碍物的最近垂直距离心，以此距离为半径或三角形的高度建立扇区或以三角区。

（3）气味区的建立

任何一种食物都有气味，这种气味会吸引蚂蚁朝其爬行，因此可建立一个如图6-7所示的食物气味区。只要蚂蚁进入气味区，蚂蚁就会闻到气味，朝着食物地点爬行。在非气味区，由于障碍物阻隔，蚂蚁闻不到气味。当蚂蚁进入气味区时，它就会朝着食物方向前进最终找到食物。气味区建立方法是，从食物朝着起始位置方向直线扫描，没有遇到障碍物之前的区域为气味区。

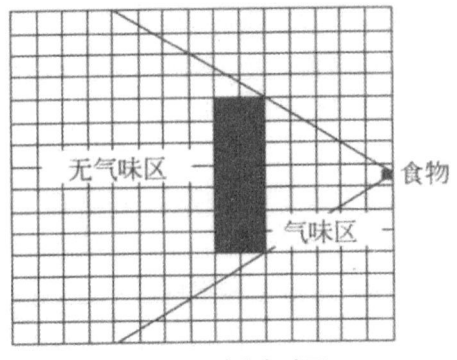

图 6-7　食物气味区

（4）路径的构成

路径由三部分构成：机器人的起始位置到"蚂蚁"初始位置的路径、"蚂蚁"初始位置到"蚂蚁"进入气味区位置的路径和"蚂蚁"进入气味区位置到终点位置的路径。

五、轨迹规划简介

轨迹规划，往往被称为机器人轨迹规划，属于低层规划，基本不涉及智能问题，而是在机械手运动学和动力学的基础上，讨论在关节空间和笛卡儿空间中机器人运动的轨迹规划和轨迹生成方法。所谓轨迹，是指机械手在运动过程中的位移、速度和加速度。而轨迹规划是系统根据作业任务的要求，计算出预期的运动轨迹。首先，其对机器人的任务、运动路径和轨迹进行描述，轨迹规划器只要求用户输入有关路径和轨迹的若干约束及简单描述，而复杂的细节问题则由规划器解决，例如用户只需给出抓手的目标位姿，由规划器确定到达该目标的路径点、持续时间、运动速度等轨迹参数，并在计算机内部描述所要求的轨迹。最后，系统根据内部描述的轨迹，实时计算机器人运动的位移、速度和加速度，生成运动轨迹。

通常将机械手的运动看作是工具坐标系相对工作坐标系的运动。这种描述方法既适用于各种机械手，也适用于同一机械手上装夹的各种工具。

对抓放作业的机器人（如用于上、下料），系统需要描述它的起始状态和目标状态，即工具坐标系的起始值和目标值。在此，用"点"这个词来表示工具坐标系的位置和姿态（简称位姿），例如起始点和目标点等。对于另外一些作业，如弧焊和曲面加工等，系统不仅要规定机械手的起始点和终止点，而且还要指明两点之间的若干中间点（称路径点）必须沿特定的路径运动（路径约束）。这类运动称为连续路径运动或轮廓运动，而前者称为点到点运动。

第六章 自动规划

在规划机器人的运动轨迹时，还需要弄清楚在其路径上是否存在障碍物（障碍约束）。根据有无路径约束和障碍约束的组合，可把轨迹规划划分为四类。轨迹规划器可看成为一个黑箱，其输入包括路径的设定和约束，输出是机械手末端手部的位姿序列，表示手部在各离散时刻的中间位形。机械手最常用的轨迹规划方法有两种：第一种方法要求用户对于选定转变节点（插值点）上的位姿、速度和加速度给出一组显式约束（例如连续性和光滑程度等），轨迹规划器从某一类函数中选取参数化轨迹，对节点进行插值，并满足约束条件；第二种方法要求用户给出运动路径的解析式，如为直角坐标空间中的直线路径，轨迹规划器则在关节空间或直角坐标空间中确定一条轨迹来逼近预定的路径。

轨迹规划既可在关节空间也可在直角空间中进行，但是其所规划的轨迹函数都必须连续和平滑，使得操作臂的运动平稳。其在关节空间进行规划时，是将关节变量表示成时间的函数，并规划它的一阶和二阶时间导数；在直角空间进行规划是指将手部位姿、速度和加速度表示为时间的函数。而相应的关节位移、速度和加速度由手部的信息导出。通常系统通过运动学反解得出关节位移，用逆雅可比求出关节速度，用逆雅可比及其导数求解关节加速度。

用户根据作业给出各个路径节点后，规划器的任务包含：解变换方程、进行运动学反解和插值运算等；在关节空间进行规划时，其中大量工作是对关节变量进行插值运算。

第七章 自然语言理解

语言是人类有别于其他动物的一个重要标志。自然语言是区别于形式语言或人工语言（如逻辑语言和编程语言等）的人际交流口头语言（语音）和书面语言（文字）。自然语言作为人类表达和交流思想最基本与最直接的工具，在人类社会活动中到处存在。婴儿呱呱落地的第一声啼哭，就是用语言（声音）向全世界表达（宣布）自己的降临。现在手机微信对话等，也是语音识别的成果。

第一节 自然语言理解概述

自 1954 年第一个机器翻译系统问世以来，经过半个多世纪数艰苦努力，计算机科学家、语言学家、心理学家已在受限语言理解和面向领域的语言理解研究中取得了不少重要的研究成果，并获得越来越广泛的应用，尤其是近 20 年相关领域更是发展迅速。但是，要让自然语言理解研究最终实现机器真正理解人类语言这一目标，仍然是任重道远。

什么是语言和语言理解，自然语言理解与人类的哪些智能有关，自然语言理解研究是如何发展的，理解自然语言的计算机系统是如何组成的及它们的模型为何，等等，这些问题是研究自然语言理解时研究人员需要考虑的。

一、语言与语言理解

语言是人类进行通信的自然媒介，它包括口语、书面语及形体语（如哑语和旗语）等。一种比较正规的提法是，语言是用于传递信息的表示方法、约定和规则的集合。语言由语句组成，每个语句又由单词组成；组成语句和语言时，其应遵循一定的语法与语义规则。语言由语音、词汇和语法构成。语音和文字是构成语言的两个基本属性。如果没有各种口语和书面语，人类之间就不能进行充分和有效交流。语言是随着人类社会和人类自身发展而不断进化的。现代语言允许任何一个具有正常语言能力的人与他人交流思想感情和技术等。

要研究自然语言理解,首先必须对自然语言的构成有个基本认识。

语言是音义结合的词汇和语法体系,是实现思维活动的物质形式。语言是一个符号体系,但与其他符号体系又有所区别。

语言是以词为基本单位的,词汇又受到语法的支配才可构成有意和可理解的句子,句子按一定的形式再构成篇章等。词汇又可分为词和熟语。熟语就是一些词的固定组合,如汉语中的成语。词又由词素构成,如"教师"是由"教"和"师"这两个词素所构成的,同样在英语中"teacher"也是由"teach"和"-er"这两个词素所构成的。词素是构成词的最小的有意义的单位。"教"这个词素本身有教育和指导的意义,而"师"则包含了"人"的意义。同样,英语中的"-er"也是一个表示"人"的后缀。

语法是语言的组织规律。语法规则制约着人如何把词素构成词,词构成词组和句子。语言正是在这种严密的制约关系中构成的。用词素构成词的规则叫构词规则,如教+师→教师,teach+er → teacher。一个词又有不同的词形、单数、复数、阴性、阳性等。这种构造词形的规则称为构形法,如教师+们→教师们,teacher+s → teachers。这里只是在原来的词后面加上一个复数意义的词素,所构成的并不是一个新的词,而是同一词的复数形式。构形法和构词法称为词法。词法中的另一部分就是句法。句法也可分成两部分:词组构造法和造句法。词组构造法是词搭配成词组的规则,如红+铅笔→红铅笔,red+pencil → red pencil。这里"红"是一个修饰铅笔的形容词,它与名词"铅笔"组合成了一个新的名词。造句法则就是用词或词组造句的规则。"我是计算机科学系的学生",这是按照汉语造句法构造的句子;"I am a student in the department of computer science"是按照英语造句法产生的同等句子。虽然汉语和英语的造句法不同,但它们都是正确的和有意义的句子。

另一方面,语言是音义结合的,每个词汇都有其语音形式。一个词的发音由一个或多个音节组合而成,音节又由音素构成,音素又分为元音音素和辅音音素。自然语言中所涉及的音素并不多,一种语言一般只有几十个音素。由一个发音动作所构成的最小的语音单位就是音素。

迄今为止,对语言理解尚无统一和权威的定义。按照考虑问题的角度不同而有不同的解释。从微观上讲,语言理解是指从自然语言到机器(计算机系统)内部之间的一种映射。从宏观上看,语言理解是指机器能够执行人类所期望的某些语言功能。这些功能包括:①回答有关提问;②提取材料摘要;③不同词语叙述;④不同语言翻译。

然而,建立机器对自然语言理解的系统却是一个十分艰难的任务,即使建立一个只能理解只言片语的计算机系统,也是很不容易的。这中间有大量极为复杂的编码和解码问题。一个能够理解自然语言的计算机系统就像一个人那样需要上下文知识及根据这些知识和信息进行推理的过程。自然语言不仅有语义、语法和语音问题，而且还存在模糊性等问题。具体来讲，自然语言理解困难是由下列3个因素引起的：①目标表示的复杂性；②映射类型的多样性；③源表达中各元素间交互程度的差异性。

自然语言理解是语言学、逻辑学、生理学、心理学、计算机科学和数学等相关学科发展和结合而形成的一门交叉学科，它能够理解口头语言或书面语言。语言交流是一种基于知识的通信。怎样才算理解了语言呢？归纳起来主要有下列几个方面。

①能够理解句子的正确词序规则和概念还能理解不含规则的句子。

②知道词的确切含义、形式、词类及构词法。

③了解词的语义分类及词的多义性和歧义性。

④指定和不定特性及所有（隶属）特性。

⑤问题领域的结构知识和时间概念。

⑥语言的语气信息和韵律表现。

⑦有关语言表达形式的文学知识。

⑧论域的背景知识。

由此可见，语言的理解与交流需要一个相当庞大和复杂的知识体系。如果没有人工智能的参与，自然语言理解就无法实现。

二、自然语言处理的概念和定义

我们把人类千百年来自然形成的用于交际的书面和口头语言，如汉语、英语、法语和西班牙语等，称为自然语言，以区别于人工（人造）语言，如计算机程序设计语言 BASIC，C，LJSP 和 PROLOG 等。据统计，人类历史上以语言文字记载的知识约占知识总量的 80%。在计算机应用上，约有 85% 用于语言文字的信息处理。语言信息处理技术已成为国家现代化水平的一个重要标志。

自然语言处理是用计算机对人类的口头和书面形式的自然语言进行加工处理和应用的技术，是一门涉及语言学、数学、计算机科学和控制论等多学科交叉的边缘学科，是人工智能和智能科学的一个重要分支，也是人工智能的早期活跃研究领域之一。

自然语言处理包括自然语言理解和自然语言生成两个方面。自然语言理解系统把自然语言转化为计算机程序更易于处理和理解的形式。自然语言生成系统则把与自然语言有关的计算机数据转化为自然语言。自然语言理解又称计算语言学。不过，自然语言处理和自然语言理解的研究内容通常大致相当。自然语言理解与自然语言处理往往互为通融。自然语言生成又往往与机器翻译等同，涉及文本翻译和语音翻译。其中，同步语音翻译就是人们长期追求的一个梦想。

国际上对自然语言处理尚无统一的定义，下面就给出几个有代表性的定义。

①自然语言处理是研究人类交际和人机通信的语言问题的一门学科。它要开发表示语言能力和性能的模型，建立实现这种语言模型过程的计算框架，提出不断完善这些过程和模型的辨识方法，并且探究实际系统的评价技术。

②自然语言处理是人工智能领域的主要内容，即利用计算机等工具对人类特有的语言信息（包括口语信息和文字信息）进行各种加工，并建立各种类型的人-机-人系统。自然语言理解是其核心，其中包括语音和语符的自动识别及语音的自动合成。

③自然语言处理是利用计算机工具对人类特有的书面形式与口头形式的语言进行各种类型处理和加工的技术。

④自然语言处理是用计算机对自然语言的音、形、义等语言信息进行加工和操作，包括对字、词、短语、句子和篇章的输入、输出、识别、转换、压缩、存储、检索、分析、理解和生成等的处理技术。它是在语言学、计算机科学、控制论、人工智能、认知心理学和数学等相关学科的基础上形成的一门边缘学科。

此外，还有其他一些关于自然语言处理的定义。如果读者发现某些或某一不同的定义，不要感到突然，也不要认为只有上面给出的定义才是正确的。由于侧重面不同或专业背景差别，每种定义都有可取之处。

三、自然语言处理的研究领域和意义

1. 自然语言处理的研究领域和方向

自然语言处理具有非常广泛的研究领域和研究方向。下面按照应用领域的不同，给出一些研究方向。

（1）文字识别

文字识别（OCR）是借助计算机系统自动识别印刷体或手写体文字，然后把它们转换为可供计算机处理的电子文本。对于文字识别，其主要研究字符的图像识别，但对于高性能的文字识别系统，往往也要同时研究语言理解技术问题。

（2）语音识别

语音识别也称为自动语音识别（ASR），其目标是将人类语音中的词汇内容转换为计算机可读的书面语表示。语音识别技术的应用包括语音拨号、语音导航、室内设备控制、语音文档检索、简单的听写数据录入等。

（3）机器翻译

机器翻译就是借助计算机程序把文字或演讲从一种自然语言自动翻译成另一种自然语言。简单来说，机器翻译就是把一个自然语言的字词变换为另一个自然语言的字词。

若其使用语料库技术，可自动进行更加复杂的翻译。

（4）自动文摘

自动文摘是应用计算机对指定的文章做摘要的过程，即把原文档的主要内容和含义自动归纳、提炼并形成摘要或缩写。常用的自动文摘是机械文摘，就是根据文章的外在特征提取能够表达该文中心意思的部分原文句子，并把它们组成连贯的摘要。

（5）句法分析

句法分析又称自然语言语法分析。它运用自然语言的句法和其他相关知识来确定组成输入句各成分的功能，以建立一种数据结构并用于获取输入句意义的技术。

（6）文本分类

文本分类又称为文档分类，是在给定的分类体系和分类标准下，计算机根据文本内容自动判别文本类别，实现文本自动归类的过程，其包括学习和分类两个过程。要进行文本分类首先要有一些文本及其属类的标准，并且学习系统从标注的数据中学到一个函数（分类器），然后分类系统利用学到的分类器对新给出的文本进行分类。

（7）信息检索

信息检索又称情报检索，是利用计算机系统从海量文档中查找用户需要的相关文档的查询方法和查询过程。简而言之，信息检索是搜寻信息的科学，例如在海量文件中搜寻信息、文件和描述文件的元数据或在数据库（包括相关的独立数据库或是超文本的网络数据库）中进行搜寻。

（8）信息获取

信息获取主要是指利用计算机从大量的结构化或半结构化的文本中自动抽取特定的一类信息（例如事件和事实等），并使其形成结构化数据，填入数据库供用户查询使用的过程。其广泛目标是允许计算非结构化的资料。

（9）信息过滤

信息过滤是指应用计算机系统自动识别和过滤那些满足特定条件的文档信息，一般指对网络有害信息的自动识别和过滤，主要用于信息安全和防护等。也就是说，信息过滤是根据某些特定要求，过滤或删除互联网某些敏感信息的过程。

（10）自然语言生成

自然语言生成是指将句法或语义信息的内部表示转换为由自然语言符号组成符号串的过程，是一种从深层结构到表层结构的转换技术，是自然语言理解的逆过程。从生成的结果看，有语句生成、语段生成和篇章生成等形式，其中以语句生成更为基本和重要。

（11）中文自动分词

中文自动分词是指使用计算机自动对中文文本进行词语的切分，即像英文那样使得中文句子中的词之间存在空格然后加以标识。中文自动分词被认为是中文自然语言处理中的一个最基本的环节。

（12）语音合成

语音合成又被称为文语转换，是将书面文本自动转换成对应的语音表征。

（13）问答系统

问答系统借助计算机系统对人提出问题的理解，然后通过自动推理等方法，在相关知识资源中自动求解答案，并对问题做出相应的回答。有时，回答技术会与语音技术、多模态输入输出技术及人机交互技术相结合，构成人机对话系统。

此外，还有语言教学、词性标注、自动校对以及讲话者识别/辨识/验证等。

2. 自然语言理解研究的意义

作为语言信息处理的一个高层重要方向，自然语言理解一直是人工智能界所关注的核心课题之一。现在，自然语言理解是继专家系统和机器学习之后人工智能又一重要的和富有活力的应用研究领域。如果计算机能够真正理解自然语言，人机间的信息交流能够以人们所熟悉的自然语言来进行，那必将对人类社会进步、经济发展和改善人民生活产生重大影响，极大方便了人类的生产活动和日常生活，具有无法估量的社会效益和经济价值。

自然语言理解研究和应用的重大进展也将是人工智能和智能科学的一项重大突破，必将对科学技术的其他领域做出特别贡献，促进其他学科和部门进一步发展，并对人们的生活产生深远影响。随着计算机的快速发展，计算机越来越广泛地进入人们的日常工作和生活，计算机与自然语言相结合的领域也越来越广阔。继机器翻译之后，信息检索、文本分类、篇章理解、自动文摘、自动校对、词典自动编辑、文字自动识别等领域都在不同程度上要求计算机具备自动分析、理解和生成自然语言的能力。特别是国际互联网迅速扩展，网络上的信息资源加速度增长，在海量信息面前，人们迫切希望计算机能够具备自然语言的知识，能够帮助人们准确地获取所需的网上信息。自然语言理解研究可以使得计算机在一定程度上理解人类自然语言，从而帮助人们完成机器翻译、信息提取、信息检索、文本分类等各项工作。这对提高人们工作效率，丰富生活内容，推动相关领域和部门发展都具有巨大的价值和意义。

语言是思维的载体和人际交流的工具。人类已经迈入21世纪，计算机可处理的自然语言文本数量空前增长，面向海量信息的文本挖掘、信息提取、跨语言信息处理、人机交互等应用需求急速增长。随着我国现代化建设的发展，信息处理技术的自动化显得越来越紧迫。人类历史上用语言文字形式记载和流传的知识占到知识总量的80%以上。据统计，目前计算机的应用范围，用于数学计算的仅占10%，用于过程控制的不到5%，其余85%都是用于语言文字和信息处理的，并且随着计算机普及和性能提高、价格降低，这一趋势还在增强。语言信息处理的技术水平和每年所处理的信息总量已经成为衡量一个国家现代化技术水平的重要标志之一。可以说，汉语自然语言理解作为中文信息自动化处理的关键技术，每提高一步给我国的科学技术、文化教育、经济建设、国家安全所带来的效益，将是无法用金钱的数额来计算的。

四、自然语言理解研究的基本方法和进展

1. 自然语言理解研究的基本方法

自然语言处理存在两种不同的研究方法，即理性主义和经验主义。

理性主义的主要理论是，人的很大一部分语言知识是天生的，是由遗传决定的。其代表人物是美国语言学家乔姆斯基，他的"内在语言功能"理论认为，小孩在接收到极为有限的信息量情况下，在那么小的年龄如何学会如此复杂的语言理解能力，这是很难知道的。因此，理性主义方法试图通过假定人的语言能力是与生俱来的、固有的一种本能，来回避这些困难问题。

在技术上，理性主义主张建立符号处理系统，由人工编写一般由规则表示的初始的语言表示体系，构造相应的推理程序，然后系统根据规则和程序把自然语言理解为符号结构。这样，在自然语言处理系统中，首先，根据编写好的词法规则由词法分析器对输入句子的单词进行语法分析；然后，根据设计好的语词法规则由词法分析器对输入句子进行语法结构分析；最后，根据变换规则把语法结构映射到以逻辑公式、语义网络和中间语言等表示的语义符号。

经验主义的主要理论是从假定人脑是具有一些认知能力开始的，但人脑并非一开始就具有一些具体的处理原则和对具体语言成分的处理方法，而是孩子的大脑一开始就具有处理联想、模式识别和归纳等处理能力，这些能力能够使孩子充分利用感官输入来掌握具体的自然语言结构。

在技术上，经验主义主张建立特定的数学模型来学习复杂的和广泛的语言结构，然后应用统计学、机器学习和模式识别等方法来训练模型参数，以扩大语言的使用规模。经验主义的自然语言处理方法是以统计方法为基础的，因而又称经验主义方法为统计自然语言处理方法。统计自然语言处理需要收集一些文本作为建立统计模型的基础，这些文本叫作语料。经过筛选、加工和标注处理的大批量语料构成的数据库叫作语料库。统计处理方法一般是建立在大规模语料库基础上的，因而又称为基于语料的自然语言处理方法。

2. 自然语言理解的历史和发展状况

人们对自然语言处理进行研究可以追溯到 20 世纪 20 年代。不过，一般认为自然语言处理研究是从机器翻译系统的研究开始的。电子计算机的出现才使得自然语言理解和处理成为可能。由于计算机能够进行符号处理，所以有可能应用计算机来处理和理解语言。随着计算机技术和人工智能总体技术发展，自然语言理解不断取得了新进展。

可以把自然语言处理的发展过程粗略地划分为萌芽起步时期、复苏发展时期和以大规模真实文本处理为代表的繁荣发展时期。

（1）萌芽起步时期（20 世纪 40 年代到 60 年代中期）

这个时期，自然语言处理的经验主义方法处于统治地位。机器翻译是自然语言理解最早的研究领域。20 世纪 40 年代末期，人们期望能够用计算机翻译剧增的科技资料。美苏两国在 1949 年开始了俄 - 英和英 - 俄文字的机器翻译研究。由于早期研究中理论和技术的局限，因此研究人员所开发的机译系统技术水平较低，不能满足实际应用的要求。1954 年，美国乔治敦大学与

IBM 公司合作，在 IBM 701 计算机上将俄语翻译成英语，进行了第一次机器翻译试验。尽管这次试验使用的机器词汇仅有 250 个俄语单词，机器语法规则也只有 6 条，但是，它第一次显示了机器翻译的可行性。

1956 年，乔姆斯基提出形式语言和转换生成语法的理论，把自然语言和程序设计语言置于同一层面，使用统一的数学方法来对它们进行定义和解释。他建立的转换生成文法 TG 使语言学研究进入了定量研究阶段，也促进了程序设计语言的发展。乔姆斯基所建立的语法体系仍然是自然语言理解研究中语法分析所必须依赖的语法体系。

机器翻译作为自然语言处理的核心研究领域，在这个时期经历了不平坦的发展道路。第一代机器翻译系统设计上的粗糙带来了翻译质量的不佳。随着研究的深入，人们看到的不是机器翻译的成功，而是一个又一个它无法克服的局限。1966 年 11 月，美国科学院下属的语言自动处理咨询委员会向美国国家基金会提交了一份关于机器翻译的咨询报告。该报告对机器翻译下了一个否定性的结论，称"尽管在机器翻译上投入了巨大的努力，但使用开发这种技术，在可预见的将来没有成功的希望。"

在此后一段时间内，机器翻译研究跌到低谷。在这段时期，研究人员开始反思机器翻译失败的原因，由此也引发了人们对自然语言理解本质更深刻的关注。

（2）复苏发展时期（20 世纪 60 年代后期到 80 年代中期）

自然语言处理领域的研究在这个时期被理性主义方法所控制。此时，人们更关心思维科学，通过建立很多小的系统来模拟智能行为。这个时期，计算语言学理论得到长足进步，逐渐成熟。这个时期自然语言理解系统的发展可分为 20 世纪 60 年代以关键词匹配技术为主的阶段和 70 年代以句法-语义分析技术为主的阶段。

1968 年 MIT 成功开发了 SIR 系统 ELIZA。该语义信息检索系统能够记住用户通过英语告诉它的事实，然后演绎这些事实，回答用户提出的问题。ELIZA 系统还能够模拟心理医师（机器）同患者（用户）的谈话。

该时期取得了许多重要的理论研究成果，包括约束管辖理论、扩充转移网络、词汇功能语法、功能合一语法、广义短语结构语法和句法分析算法等。这些成果为自然语言自动句法分析奠定了良好的理论基础。在语义分析方面，研究人员还提出了格语法、语义网络、优选语义学和蒙塔格语法等。其中，蒙塔格语法提出了利用数理逻辑研究自然语言的语法结构和语义关系的设想，为自然语言处理研究开辟了一条新的途径。

自然语言理解研究在句法和语义分析方面的重要进展还表现在建立了一

些有影响的自然语言处理系统,在语言分析的深度和难度上有了很大进步。例如,伍兹设计的 LUNAR 人机接口允许用普通英语同数据库对话,用于协助地质学家查找、比较和评价"阿波罗 11"飞船带回的月球标本的化学分析数据。又如,威诺甘德开发的 SHRDLU 语言理解对话系统是一个限定性的人机对话系统,它把句法、语义、推理、上下文和背景知识灵活结合于一体,成功实现了人-机对话,并被用于指挥机器人的积木分类和堆叠试验。机器人系统能够接受人的自然语言指令,进行积木的堆叠操作,并能回答或者提出比较简单的问题。

进入 20 世纪 80 年代之后,自然语言理解的应用研究进一步开展,机器学习研究也十分活跃,并出现了许多具有较高水平的实用化系统。其中比较著名的有美国的 METAL 和 LOGOS,日本的 PIVOT 和 HICAT,法国的 ARIANE 以及德国的 SUSY 等系统。这些系统是自然语言理解研究的重要成果,表明自然语言理解在理论上和应用上均取得了重要进展。

这一时期取得的研究成果不仅为自然语言理解的进一步发展打下了坚实的理论基础,而且对现在的人类语言能力研究及促进认知科学、语言学、心理学和人工智能等相关学科发展都具有重要的理论意义和现实意义。

(3)繁荣发展时期(20 世纪 80 年代后期至今)

从 20 世纪 80 年代后期开始,自然语言处理研究者越来越多地开展实用化和工程化的解决方法研究,经验主义方法被重新认识并得到迅速发展,使得一批商品化的自然语言人机接口和机器翻译系统进入国际市场。例如,美国人工智能公司(AIC)生产的英语人机接口系统 Intellect,欧盟在美国乔治敦大学开发的机译系统 SYSTRAN 和 IBM 公司的基于噪声信道模型的统计机器翻译模型及其实现翻译系统等。

这个时期自然语言处理研究的突出标志是基于语料库的统计方法多用于自然语言处理,提出了语料库语言学,并发挥了重要作用。由于语料库语言学从大规模真实语料中获取语言知识,使得对自然语言规律的认识更为客观和准确,因而得到越来越多研究者的兴趣。随着计算机网络的快速发展和广泛应用,语料的获取更为便捷,语料库的规模更大,质量更高,而语料库语言学的兴起反过来又推动了自然语言处理其他相关技术的快速发展,使一系列基于统计模型的自然语言处理系统得到开发。近 10 多年来,基于大规模语料的统计机器学习方法及其在自然语言处理中的应用开始得到关注和研究,基于语料库的机器翻译方法获得了充分发展,也结束了基于规则的机器翻译系统一统天下的单一局面。例如,英国利希领导的研究小组利用具有词类标记的语料库 LOB,设计了 CLAWS 系统,其能够根据这种统计信息，对 LOB 语料库的 100 万个词的语料进行词类自然标注，其准确率达 96%。

此外，隐马尔可夫模型等统计方法在语音识别中的成功应用对自然语言处理的发展起到了重要的推动作用。

十分有趣的是，在人工智能各学派对不同观点进行激烈辩论的同时，20世纪 80 年代末期至 90 年代初期的自然语言处理学界，理性主义和经验主义两种观点也争论得面红耳赤。直到最近 10 年，人们才从空泛的辩论中冷静下来，开始认识到无论是理想主义还是经验主义，都不可能单独解决自然语言处理这一复杂问题，只有两者结合起来寻找融合的解决办法，并且建立新的集成理论方法，才是自然语言处理研究的康庄大道。两者方法从互相对立到互相结合和共同发展，使得自然语言处理研究进入一个前所未有的繁荣发展时期。

20 世纪 80 年代以来提出和进行的智能计算机研究，也对自然语言理解提出了新的要求。近 10 年来又有人提出了对多媒体计算机的研究。新型的智能计算机和多媒体计算机均要求设计出更为友好的人机界面，使自然语言、文字、图像和声音等信号都能直接输入计算机；要求计算机能以自然语言与人进行对话交流，就需要计算机具有自然语言能力，尤其是口语理解和生成能力。口语理解研究促进人机对话系统走向实用化。自然语言是表示知识最为直接的方法。因此，自然语言理解的研究也为专家系统的知识获取提供了新的途径。此外，自然语言理解的研究已经促进了计算机辅助语言教学（CALL）和计算机语言设计（CLD）等的发展。由此已经可以看出，21 世纪自然语言理解的研究可能取得新的突破，并获得了更为广泛应用。

3. 国内自然语言理解的研究概况

我国的自然语言理解研究以汉语为研究对象，利用计算机对书面形式和口头形式的汉语进行信息处理，是自然语言处理技术在汉语文字应用方面的研究。由于汉语属于意合语，与英语、法语等欧语系语种不同，欧语系语种的各种语法、语义理论无法直接套用在汉语上，这使得汉语自然语言理解研究工作的难度更大。1956 年国内开始了俄汉机译研究，并于 1959 年获得成功。但当时的技术主要是词对词翻译和模式匹配，缺乏句法和语义分析，几乎谈不上理解。20 世纪 60 年代到 70 年代的研究工作由于历史原因而完全停顿。实际上从 1978 年我国才开始真正意义上的汉语理解研究。

国内的自然语言理解研究经历了以语形分析为主的基于语法规则的早期阶段、注重语义分析基于语义规则的中期阶段、基于语料库统计方法的近期阶段和基于统计与规则并举的现阶段等几个阶段。在机器翻译、语料库研究、汉语电子语言词典等方面取得了显著成果。

4. 自然语言理解研究的发展趋势

综合上述对自然语言发展过程的讨论，可以归纳出下列目前国际自然语言处理研究的某些发展趋势。

基于句法 - 语义规则的理性主义方法和以模型与统计为基础的经验主义"轮流执政"，各自控制自然语言处理研究局面的时期已经结束。两种方法从互相对立到互相结合和共同发展，研究者已开始携起手来，优势互补，浅层处理与深层处理并重，统计与规则方法并重，形成混合的系统，寻找融合的解决办法，以求建立新的集成理论方法，使自然语言处理研究进入了一个前所未有的繁荣发展时期。

语料库语言学能够从大规模真实语料中获取语言知识，使得人们对自然语言规律的认识更为客观和准确，并使大规模真实文本的处理成为自然语言处理的主要战略目标。而语料库语言学的兴起反过来又推动了自然语言处理其他相关技术的快速发展，并且一系列基于统计模型的自然语言处理系统也得到开发。

经验主义主张建立特定的数学模型来学习复杂的和广泛的语言结构，然后应用统计学、机器学习和模式识别等方法来训练模型参数，以扩大语言的使用规模。因为它是以统计方法为基础的，所以统计数学方法日益受到重视，自然语言处理中越来越多地使用机器自动学习方法来获取语言知识。

自然语言处理中越来越重视词汇的作用，出现了强烈的"词汇主义"倾向。继语料库之后，词汇知识库的建造成为人们一个新的普遍关注的研究问题。

语音处理研究已取得突破性进展，并广泛应用于各行各业。

五、自然语言理解过程的层次

语言虽然表示成一连串的文字符号或者一串声音流，但其内部事实上是一个层次化的结构，从语言的构成中就可以清楚看到这种层次性。一个文字表达的句子是由词素→词或词形→词组或句子，而用声音表达的句子则是由音素→音节→音词→音句，其中每个层次都会受到语法规则的制约。因此，语言的分析和理解过程也应当是一个层次化的过程。许多现代语言学家把这一过程分为5个层次：语音分析、词法分析、句法分析、语义分析和语用分析。虽然这种层次之间并非是完全隔离的，但是这种层次化划分的确有助于更好体现语言本身的构成。

1. 语音分析

在有声语言中，最小可独立的声音单元是音素，音素是一个或一组音，它可与其他音素相区别。如 pin 和 bin 中分别有 /p/ 和 /b/ 这两个不同的音素，但 pin，spin 和 tip 中的音素 /p/ 是同一个音素，它对应了一组略有差异的音。语音分析则是根据音位规则，从语音流中区分出一个个独立的音素，再根据音位形态规则找出一个个音节及其对应的词素或词。

2. 词法分析

词法分析的主要目的是找出词汇的各个词素，从中获得语言学信息，如 unchangeable 是由 un-change-able 构成的。在英语等语言中，找出句子中的一个个词汇是很容易的事情，因为词与词之间是有空格来进行分隔的。但是要找出各个词素就复杂得多，如 importable，它可以是 im-port-able 或 import-able。这是因为 im，port 和 import 都是词素。而在汉语中要找出一个个词素则是再容易不过的事情，因为汉语中的每个字就是一个词素。但是要切分出各个词就远不是那么容易，如"我们研究所有东西"，可以是"我们——研究所——有——东西"也可是"我们——研究——所有——东西"。

通过词法分析可以从词素中获得许多语言学信息。英语中词尾中的词素"s"通常表示名词复数，或动词第三人称单数，"ly"是副词的后缀，而"ed"通常是动词的过去式与过去分词等，这些信息对于句法分析都是非常有用的。另一方面，一个词可有许多的派生、变形，如 work，可变化出 works，worked，working，worker，workings，workable，workability 等。这些词若全部放入词典将是非常庞大的，而它们的词根只有一个。

3. 句法分析

句法分析是对句子和短语的结构进行分析。在语言自动处理的研究中，句法分析的研究是最为集中的，这与乔姆斯基的贡献是分不开的。自动句法分析的方法很多，有短语结构语法、格语法、扩充转移网络、功能语法等。句法分析的最大单位就是一个句子。分析的目的就是找出词、短语等的相互关系及各自在句子中的作用等，并以一种层次结构来加以表达。这种层次结构可以是反映从属关系、直接成分关系，也可以是语法功能关系。

4. 语义分析

对于语言中的实词而言，每个词都是用来称呼事物表达概念的。句子是由词组成的，句子的意义与词义是直接相关的，但也不是词义的简单相加。"我打他"和"他打我"词是完全相同的，但表达的意义是完全相反的。因此，研究过程中还应当考虑句子的结构意义。英语中 a red table（一张红色的桌子），它的结构意义是形容词在名词之前修饰名词，但在法语中却不同，one table rouge（一张桌子红色的），形容词在被修饰的名词之后。语义分析就是通过分析找出词义、结构意义及其结合意义，从而确定语言所表达的真正含义或概念。在语言自动理解中，语义越来越成为一个重要的研究内容。

5. 语用学

语用学又称为语用论或语言实用学，是符号学的一个分支，是研究语言符号和使用者关系的一种理论。具体来讲，语用学研究语言所存在的外界环境对语言使用者的影响，描述语言的环境知识及语言与语言使用者在给定语言环境中的关系。关注语用信息的自然语言处理系统更侧重于讲话者/听话者的模型设定，而非处理嵌入给定话语的结构信息。有人已经提出了一些语言环境计算模型，用于描述讲话者及其通信目的，听话者及其对讲话者信息的重组方式。构建这些模型的难点在于如何把自然语言处理的各个方面和各种不确定的生理、心理、社会、文化等因素集中于一个完整的模型。

第二节　词法分析

词法分析是编译程序的一部分，它用于构造和分析源程序中的词，如常数、标识符、运算符和保留字等，并把源程序中的词变换为内部表示形式，然后按内部表示形式传送给编译程序的其余部分。词法分析是理解单词的基础，其主要目的是从句子中切分出单词，找出词汇的各个词素，从中获得单词的语言学信息并确定单词的词义。例如 misunderstanding 是由 mis-understand-ing 构成的，其词义由这 3 部分构成。不同的语言对词法分析有不同的要求，例如英语和汉语就有较大的差距。汉语中的每个字就是一个词素，因此要找出各个词素是相当容易的，但要切分出各个词就非常困难。

英语等语言的单词之间是用空格自然分开的，因此很容易切分一个单词，很方便找出句子的每个词汇。不过，英语单词有词性、数、时态、派生、变形等变化，因而要找出各个词素就复杂得多，需要对词尾或词头进行分析。如 uncomfortable 可以是 un-comfort-able 或 uncomfort-able，因为 un，comfort，able 都是词素。

一般地，词法分析可以从词素中获得许多有用的语言信息。例如，英语中构成词尾的词素"s"通常表示名词复数，或动词第三人称单数，而"ly"则是副词的后缀，"ed"是动词的过去时或过去分词等。这些信息对于句法分析是非常有用的。此外，一个词可以有许多的派生和变形，如 program 可变化出 programs，programmed programming，programmer 和 programmable 等。

如果把这些词都收入词典那将是非常庞大的，但它们的词根只有一个。自然语言理解系统中的电子词典一般只放入词根，以支持词素分析，从而可极大压缩电子词典的规模。

一个英语词法分析的算法如下。

repeat

  look for study in dictionary

  if not found

  then modify the study

until study is found or not further modification possible

它可以对那些按英语语法规则变化的英语单词进行分析，其中 study 是一个变量，初始值就是当前的单词。

例如，对于单词 matches，studies 可以进行如下分析。

matches	studies	词典中查不到
matche	studie	修改1：去掉"-s"
match	studi	修改2：去掉"-e"
study		修改3：把 i 变成 y

这样，在修改 2 的时候，就可以找到 match，在修改 3 的时候就可以找到 study。

词义判断是英语词法分析的难点。一个词常有多种解释，查词典往往无法判断。要判断单词的词义只能通过对句子中的其他相关单词和词组进行分析。例如，对于单词"diamond"有 3 种解释：菱形、棒球场、钻石。请看下面的句子。

John saw Steve's diamond shimmering from across the room.

其中的 diamond 词义必定是钻石，因为只有钻石才能闪光，而菱形和棒球场是不会闪光的。

第三节　句法分析

上两节介绍了语言分析过程的各个层次和词法分析。本节起将讨论句法分析、语义分析和语用分析等问题。

句法分析主要有两个作用：①分析句子或短语结构，确定构成句子的各个词、短语之间的关系及各自在句子中的作用等，并将这些关系表达为层次结构。②规范句法结构，在分析句子的过程中，把分析句子各成分间关系的推导过程用树图表达，使这种图成为句法分析树。句法分析是由专门设计的分析器进行的,其分析过程就是构造句法树的过程,每个输入的合法语句均可转换为一棵句法分析树。

一、短语结构语法

在基于规则的方法中,短语结构语法和乔姆斯基语法是两种描述自然语言和程序设计语言强有力的形式化工具,通常用于对被分析句子进行形式化描述和分析。

一个短语结构语法 G 由以下 4 个部分组成。

T 为终结符集合,终结符是指被定义的那个语言的词(或符号)。

N 为非终结符号集合,这些符号不能出现在最终生成的句子中,是专门用来描述语法的。显然,T 和 N 不相交,两者共同组成了符号集 V,因此

$$V = T \cup N, T \cap N = \varnothing$$

P 为产生式规则集,具有 a → b 的形式,式中,$a \in V^+$, $b \in V^*$, $a \neq b$。V^* 表示由 V 中的符号构成的全部符号串集合,V^+ 表示 V^* 中除空串(空集合)∅ 之外的其他符号串的集合。

S 为起始符,是集合 N 的一个成员。

可以把短语结构语法 G 描述为如下四元组形式。

$$G = (T, N, S, P)$$

只要给出这 4 个部分,系统就可以定义一个具体的形式语言。

短语结构语法的基本运算就是把一个符号串重写为另一个符号串。如果 a → b 为一产生式规则,那么可通过 b 置换 a,重写任一包含子符号串 a 的符号串,记这个过程为 "⇒"。如果 u, v ∈ V^*,且有 uav ⇒ ubv,那么我们就可以说 uav 直接产生 ubv,或者说 ubv 是由 uav 直接推导得出的。如果以不同的顺序使用产生式规则,那么就可以从同一符号产生许多不同的符号串。一部短语结构语法定义的语言 L(G) 就是从起始符 S 推导出符号串 W 的集合,即一个符号串要属于 L(G) 必须满足以下两个条件。

①该符号串只包含终结符 T。

②该符号串能根据语法 G 从起始符 S 推导出来。

从上述定义可知,采用短语结构语法定义的某种语言是由一系列产生式规则组成的。下面就是一个简单的短语结构语法。

G=(T, N, S, P)
T={the, man, killed, a, deer, likes}
N={S, NP, VP, N, ART, V, Prep, PP}
S=S

P: （1）S → NP+VP
　　（2）NP → N
　　（3）NP → ART+N
　　（4）VP → V
　　（5）VP → V+NP
　　（6）ART → the|a
　　（7）N → man|deer
　　（8）V → killed|likes

二、乔姆斯基形式语法

乔姆斯基汲取了香农的有限状态马尔可夫过程的思想，以有限自动机为工具来刻画语言的语法，并把有限状态语言定义为由有限状态语法生成的语言，于1956年建立了自然语言的有限状态模型。他以数学中的公理化方法研究自然语言，采用代数和集合论把形式语言定义为符号序列。根据形式语法中使用的规则集，乔姆斯基定义了4种类型的语法：①无约束短语结构语法，又称0型语法；②上下文有关语法，又称1型语法；③上下文无关语法，又称2型语法；④正则语法，即有限状态语法，又称3型语法。

型号越高所受的约束越多，生成能力就越弱，能生成的语言集就越小，描述能力就越弱。

1. 无约束短语结构语法

无约束短语结构语法是乔姆斯基形式语法中生成能力最强的一种形式语法，它不会对短语结构语法的产生式规则的两边做更多限制，仅要求x中至少含有一个非终结符，即

$$x \rightarrow y\ (x \in V^+,\ y \in V^*)$$

0型语法是非递归的语法，即其无法在读入一个符号串后最终判断出这个字符串是否是由这种语法定义的语言中的一个句子。因此，0型语法很少用于自然语言处理。

2. 上下文有关语法

上下文有关语法是一种满足以下约束的短语结构语法。

对于形式为 x → y 的产生式规则，y 的长度（即符号串 y 中的符号个数）总是大于或等于 x 的长度，而且 x, y ∈ V*。例如，AB → CDE 是上下文有关语法中一条合法的产生式规则，但是 ABC → DE 则不是。

这一约束可以保证上下文有关语法是递归的，即如果编写一个程序，在读入一个符号后能最终判断出这个字符串是否是由这种语法所定义的语言中的一个句子。

自然语言是上下文有关的语言，上下文有关语言需要用1型文法描述。文法规则允许其左部有多个符号（至少包括一个非终结符），以指示上下文相关性，即对非终结符进行替换时，系统需要考虑该符号所处的上下文环境。但1型文法描述要求规则的右部符号的个数不少于左部，以确保语言的递归性。对于下列产生式：

$$aAb \rightarrow ayb \ (A \in N, \ y \neq \varnothing, \ a 和 b 不能同时为 \varnothing)$$

当用于替换 A 时，只能在上下文为 a 和 b 时才可以进行。

不过在实际当中，由于上下文无关语言的句法分析远比上下文有关语言有效，所以人们希望在增强上下文无关语言句法分析的基础上，实现自然语言的自动理解。

3. 上下文无关语法

上下文无关语法的每一条规则都采用如下的形式，即

$$A \rightarrow x$$

其中，$A \in N$，$x \in V^+$，即每条产生式规则的左侧必须是一个单独的非终结符。在这种体系中，规则被应用时不依赖于符号 A 所处的上下文，因此称为上下文无关语法。

4. 正则语法

正则语法只能生成非常简单的句子。它有两种形式：左线性语法和右线性语法。在一部左线性语法中，所有规则必须采用如下形式。

$$A \rightarrow Bt \ 或 \ A \rightarrow t$$

其中，$A, B \in N$，$t \in T$，即 A, B 都是单独的非终结符，t 是单独的终结符。而在一部右线性语法中，所有的规则必须按如下形式书写。

$$A \rightarrow tB \ 或 \ A \rightarrow t$$

第四节 语义分析

建立句法结构只是语言理解模型中的一个步骤，若要进一步则要求系统进行语义分析以获得语言所表达的意义。第一步是确定每个词在句子中所表达的词义，这涉及词义和句法结构上的歧义问题，如英语词 go 有 50 种以上的意义。但即使一个词的词义再多，在一定的上下文条件下，在词组中，其意义通常是唯一的。这是由于其受到了约束的原因。这种约束关系可以通过

语义分析来获得词义和句子的意义。第二步则更为复杂，那就是要根据已有的背景知识来确定语义，这就需要进一步的推理从而得出正确结果，如已知"张经理开车去了商店"，要回答"张经理是否坐进汽车？"这样的问题，就首先要从"开车"这个词义中得出"开车"与"坐进汽车"这两个概念之间的关系，只有这样才能正确回答这个问题。

语义分析一般采用语义网络表示和逻辑表示两种方法。作为例子，下面首先介绍一种语义的逻辑分析方法，然后简介语义分析方法等。

1. 语义的逻辑分析法

逻辑形式表达是一种框架式的结构，它表达一个特定形式的事例及其一系列附加的事实，如"Jack kissed Jill"，可以用如下逻辑形式来表达。

（PAST S1 KISS-ACTION[AGENT（NAME j1 PERSON"Jack"）][THEME NAME（NAME j2 PERSON "Jill"）]）

它表达了一个过去的事例 S1。PAST 是一个操作符，表示结构类型是过去的，S1 是事例的名，KISS-ACTION 是事例的形式，AGENT 和 THEME 是对象描述，有实施和主位。

逻辑形式表达对应的句法结构可以是不同的，但表达意义应当是不变的。the arrival of George at the station 和 George arrived at the station 在句法上一个是名词短语，而另一个是句子，但它们的逻辑形式是相同的。

在句法结构和逻辑形式的定义基础上，就可以运用语义解析规则，从而使最终的逻辑形式能有效约束歧义。解析规则也是一种模式的映射变换。

（S SUBJ+animate MAIN-V+action-verb）

这一模式可以匹配任何一个有一个动作和一个有生命的主语体的句子。映射规则的形式如下。

（S SUBJ+animate MAIN-V+action-verb）（？ *T（MAIN-V））[AGENT V（SUBJ）] 其中？表示尚无事件的时态信息，*代表一个新的事例。如果有如下一个句法结构：

（S MAIN-V ran SUBJ（NP TDE the HEAD man）TENSE past）

运用上述映射（这里假设 NP 的映射是用其他规则）可以得到：

（？ r1 RUN1[AGENT（DEF/SING ml MAN）]）

时态信息可采用另一个映射规则：

（S TENSE past）（PAST ？）

合并上述的映射就可最终获得逻辑形式表示：

（PAST r1 RUN1[AGENTCDEF/SING ml MAN）]）

这里只是一个简单的例子。在规则的应用中，还需要有很多的解析策略。

2. 语义分析文法

目前已经开发出多种语义分析文法，如语义文法和格文法等。语义文法是一种把文法知识和语义知识组合起来，并以统一方式定义的文法规则集，是上下文无关的和形态上与自然语言文法相同的文法。它使用能够表示语义类型的符号，而不采用 NP，VP，PP 等表示句法成分的非终止符，因而可定义包含语义信息的文法规则。语义文法能够排除无意义的句子，具有较高的效率，而且可以略去对语义没有影响的句法问题。其缺点是应用时需要数量很大的文法规则，因而只适用于受到严格限制的领域。

格文法允许以动词为中心构造分析结果，虽然其文法规则只描述句法，但其分析结果产生的结构却对应于语义关系，而非严格的句法关系。在这种表示中，一个语句包含的名词词组和介词词组都用它们在句子中与动词的关系来表示，称为格，因而称这种表示结构为格文法。传统语法中的格只表示一个词或短语在句子中的功能，如主格、宾格等，也只反映词尾的变化规则，因而被称为表层格。在格文法中，格表示的是语义方面的关系，反映的是句子中包含的思想、观念和概念等，因而被称为深层格。与短语结构语法相比，格文法对句子的深层语义有更好描述；无论句子的表层形式如何变化，如陈述句变为疑问句，肯定句变为否定句，主动语态变为被动语态等，其底层的语义关系和各名词所代表的格关系都不会产生相应变化。格文法与类型层次结合就能够从语义上对 ANT 进行解释。

第五节 句子自动理解

句子一般有简单句和复合句之分。简单句的理解比复合句要容易，又是理解复合句的基础。因此，我们首先讨论简单句的理解，然后讨论复合句的理解。

一、简单句的理解方法

由于简单句是可以独立存在的，因而为了理解一个简单句，就可以建立起一个和该简单句相对应的机内表达，并且需要开展以下两方面的工作。

①理解语句中的每一个词。

②以这些词为基础组成一个可以表达整个语句意义的结构。

第一项工作看起来很容易，似乎只是查一下字典就可以解决，而实际上由于许多单词有不止一种含义，因而只由单词本身往往不能确定其在句中的确切含义，需要通过语法分析和上下文关系等才能最终确定。例如，单词 diamond 有"菱形""棒球场"和"钻石"3 种意思，在语句"I'll meet you at the diamond."中，由于"at"后面需要一个时间或地点名词作为它的宾语，因而显然这里的"diamond"是"棒球场"的含义，而不能是其他含义。

第二项实际过程中同样复杂。因为要联合单词来构成表示一个句子意义的结构，所以需要依赖各种信息源，其中包括所用语言的知识、语句所涉及领域的知识及有关该语言使用者应共同遵守的习惯用法的知识。

1. 关键字匹配法

最简单的自然语言理解方法，也许要算是关键字匹配法了，它在一些特定场合下是有效的。其方法归纳起来是，在程序中规定匹配和动作两种类型的样本，然后建立一种由匹配样本到动作样本的映射，当输入语句与匹配样本相匹配时，就去执行相应样本所规定的动作，这样从外表看来似乎机器就真正实现了能理解用户问话的目的。

这种关键字匹配的方法，在类似的数据库咨询系统中作为自然语言接口，显得特别有效，虽然它不具有任何意义下的理解。

2. 句法分析树法

关键字匹配法虽然简单，但却忽略了语句中的大量信息，为确保语句含义的细节不被忽略，就必须确定其语句结构上的细节，这就是要进行文法分析。为此，系统就必须首先给出说明该特定语言中符号串结构的文法，以便为每个符合文法规则的语句产生一个称为文法分析树的结构。

下面给出一个英语子集的简单文法。

$$S \rightarrow NP\ VP$$
$$NP \rightarrow the\ NP1$$
$$NP \rightarrow NP1$$
$$ADJS \rightarrow \in |ADJ\ ADJS$$
$$VP \rightarrow V$$
$$VP \rightarrow V\ NP$$
$$N \rightarrow Joe|boy|ball$$
$$ADJ \rightarrow little|dig$$
$$V \rightarrow hit|ran$$

其中，大写的是非终结符，而小写的是终结符，$\in$ 表示空字符串。

使用给定文法，对输入语句进行分析找到一个文法分析树的过程，可以看成是一个搜索过程。为实现该过程，可以使用自顶向下的处理方法，这与正向推理有些相像。它首先从起始符开始，然后应用 P 中的规则，一层一层向下产生树的各个分支，直到一个完整的句子结构被生成出来为止。如果该结构与输入语句相匹配，则成功结束，否则便从顶层重新开始，生成其他的句子结构，直到结束为止。其也可以使用自底向上的处理方法，这和逆向推理有些相像，它以输入语句的词为基础，首先从 P 中查找规则，试图把这些词归并成较大的结构成分，如短语或子句等，然后再对这些成分进行进一步的组合，反向生成文法分析树，直到树的根节点是起始符为止。

3. 语义分析

只是根据词性信息来分析一个语句文法结构，是不能保证其正确性的，这是因为有些句子的文法结构需要借助词义信息来确定，也就是要进行语义分析。

进行语义分析的一种简单方法是使用语义文法。所谓语义文法，就是在传统的短语结构文法的基础上，将 N（名词）、V（动词）等语法类别的概念，用所讨论领域的专门类别来代替。

对于语义文法的分析可以使用与分析纯的文法结构相类似的方法。

二、复合句的理解方法

正像上述介绍的，简单句的理解不涉及句与句之间的关系，它的理解过程是首先赋单词以意义，然后再给整个语句赋以一种结构。而一组语句的理解，无论它是一个文章选段还是一段对话节录，其均要求发现句子之间的相互关系。在特定的文章中，这些关系的发现，对于理解语句有着十分重要的作用。

这种关系包括以下几种：相同的事物、事物的一部分、与行动有关的事物、行动的一部分、因果关系和计划次序等。

要理解这些复杂的关系，必须具有相当广泛领域的知识，也就是要依赖大型的知识库，而且知识库的组织形式对能否正确理解这些关系，起着很重要的作用。

如果知识库的容量较大，则有一点是比较重要的，即如何将问题的焦点集中于知识库的相关部分。

我们来看一下如下的文章片段。

"接着，把水泵固定到工作台上。螺栓就放在小塑料袋中。"第二句中的螺栓，应该理解为是用来固定水泵的螺栓。因此，如果在理解全句时，把需用的螺栓置于"焦点"，则全句的理解就不成什么问题了。为此，我们需要表示出和"固定"有关的知识，以便系统见到"固定"时，能方便地提取出来。

第六节　语料库语言学

语料库是存放语言材料的数据库，而语料库语言学就是基于语料库进行语言学研究的学科。语料库语言学的研究基础是大规模真实语料。

1. 语料库语言学的发展、定义和研究内容

作为自然语言处理的一个分支，基于统计方法的语料库研究主要涉及机器可读的自然语言文本采集、存储、检索、统计、词性和句法标注、句法语义分析，还有语料库在语言定量分析、词典编纂、机器翻译等领域中的应用等。

最早的语料库始于 20 世纪 50 年代末 60 年代初。美国布朗大学的弗朗艾斯和库塞拉于 1961 年建成了布朗语料库，收词 100 万。

由于基于语料库的机器翻译获得了一定成功，到了 20 世纪 80 年代，语料库研究呈现出迅猛发展的趋势和空前繁荣的景象，一大批语料库相继建成。规模相当于布朗语料库的 LOB 语料库于 1983 年建成。布朗语料库和 LOB 语料库都分别进行了词性的自动标注，前者使用规则的方法，后者则使用统计的方法。布朗语料库和 LOB 语料库都是语料库建设的经典之作。这个时期，语料库的规模也逐渐扩大，收词约 2000 万的 COBUILD 语料库，由英国的科林斯出版社和伯明翰大学合作建成。1987 年科林斯出版社在 COBUILD 语料库的支持下，编纂出版了《Collins COBUILD English Language Dictionary》（科林斯 COBUILD 英文词典），是语料库在词典编纂中应用的典型例子。

20 世纪 90 年代语料库的规模不断扩大，千万词级语料库和上亿词级语料库相继出现，并且其加工深度也从词性标注扩展到句法和语义的标注。例如，美国宾夕法尼亚大学的 PTB 就是一个经过句法标注的语料库。

1990 年举行的第 13 届国际计算机语言学大会提出：处理大规模真实文本将是今后相当长时期内的战略目标。这种以大规模真实文本处理为基础的研究方法使自然语言处理研究进入了一个新的阶段。

人们已对语料库语言学给出了如下一些定义。

①根据篇章材料对语言的研究称为语料库语言学。

②基于现实生活中语言应用实例进行的语言研究称为语料库语言学。

③以语料为语言描写的起点或者以语料为验证有关语言假说的方法称为语料库语言学。

语料库语言学通过对大量真实文本的分析处理，能够从中获取理解自然语言所需要的各种知识，建立相应知识库，建立以知识为基础的智能自然语言理解系统。通过对语料库的加工处理，使语料从生语料变为有价值的熟语料。

随着统计方法在自然语言处理中的广泛应用，近年来语料库语言学已成为一个引人注目的研究方向，甚至已经发展为语言研究的主流，对语言研究的许多领域产生了重要的影响。

语料库语言学具有广泛的研究内容，归纳起来大致涉及3方面的内容，即语料库的建设与编纂、语料库的加工与管理、语料库的应用等。

2. 语料库语言学的特点

语料库语言学（以下简称本方法或系统）是建立在大规模真实文本处理的基础上的。与以往的基于句法－语义分析方法（以下简称以往方法或系统）比较，它具有如下特点。

（1）理论基础不同

以往的方法往往基于句法－语义分析方法，属于理性主义方法范畴；而本方法是基于大规模真实文本处理的方法，属于经验主义方法范畴。

（2）处理方法不同

以往系统主要依赖语言学的理论和方法，是基于规则的方法；而本系统是基于统计学方法的语料库处理系统，依赖大量文本的统计性质进行分析。

（3）试验规模不同

以往系统多采用经过细心选择的少数例子进行试验，而本系统需要处理从各种出版物上收录的数以百万计的真实文本。

（4）语法分析范围要求不同

以往系统比较简单，能够进行完全的语法分析；而由于真实文本的复杂性，本系统几乎不可能对所有句子进行完全的语法分析，只要求对必要部分进行分析。

（5）处理文件涉及领域不同

以往系统一般只涉及某个较窄的领域；而本系统则能够面向较宽的领域，甚至与领域无关，即系统运行时不需要用到特定的相关领域知识。

（6）文本格式不同

以往系统处理的文本只是一些纯文本，而本系统要面向真实文本。真实文本大多是经过文字处理软件加工后含有排版信息的文本，其处理技术值得重视。

（7）应用对象不同

以往系统只适合"故事"性文本的处理；而本系统基于大规模真实语料，要走向实用化，因此需要处理大量的真实新闻语料。

（8）评价方式不同

以往系统只应用少量人为设计的例子进行评价；而本系统要应用大量真实文本进行较大规模的客观和定量评价，必须兼顾系统质量和系统处理速度。

3. 语料库的类型

按照划分标准的不同，语料库可以分为多种类型。例如，单语种语料库和多语种语料库（按语种分）、单媒体语料库和多媒体语料库（按记载媒体分）、国家语料库和国际语料库（按地域区别分）、通用语料库和专用语料库（按使用领域分）、平衡语料库和平行语料库（按分布性分）、共时语料库和历时语料库（按语料时间段分）以及生语料库和标注（熟）语料库（按语料加工与否分）等。

比较有影响的典型语料库包括美国的宾夕法尼亚树库（PTB）和LDC中文树库（CTB）、欧盟的面向口语翻译技术的词典和语料库（LC-STAR）、捷克的布拉格依存树库（PDT）以及我国的北京大学语料库等。

对语料库类型、典型语料库、语料库建模和汉语语料库等的深入探讨已超出本书篇幅和范围，需要进一步了解相关内容的读者，请参阅自然语言处理或自然语言理解的专著和教材。

4. 文本的自动翻译——机器翻译

机器翻译是用计算机实现不同语言间的翻译。被翻译的语言称为源语言，翻译成的结果语言称为目标语言。因此，机器翻译就是实现从源语言到目标语言转换的过程。

电子计算机出现之后不久，人们就想使用它来进行机器翻译。但翻译只有在理解的基础上才能进行正确的翻译，否则将遇到一些难以解决的困难。

（1）词的多义性

源语言可能一词多义，而目的语言要表达这些不同的含义就需要使用不同的词汇。为选择正确的词，必须了解其所表达的含义是什么。

（2）文法多义性

对源语言中合乎文法规则但具有多义的句子，其每一个可能的意思均可在目标语言中使用不同的文法结构来表达。

（3）头语重复使用

源语言中的一个代词可指多个事物，但在目标语言中要有不同的代词，而要正确选用代词就需要了解其确切的指代对象。

（4）成语

系统必须识别源语言中的成语，它们不能直接按字面意思翻译成目标语言。

如果不能较好地克服这些困难，就不能实现真正的机器翻译。

机器翻译，就是让机器模拟人的翻译过程。人在进行翻译之前，必须掌握两种语言的词汇和语法。机器也是这样，它在进行翻译之前，在它的存储器中已存储了语言学工作者编好的并由数学工作者加工过的机器词典和机器语法。人进行翻译时所经历的过程，机器也同样遵照执行：先查词典得到词的意义和一些基本的语法特征（如词类等），如果查到的词不止一个意义，那么就要根据上下文选取所需要的意义。在弄清词汇意义和基本语法特征之后，就要进一步明确各个词之间的关系。此后，根据译语的要求组成译文（包括改变词序、翻译原文词的一些形态特征及修辞）。

机器翻译的过程一般包括4个阶段：原文输入、原文分析（查词典和语法分析）、译文综合（调整词序、修辞和从译文词典中取词）和译文输出。

参考文献

[1] 谷建阳. AI 人工智能：发展简史+技术案例+商业应用 [M]. 北京：清华大学出版社，2018.

[2] 解仑，王志良. 机器智能：人工情感 [M]. 北京：机械工业出版社，2017.

[3] 史忠植. 人工智能 [M]. 北京：机械工业出版社，2016.

[4] 蔡自兴. 人工智能及其应用 [M]. 北京：清华大学出版社，2016.

[5] 贲可荣，毛新军，张彦铎，等. 人工智能实践教程 [M]. 北京：机械工业出版社，2016.

[6] 王超，龙飞，张国，等. 人工智能技术及其军事应用 [M]. 北京：国防工业出版社，2016.

[7] 李蕾，王小捷. 机器智能 [M]. 北京：清华大学出版社，2016.

[8] 姚锡凡，李旻. 人工智能技术及应用 [M]. 北京：中国电力出版社，2008.

[9] 贲可荣，张彦铎. 人工智能 [M]. 2版. 北京：清华大学出版社，2013.

[10] 柴玉梅，张坤丽. 人工智能 [M]. 北京：机械工业出版社，2012.

[11] 韩晔彤. 人工智能技术发展及应用研究综述 [J]. 电子制作，2016（12）.

[12] 武嘉琪. 计算机人工智能技术的发展与应用研究 [J]. 信息与电脑（理论版），2016（7）.

[13] 贺倩. 人工智能技术发展研究 [J]. 现代电信科技，2016（02）.

[14] 王佩，王明宇. 人工智能技术发展及问题研究 [J]. 电子商务，2016（06）.

[15] 杨盼. 基于人工智能技术的机器学习研究 [J]. 数字技术与应用，2016（11）.

[16] 欧阳玉峰，周莹莹. 计算机网络技术中人工智能的应用解析 [J]. 数

字技术与应用，2016（01）.

[17] 周源. 基于移动网络技术中人工智能的应用研究 [J]. 张家口职业技术学院学报，2016（01）.

[18] 张博宇. 网络背景下人工智能技术的应用 [J]. 科技资讯，2016（36）.

[19] 林长青，胡扬. 电气自动化控制中人工智能技术的应用研究 [J]. 山东工业技术，2016（10）.

[20] 刘乔辉. 计算机人工智能识别技术的应用探讨 [J]. 科技风，2016（04）.

[21] 刘晨晖. 人工智能与机器人 [J]. 西部皮革，2016（20）.

[22] 王佳. 计算机人工智能识别技术的应用瓶颈探赜 [J]. 科技展望，2016（35）.

[23] 王庆海. 电气自动化控制中的人工智能技术研究 [J]. 数字技术与应用，2016（08）.

[24] 严旭影. 基于移动网络技术中人工智能的应用研究 [J]. 电脑编程技巧与维护，2016（24）.